U0291706

21 世纪高等学校应用型特色规划教材·酒店管理专业

酒店设计与布局

胡 亮 沈 征 主 编

清华大学出版社
北 京

内 容 简 介

本书立足于酒店的专业性设计，结合酒店管理的相关知识，以三位一体(即酒店管理者、酒店设计师和酒店顾客)的全新视角，从酒店设计前期的工作准备、必备的专业知识与技能以及设计方法与思维的引导等方面带领读者认识和学习酒店设计，并展望其发展。

本书依据酒店设计的完整工作流程进行整体架构，主体内容在于对酒店设计与布局方法的介绍与诠释，并对当今国内外知名酒店的设计实例进行剖析，进而探索并总结酒店设计与布局的科学方法。此外，为适应当前酒店设计行业的发展特点及未来发展趋势，本书还首创性地将酒店的主题设计纳入整体布局，力图向读者清晰、全面地展示酒店设计的专业性与综合性。

本书不仅可作为应用型本科院校、高等专科学校、高等职业院校及成人高等教育酒店管理专业必修课程的教学用书，而且可作为以上院校艺术设计及相关专业的指导用书，还可被选用为专业设计师以及酒店业岗位培训的研习及参考用书。

图书在版编目(CIP)数据

酒店设计与布局/胡亮，沈征主编. --北京：清华大学出版社，2013（2020.8重印）

(21 世纪高等学校应用型特色规划教材·酒店管理专业)

ISBN 978-7-302-31801-9

Ⅰ. ①酒…　Ⅱ. ①胡…　②沈…　Ⅲ. ①饭店—建设设计—高等学校—教材　Ⅳ. ①TU247.4

中国版本图书馆 CIP 数据核字(2013)第 062928 号

责任编辑： 曹　坤
装帧设计： 杨玉兰
责任校对： 周剑云
责任印制： 宋　林

出版发行： 清华大学出版社
　网　　址：http://www.tup.com.cn, http://www.wqbook.com
　地　　址：北京清华大学学研大厦 A 座　　邮　　编：100084
　社 总 机：010-62770175　　邮　　购：010-62786544
　投稿与读者服务：010-62776969, c-service@tup.tsinghua.edu.cn
　质量反馈：010-62772015, zhiliang@tup.tsinghua.edu.cn
　课件下载：http://www.tup.com.cn, 010-62791865
印 装 者： 三河市春园印刷有限公司
经　　销： 全国新华书店
开　　本： 185mm×260mm　　印　张：16　　字　数：386 千字
版　　次： 2013 年 6 月第 1 版　　印　次：2020 年 8 月第 9 次印刷
定　　价： 43.00 元

产品编号：051904-02

前　　言

酒店业是古老的行业，又是世界上最具时代特征的行业之一。酒店，也是一个商业性功能最全面的公共建筑，被称为时代技术水平和艺术思潮的窗口，现代酒店业带给人们的每一次感动与惊喜都与酒店设计密不可分的。

酒店设计是对酒店建筑设计的继续、深化和发展，酒店设计的目的是为了营造酒店的艺术氛围，使宾客感受到酒店文化内涵的魅力，真正体会到入住酒店所带来的功能舒适性，满足人们对酒店的完美期待。

设计酒店首先要懂得酒店、了解酒店管理的相关知识和酒店设计的原则与规范，并具备一线设计的从业经验。

酒店设计是一门综合性的学科，是相对专业化的设计，其虽与建筑设计、环境艺术设计等学科有许多共通之处，但由于酒店行业具有自身的特点与要求，故与一般的公共空间与居室设计仍有许多不同之处，设计要求也更加严格。设计者必须将酒店文化与酒店管理的知识融入设计之中，才能创造出真正富有特点的酒店设计方案。

本书从酒店管理的一般知识入手，对国内外相关的酒店设计案例进行剖析，注重理论联系实际。全书由胡亮老师架构逻辑体系，确立主体内容并提出有关主题酒店设计方法与特征的核心观点，沈征老师对酒店设计的空间布局及设计表现手法进行重点阐释。具体撰稿分工为：第一、二、五、六章以及第三章的第一节由胡亮老师编写；其余章节由沈征老师编写，最后由胡亮老师统稿和定稿。

本书从最初的探究与感悟，一路跋涉至今近两年，在借鉴、研究与实践考察的基础上进行融合、提炼并创新。在编撰过程中，日新月异的酒店业也发生了很多的变化。为紧跟酒店业及酒店设计发展的时代脉搏，我们积累了大量的专业知识与第一手国内外酒店考察资料，选取了大量来自酒店一线的珍贵资料与真实场景。资料翔实，图片精美，融知识性与趣味性于一体，集规范理性与艺术奔放于一身，具有很强的时代感与时效性。

本书不仅可作为应用型本科院校、高等专科学校、高等职业院校及成人高等教育酒店管理专业必修课程的教学用书，也可作为以上院校艺术设计及相关专业的指导用书，还可被选用为专业设计师以及酒店业岗位培训的研习及参考用书。

本书在编写过程中得到了南京旅游职业学院、《中国旅游报》江苏记者站、中国国际主题酒店研究会以及国内外各大酒店等单位的大力支持，他们为本书提供了许多帮助和指导，特表谢忱。在编写中，我们也参考了酒店行业的专家学者以及兄弟院校同行的论著，从中汲取了非常宝贵的知识和经验，在此一并向他们表示深切的感谢。

由于编者水平有限，书中难免有差错和不足之处，恳望得到专家、同行以及读者的宝贵意见。

编　者

2013.7

目　　录

第一章
酒店与酒店设计

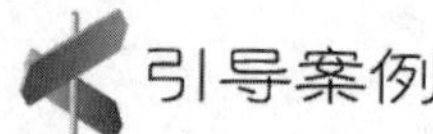

酒店业是世界上最古老的行业之一。探求酒店业的源头需追溯到古代文明，古道西风，黄沙漫天，驼铃频响，马蹄声急，丝绸之路和罗马大道两旁至今保留着古代驿站、客栈的遗址，其中曾经给旅人无限希望与温暖的摇曳烛光在想象中穿越了时空。人类每一种真正的文明都会产生出它自身的酒店业。东西方礼遇之道在此交汇融通，殷勤好客、宾至如归的款待之仪折射出酒店业永恒不朽的优雅特质与传统。

酒店业是世界上最具时代特征的行业之一，其发展始终与人类的每一次迁徙和技术的每一次革命紧密相随，相伴共生。

酒店业是世界上最具人文气息的行业之一，包容与谦让，关怀与呵护，折射出人性善良的光辉。

酒店业记载历史，镌刻传奇。

酒店业智慧汇集，群星闪耀。

酒店业使世界无界，行者无疆。

正如法国人德尼·佩兰在他所著的《酒店业》一书中所述，“现代酒店业的问题既简单又复杂，它必须把好客传统与当今有竞争力企业的管理要求结合起来。这种二元性正在产生出既熟知数百年来的历史，又为人际间的接触和交流的强烈希望所鼓舞的新一代”。

酒店业，伟大的事业！

(资料来源：酒店博物馆前言)

辩证性思考：

1. 中国酒店业的发展有哪些特点？
2. 近代中国的酒店设计借鉴了国外设计，具体表现在哪几个方面？
3. 酒店的整体设计思想包含哪几个方面的内容？

第一节　酒店业概述

教学目标

- 熟悉并理解中国酒店业的发展特点及发展趋势。
- 理解酒店设计的概念内涵。

酒店业是古老的行业，也是世界上最具时代特征的行业之一。酒店的发展经过了漫长的历史，古希腊、古罗马时期称为“客栈”，中国殷代称为“驿站”。发展到今天，国际上统称为“Hotel”。这一单词源自拉丁语 Hospitalis，原是承蒙接待之意。在现代英语中，意为专供食宿的旅馆。在我国对其的称呼则较多，有酒店、饭店、旅店、旅馆等。本书将统一称其为酒店。

酒店装饰艺术的发展，也经历了从满足物质功能逐步走向创造精神功能的演变过程，装修技艺日趋精致，设计风格不断创新，从烦琐的装饰到简洁的风格，从个性的肆意展现到古今文化的交融。发展到今天，现代酒店的设计风格已形成百花争妍、形式多样、不拘一格的多元化局面。可以说，现代酒店业带给人们的每一次感动与惊喜都与酒店设计密不可分，而这早已引起了专业设计师、酒店从业者及旅游爱好者的广泛关注。

一、酒店业的定义及分类

酒店是设施完善，经过政府批准的经营性企业。拥有一定数量的客房，这些客房是由各种规格的房间按合理的比例组成的，而且具有相应的服务配套设施；具有能提供特色佳肴的各类餐厅，除了向宾客提供住宿和餐饮服务外，还提供购物、健身、娱乐、通信、交通等多方面的服务。

所谓现代化的酒店，应当具备以下几个特征。

(1) 它是一座现代化的、设备完善的高级建筑物。

(2) 它和一般旅店的不同之处是：除了提供舒适的住宿条件外，还有各式餐厅，提供高级餐饮。

(3) 它有完善的娱乐设施或健身设施。

(4) 它比一般旅店和酒家在住宿、餐饮、娱乐等方面有更高水准的服务。

现代社会经济的发展带来了世界旅游、商务的兴旺，酒店业也随之迅速发展起来，而且酒店变得越来越豪华、越来越现代化。酒店可根据建造地点、使用目的、经营形式、建筑类型、规模大小、投资费用及习惯传统等进行分类。

按建造地点分类，可分为市区酒店、郊区酒店、风景区酒店、路边酒店，以及车站、港口、机场酒店等。

按使用目的分类，可分为旅游酒店、商业酒店、会议酒店、综合大酒店、度假酒店、国宾馆、迎宾馆、娱乐酒店、休疗养酒店、体育酒店等。

按经营形式分类，可分为星级酒店、一般酒店、公寓酒店、流动酒店等。

按建筑类型分类，可分为高层酒店、低层酒店、盒子式酒店、舱式酒店、古建筑酒店、民居式酒店等。

按规模大小分类，可分为小型酒店、中型酒店、大型酒店等。

按建筑投资费用分类，可分为中低档酒店、中档或中上等酒店、豪华级酒店等。

按习惯传统分类，可分为商业性酒店、长住式酒店、度假性酒店、会议酒店等。

现代酒店的发展呈现多元化趋势，各种类型、等级的酒店层出不穷。酒店的规模既有大型，也有微型；既有豪华，也有简易。为了招揽顾客，适应不同层次消费者的需要，许多旅游业发达的国家纷纷新建各种特色酒店，而酒店业本身也不断经历着深刻的变化。

二、中国酒店业的发展特点

我国酒店业发展的特点可概括为：起步晚，发展迅猛，投资规模大，硬件水平明显高于软件水平。

(1) 起步晚：我国酒店业的发展起步于改革开放，与国际酒店业的发展相比相对滞后。

(2) 发展迅猛：随着我国对外开放形势的发展和旅游业的发展，我国酒店业尽管起步较

晚但建设速度却相当快，表现出了强劲的发展态势。在短短的十几年时间里，通过给予相应政策扶持与引进科学管理制度，酒店业已由过去的招待所式的接待型场所步入今日的国际现代化星级酒店行业，其规模大、数量多，各种档次、类型兼具，酒店建设速度超过了同期世界上其他任何一个国家的发展速度，如表 1-1 和表 1-2 所示。

表 1-1　1980—2000 年中国旅游涉外酒店座数的增长情况

年　份	酒店数/座	增长量/座	增长率/%
1980 年	203	—	—
1985 年	710	507	249.75
1990 年	1987	1277	179.86
1995 年	3720	1733	87.22
2000 年	10481	6761	181.74

(资料来源：根据《中国旅游统计年鉴》中有关数字计算)

表 1-2　1980—2000 年中国旅游涉外酒店客房、床位的增长情况

年　份	客房总数/万间	增长量/万间	增长率/%	床位总数/万张	增长量/万张	增长率/%
1980 年	3.1788	—	—	7.6192	—	—
1985 年	10.57	7.3912	232.52	24.29	16.6708	218.8
1990 年	29.4	18.83	178.15	64.3	40.01	164.72
1995 年	48.61	19.21	65.34	98.72	34.42	53.53
2000 年	94.82	46.21	95.06	185.6	86.88	88

(资料来源：根据《中国旅游统计年鉴》中有关数字计算)

(3) 投资规模大：为了加快我国旅游基础设施的建设，我国采用了国家、地方、集体与个人一起，内资与外资一起等方针，掀起了全民办旅游的高潮，有效地扩大了酒店投资规模，推动了酒店业的发展。

(4) 硬件水平明显高于软件水平：相比于国际酒店业，可以说，我国酒店业的总体水平在硬件方面属于上乘，软件上却处于明显的劣势，即：我国酒店业在发展中，硬件与软件协调配套发展不同步，各地酒店管理的水平也参差不齐。

进入 21 世纪，我国酒店业已形成一个大产业、大投入、大竞争、大市场、大集团的局面。

知识链接 1-1

2012年全球十大酒店集团排名

1. 洲际　酒店3606座，房间537 533间。2006中国饭店业国际品牌十强之一——洲际酒店集团，其拥有多个酒店品牌，包括洲际(R)酒店、皇冠假日(R)酒店、假日(R)酒店、假日快捷(R)酒店。特许经营约占88.9%、委托管理约占6%、带资管理及其他5.1%。在中国均委托管理，投资极少。

2. 胜腾　酒店6344座，房间532 284间。2006中国饭店业国际品牌十强之三——上海豪生酒店管理有限公司，其2006被评为中国经济型酒店品牌先锋之四。速伯艾特(北京)国际酒店管理有限公司品牌为戴斯(天天)、豪生、速8等，是全球排名第一的特许经营酒店集团，特许经营饭店数占100%。

3. 万豪　酒店2672座，房间485 979间。2006中国饭店业国际品牌十强之四——万豪国际集团，其以经营及特许经营的方式管理万豪、JW万豪、丽思-卡尔顿、万丽、万怡等品牌发展和管理产权经营度假式酒店；特许经营占53.1%，委托管理42.3%，带资管理及其他4.6%。

4. 雅高　酒店4065座，房间475 433间。2006中国饭店业国际品牌十强之六——法国雅高国际酒店集团。2006中国经济型酒店品牌先锋之六——天津雅高酒店管理有限公司。品牌为诺富特、宜必思、美居、索菲特、佛缪勒1号、Motel 6。带资管理46.5%，租赁饭店21.8%，委托管理15.4%，特许经营16.3%；索菲特尔和诺富特以委托管理为主。雅高名下五大品牌为索菲特(豪华型)、诺富特(高级)、美居酒店(多层中级市场品牌)、宜必思酒店(经济型)、Formule1(大众化)。宜必思(Ibis)是一只水鸟的名字。雅高集团于20世纪60年代成立，总部设在巴黎，是欧洲最大的旅游和酒店管理服务集团，现有员工15万，旗下经营的旅馆分布在92个国家和地区，合资经营的项目更分布在全球140个国家和地区。自1985年进入中国市场以来，在中国管理的酒店已超过35家，其中索菲特(Sofitel)21家、诺富特(Novotel)12家、宜必思2家。

5. 希尔顿　酒店2747座，房间472 720间。2006中国饭店业国际品牌十强之九——希尔顿国际亚太有限公司。希尔顿国际集团在全球的发展以谨慎著称。

6. 精选　酒店5132座，房间417 631间。总部位于美国的马里兰州(Maryland)，是纽约证券交易所的上市公司。

7. 最佳西方　酒店4195座，房间315 875间。2006中国饭店业国际品牌十强之八——美国最佳西方国际集团。最佳西方酒店管理集团1946年在美国创立，2002年起进入中国。到2012年已有18家四星级以上的酒店。

8. 喜达屋　酒店845座，房间257 889间。2006中国饭店业国际品牌十强之五——喜达屋酒店与度假村集团。品牌为威斯汀、喜来登、圣•瑞吉斯、福朋、寰鼎、至尊精选、W饭店。特许经营41.8%，委托管理28.5%，带资管理及其他29.7%。1985年开始进入中国市场。在华酒店为委托管理、特许经营及有选择的带资管理。喜来登是集团旗下最大的一个品牌，在全球70多个国家拥有400多家酒店。喜来登酒店是进入中国的第一家国际饭店管理集团，于1985年开始管理北京的长城饭店。1990年，喜达屋在西安开设了一家酒店。圣•瑞吉斯是最高档饭店的标志，代表着绝对私人的高水准服务，历史久远。第一家圣·瑞吉斯饭店是1904年阿斯托上校在纽约开办的，阿斯托上校采用了全欧洲化的服务来款待自己的朋友和商务伙伴。这种服务在业内独树一帜，使圣·瑞吉斯饭店成为全球饭店业的经典。2000年3月1日，坐落于北京建国门外大街的北京国际俱乐部饭店正式将其英文名改为St.Regis Beijing(圣·瑞吉斯北京，原中文名不变)，这标志着该饭店将完全按照圣·瑞吉斯饭店的模式和标准运作，成为它在亚太地区的第一家饭店。

9. 卡尔森　酒店922座，房间147 129间。根据2005年7月美国《HOTELS》杂志公布2004年的统计，有酒店890座、房间147 093间，列第10位；2003年列第9位，酒店881座、房间147 624间。卡尔森集团在中国的市场份额已经占了亚太地区的25%，尽管其业务量在印度地区更大，而利润却显然是中国更高。未来10年，代表卡尔森旗下高端酒店品牌的7家丽晶酒店和5家丽笙酒店也将在中国建成。丽笙酒店及度假村是定位五星级的品牌，其发展在63个国家已有超过413家酒店。

10. 凯悦　酒店738座，房间144 671间。品牌为凯悦、君悦、柏悦。以特许经营为主。在中国内地酒店4座，委托管理。凯悦饭店及度假区饭店集团包括两个独立的集团公司——凯悦饭店集团和凯悦国际饭店集团，分区域管理全球的215家凯悦酒店。凯悦酒店集团分管美国、加拿大市场；凯悦国际酒店集团管理亚太区。

(资料来源：中国日报网，http://www.chinadaily.com.cn/hqzx/2013-03/21/content_16328509.htm)

三、酒店业的发展趋势与发展模式预测

(一)酒店业的发展趋势预测

酒店业的发展趋势，可归纳为以下几个方面。

(1) 21世纪是全球酒店业的世纪，酒店业将随着世界经济的增长迎来更大的发展。以20世纪末全球国民生产总值30万亿美元为基数，按每年4%的增长率计算，财富的增长为全球酒店业的发展提供了坚实的经济基础。未来的世界，政治格局将进一步走向多元化，利益的争斗也将由以往的斗力转向斗智，没有硝烟的战争(诸如金融危机)虽对客源市场和顾客的支付能力有所影响，但对酒店基础设施不构成破坏。因此，世界局势的长期缓和，保障了全球酒店业的持续发展。而世界旅游业的稳定发展，则为全球酒店业的大发展带来直接的机会。为适应旅游的需求，全球交通运输条件的改善——越来越快捷、舒适、安全，将源源不断地为全球酒店业输送客源，刺激全球酒店业不断发展繁荣。

(2) 分散式经营与集团化经营的基本格局继续存在，竞争将更加激烈。一些规模较大的酒店管理公司力图延伸管理空间，而一些酒店管理集团可能会效仿国际上跨国工业集团的竞争方式，由20世纪的竞争转入21世纪的兼并联合，创造双赢的结局。在这一过程中，部分中小酒店被兼并或倒闭、破产。在经营方式上，大量分散的经营者仍然承继着物业经营的传统事业，而一些较大的酒店管理集团将由现时的物业经营过渡到资本经营的阶段。届时可能会出现一些酒店管理集团不从事直接管理酒店的业务——将具体的酒店管理再交付给其他从事物业管理的公司。

(3) 全球信息化将改变酒店业的传统经营模式。电子计算机的发展与普及，加上通信卫星的支持，全球信息网络化将使得全球酒店行业一体化。信息时代的高科技，将对人类的生活方式、工作方式及思维方式产生重大影响。电子货币将成为全球主要支付手段及货币

形式。银行可能会代替酒店的财务部，银行结算将成为酒店与顾客之间的终极结算。网络预定将成为全球酒店业主要的促销和接待方式，酒店网、系统网、社会网在完善电子商务的过程中将起到相互促进、相互补充的作用；客人入住酒店与行、游、购、娱、食、宿等可望实现一卡通，既可实现分期结算也可实现一次性结算；酒店之间的竞争，将主要是网络竞争和网络保护(防黑客攻击)，其次才是质量竞争和价格竞争；机器人将大量参与酒店的服务和管理工作。全球目前已投入使用的机器人共达 30 多万台，主要用于工业领域，但酒店行业已尝试开始使用机器人做卫生工作。

(4) 酒店规模将以中、小型为主流，突出主体色彩，“巨无霸”型的酒店可能不会再建。20 世纪的经验已经证明，客房总数 2000～5000 间的大酒店，已给业主的管理和顾客的使用带来诸多不便。因此，希尔顿在 1997 年临终之际预言：未来酒店的形态，不是像华尔道夫那样的酒店主宰酒店业，而是一些设计新颖、让人舒适的酒店。

案例 1-1

澳大利亚墨尔本 Aldepha 酒店

墨尔本 Aldepha 酒店(见图 1-1)就是这样一间小巧玲珑却艺术气息浓郁的精品酒店。它位于远离闹市区的街道一角，要是不仔细寻找很难发现这间酒店。

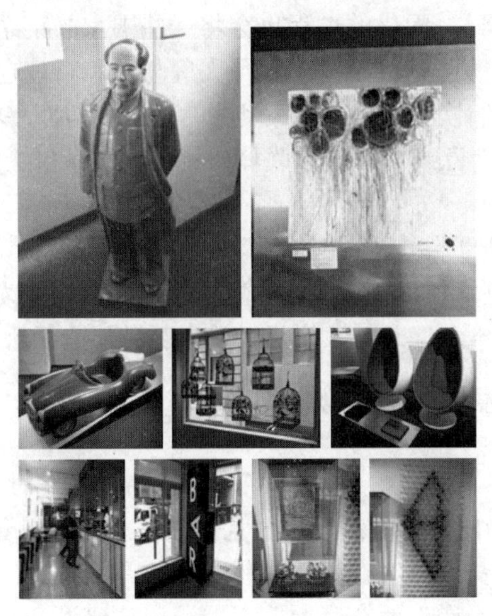

图 1-1 墨尔本 Aldepha 酒店

Aldepha 酒店的入口没有一般酒店开敞的自动推拉门，而是需要走上几级台阶用手去推开。一进入 Aldepha 酒店就倍感亲切。瞧，咱新中国的领袖毛爷爷微笑着站在角落呢。不可否认国外有一批年轻人和咱一样，特别崇敬他老人家呢。旁边放置着两张蛋形椅，没错，这就是酒店的大堂休息区。要是您不愿坐这儿，还可以坐在长条桌那儿看看报纸，令人感觉就好像是咱华人开的餐厅一样。原来酒店是把餐厅和大堂一起设计在这本不大的空间之中，虽紧凑但艺术气息十足。这不，还有咱“80 后”幼时特别熟悉的小汽车，墙壁的顶面

悬挂了 7 个线条感特别强烈的铁质鸟笼，另一侧墙面的装饰画颇有英国的波普风格。大堂背景的油画也很特别，仿佛画了 12 颗彩色“七龙珠”，且肆意地让颜料在油画布上做自由落体运动。这样的装饰布置看似没有特定的含义，但其实这一切都是艺术家的设计作品，并且经过专业的精心设计，所要营造的就是这样的一种特殊氛围。在我们已经对那些奢华型酒店习以为常的今天，这样的一间小酒店是不是会让你印象特别深刻呢?

(5) 新概念酒店将取代传统酒店。目前，雅高集团、喜来登酒店集团已相继推出新概念客房，新概念酒店呼之欲出。新材料、新设备、新技术的大量采用，将更适应顾客的需求。如发光材料、调温材料、调色材料、可散发香气的材料将改变传统的酒店用材；洗涤、排污、废水废气废烟的环保处理，将改变酒店的环境；自然通风、照明及太阳能的开发利用，将改变酒店的能源消耗；自动预定、登记、入住系统的建立，将改变酒店目前的经营模式；贴近自然、回归自然的酒店，将赢得广阔的发展空间。酒店运作流程的不断智能化，将打破以往的经营理念。

(6) 旅行社作为中介机构，将逐年退出酒店接待的环节。随着酒店网络化的完善，酒店将以散客服务为主，直至淡化团队服务。

(7) 酒店更注重生态环保。随着人们对环保的日益重视，生态环保型酒店越来越受到人们的重视，将成为酒店发展的趋势与主流，21 世纪的酒店将更加注重人与自然的和谐统一。

(8) 酒店餐饮品种趋向简化，菜系将趋向整合。经济全球化的过程将使酒店的餐饮品种由求同存异转化为求同去异，同化的过程也会将一些国家的菜系改良直至改造。如近年来我国的粤菜、川菜、湘菜等区分已不易。法国大餐与日本料理也是你中有我，我中有你。经济文化的交流是改变人们饮食结构的巨大动力，但中餐与西餐将会是 21 世纪的两种基本食型。一些专项产品，如西欧葡萄酒、独联体伏特加、汉堡包、比萨、可乐、咖啡、茶等，将充斥 21 世纪的餐桌。

(9) 酒店选址将不再限于陆地和地球。高科技带来无限商机，也给新型酒店建造打开了新的大门。未来的 50 年内，海底酒店不再是梦想；50 年后，在太空和月球上建造酒店将会成为现实。太空旅游的新概念，既刺激旅行者，也刺激那些标新立异的酒店投资人。

(二)酒店业的主流发展模式预测

1. 主题酒店

21 世纪酒店的竞争趋向一种更高质量的竞争——文化。制度、文化和人情的全面结合是未来酒店竞争的一种趋势。顾客在消费过程中能够有一种文化上的享受，而这种文化氛围的营造则突出体现在“主题”两个字上。主题酒店从建设开始就注重主题文化的营造，从设计、建设、装修到管理经营和服务都注重酒店独特的主题内涵，突出酒店的文化品位；把服务项目融入主题中去，以个性化的服务代替刻板的规范化服务模式，从而体现对顾客的信任与尊重。主题酒店这一形式在我国已较为普遍。

2. 产权式酒店

产权式酒店是中产阶级兴起的产物，是开发商将酒店的每间客房分割为独立产权出售给投资者。投资者一般不在酒店居住，而是将客房委托给酒店管理公司统一出租经营来获取年度客房利润分红，同时获得酒店管理公司赠送的一定期限免费入住权的一种模式。20

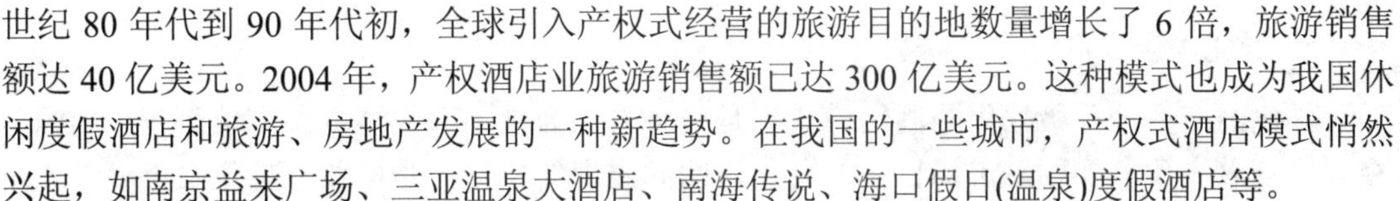

世纪 80 年代到 90 年代初，全球引入产权式经营的旅游目的地数量增长了 6 倍，旅游销售额达 40 亿美元。2004 年，产权酒店业旅游销售额已达 300 亿美元。这种模式也成为我国休闲度假酒店和旅游、房地产发展的一种新趋势。在我国的一些城市，产权式酒店模式悄然兴起，如南京益来广场、三亚温泉大酒店、南海传说、海口假日(温泉)度假酒店等。

3. 绿色酒店

21 世纪是环保的世纪，当人们举起环保大旗的时候，有人对旅游业素有的“无烟工业”之美誉提出了质疑。据统计数据显示，一家中档酒店每日经营所需能耗和废气的排放量与同规模的工矿企业相当。当今世界已进入绿色革命的环保时代，绿色酒店也应运而生。绿色酒店提倡的就是绿色经营与绿色管理。所谓绿色经营包括两点：一是减少一次性物品的消耗，加强回收再利用；二是降低能耗，节约经费开支。而绿色管理则包括五方面的内容：绿色理念、绿色技术、绿色行为、绿色制度和绿色用品。2000 年 1 月 3 日，无锡湖滨饭店正式通过了以 UKAS 皇冠为标志的 ISO14001 国际环境管理体系认证，与“国际绿色通道”接轨，成为我国第一家荣获国际环保认证的国有酒店，成为名副其实的“绿色酒店”。

4. 品牌连锁酒店

改革开放 30 多年来，中国酒店市场作为一个新兴市场，发展空间广阔。希尔顿、假日、喜来登、凯悦(见图 1-2)等国际知名酒店集团都先后进入，尤其是中国加入 WTO 后，这种趋势更加明显。这些酒店集团之所以能够在国际市场上大行其道，其根源就在于品牌。中国酒店业要想在国际竞争中占有一席之地，必然要创造自己的品牌，走品牌连锁的道路。连锁也称联号，是指所有成员均使用统一字号或商标的企业共同体，是一种高度集约化发展的商业优化组织形式。品牌连锁的竞争优势十分明显，它使连锁酒店能够形成具有自身特点的服务管理标准，能够建立网络化的预定系统，能够拥有强大的资金后盾，能够培养高素质的酒店管理人才队伍。未来中国的酒店发展，品牌是优势，连锁是趋势。

图 1-2　凯悦酒店

5. 异化酒店

异化酒店是一种极端化的酒店模式，是一种专门为满足少数消费者需求而产生的酒店模式。随着竞争的加剧，市场日益细分化，因此出现的相应产品模式就呈现出小而专、小而精的特征，如海底酒店、监狱酒店(见图 1-3)、宠物酒店，还有将于 2017 年投入使用的由美国希尔顿酒店集团建造的太空酒店都是异化酒店的典型例子。这种极端性的产品短期内不会成为普遍性的市场需求，但从长远角度来看，它将成为一种具有规模化意义的细分市场，因而将是未来中国酒店塑造个性、打造品牌的一个新突破口。

图 1-3　英国牛津古堡监狱酒店

案例 1-2

英国牛津古堡监狱酒店

监狱也许是这个世界上人们最不愿留下来过夜的地方，但正所谓大千世界，无奇不有，就有人在监狱上动起脑筋，把其中的一些改造成了酒店。监狱酒店的构思其实就是在原来监狱的结构基础上进行改造，不过酒店内还另设服务台、酒吧及客房，且都保持着监狱原有的风格。英国的牛津古堡，已有近千年的历史了，不过一直到 19 世纪才被改建成一所监狱。现如今，这里名叫“梅尔之家”，是一所集客房、公寓、餐饮、酒吧于一体的多功能大酒店。虽是监狱酒店，但服务却不打折扣。电视、电话、开放式卫生间一样不缺，且送餐服务是通过铁窗进行的。原本的铁门铁窗随处可见，就连客人穿的睡衣都是条纹“囚服”。进行这样的酒店改造，就是要让客人体验这种“被囚禁”的不同寻常的感觉。酒店里有很多当年遗留下来的设施供游客参观，能让在这里留宿的客人享受到另类的优质服务。

(资料来源：中国酒店设计网，http://www.caaad.com)

6. E 化酒店

21 世纪是网络化的时代，电子技术无处不在，这就为酒店产品和服务的数据化、网络化、智能化创造了条件。E 化首先表现在电子商务上，电子商务对于旅游业核心业务的开展非常重要。例如，网上预定就为今后酒店的动态订房提供了一个有力的接口，形成面向 Web 的管理系统，大大降低运营成本，对提高酒店的整体竞争力的作用举足轻重。E 化还表现在酒店管理系统的网络化与智能化上。从前台客人入住登记、结账，到后台的财务管理系统、人事管理系统、采购管理系统、仓库管理系统，都将形成网络化的管理。例如，上海通贸大酒店的会议室采用可视电话系统，可以全球同时同声传影传音翻译。酒店 E 化，意味着酒店中高科技的含量越来越大。美国休斯敦大学希尔顿酒店和餐饮管理学院就将虚拟现实、生物测定、“白色噪音”等先进技术应用于酒店，提出了具有全新内涵的 21 世纪的酒店客房概念。光线唤醒、无匙门锁系统、自动感应系统、虚拟现实的窗户、电子控制的床垫、客房内的虚拟娱乐中心，这些都会随着酒店进一步的 E 化成为现实。

评估练习

1. 试述中国酒店业发展的特点，它对酒店设计有什么启迪作用？
2. 酒店的主流发展模式内容有哪些？请举出相应的实例。

第二节 酒店设计概述

教学目标

- 理解并掌握酒店设计的内容、性质和原则。
- 理解酒店专业化设计的必要性。

酒店设计以美化酒店环境为目的，是一门涉及多学科、多领域的复合性学科。酒店设计被视为环境艺术的一个组成部分，服务于酒店空间环境意境及气氛的表现。酒店的设计几乎涉及所有的造型艺术形式，这些形式都被应用到酒店各种实体和各个空间环境的设计之中。

一、酒店设计的历史

(一)国外酒店

国外的客栈最早出现于古希腊、古罗马时期，商业活动的发展与宗教活动的盛行引起了人们对食宿设施的需求。从后来的考古发掘中，人们曾发现了当时客栈的遗迹。

早期英国的客栈约在 11 世纪出现于伦敦，后发展于乡间，并逐渐发展到欧洲各地。1425 年兴建的天鹅客栈(The Swan)及黑天鹅客栈(The Black Swan)是英国古老的客栈代表。北美最早的客栈于 1607 年在主要港口兴建。北美早期的客栈发展迅速，并开始注意改善内部设施，增加了一些吸引住客的项目，如啤酒柜、保龄球草坪等。

18 世纪后期至 19 世纪中叶，欧美资本主义开始发展，城市成为工商业的中心，各种酒店应运而生。其中，美国的酒店逐渐成为世界上最好的酒店。1794 年第一座美国都市酒店(City Hotel)在纽约开业。1829 年在美国波士顿落成的特里蒙特酒店(Tremont)被称为世界上第一座现代化酒店，它为整个新兴的酒店行业确立了明确的标准，可谓是世界酒店历史上

的里程碑。

19 世纪中叶，欧洲国家纷纷仿效美国。1850 年，巴黎首次出现公司体制的大酒店(Grand Hotel)，以后“大酒店”一词就成了世界上高级酒店的统称。酒店的这一发展阶段，被称为“大酒店时期”。酒店建筑外形富丽堂皇，内部装饰华贵典雅、图案纤巧，家具高档精致，崇尚豪华、阔气，是这一时期的主要特征。

19 世纪末至 20 世纪初，世界各地经济文化交流及商业往来频繁，旅游业开始形成规模。酒店经营能获得可观经济效益，逐渐进入商业酒店时期。这个时期，随着新材料、新技术的出现和高层建筑设计理论的成熟及施工工艺水平的提高，美国率先兴建高层酒店，继而影响到欧洲。早期高层酒店的建设耗资巨大，酒店的装饰借鉴了大酒店时期富丽堂皇、客房舒适而讲究的风格。在整体布局方面，则充分发挥了高层重叠的设计特点，客房规格划一，功能分层、分区，设备与家具标准化等，成为高层酒店的显著特征。如果说大酒店时期的特征是豪华，那么商业酒店时期的特征则是效益。

1931 年开业的美国纽约的华尔道夫·阿斯托利亚旅馆(New Waldorf-Astoria)是豪华高层酒店的代表(见图 1-4)，许多年来一直处在世界一流酒店的领导地位。在同一时期，为适应社会各阶层人士的多种需要，也开始出现其他形式的商业酒店，从单独经营发展到酒店连锁集团。20 世纪 40 年代，美国希尔顿酒店(Hilton Hotel Corp)和喜来登酒店(Sheraton Corp)这两家主要集团公司推广连锁经营法，形成了全国性酒店连锁系统。之后又扩大到世界各地，酒店业发展成为国际性的行业。此外，由于旅游需求激增，美国低消费的汽车旅馆(Motel)异军突起。它以简洁实用的装饰设备、低廉的价格和经济实惠的服务为特色，得到了空前的发展。从汽车旅馆起步的假日酒店(Holiday Inns) 1952 年在孟斐斯首建，如今其连锁酒店已遍布全球。

图 1-4　华尔道夫·阿斯托利亚旅馆

20 世纪 50 年代以后，旅游业蓬勃发展，酒店业开始进入现代酒店时期。现代酒店继承了大酒店的豪华气派和商业酒店经济高效的特征。为满足旅客的精神需求，酒店的内部设施不断推陈出新，并配备了先进的声、光、电技术，设计构思也力求新颖独特。受当代建筑思潮的影响，现代酒店建筑向多元化方向发展，表现手法层出不穷。现代酒店不仅是商业性居住建筑，而且也体现出时代意识、习俗与情趣，并且表现出乡土气息、怀旧情调和向往自然的精神追求。现代酒店装饰越来越丰富且多样化，其功能也不断向综合性迈进。它不但提供高标准的食宿、娱乐、健身及购物服务，还可满足会议、演出、展览、宴会等多种社会活动需求，使现代化酒店宛如包罗万象的城中之城。

课内资料 1-1

美国的特里蒙特(Tremont)酒店

特里蒙特酒店(见图 1-5)坐落于美国波士顿，落成于 1892 年，开创了酒店管理和设计史上的诸多“第一次”，如第一次在客房内设计了盥洗室并免费提供肥皂；第一次把 170 间客房分为单人间和双人间；第一次设前厅并把钥匙留给客人；第一次设门厅服务员；第一次使用菜单；第一次开展对员工的培训。由此，特里蒙特酒店被称为世界上第一座现代化酒店。

图 1-5 美国的特里蒙特酒店

(资料来源：美国的特里蒙特(Tremont)酒店官网，

http://www.starwoodhotels.com/gx/property/overview/index.html?propertyID=97510&language=en_US)

(二)中国酒店

中国酒店的历史源远流长。远在 3000 多年前的殷代，当时官办的“驿站”专供传递公文和来往官员住宿，可以说是最早的酒店。到了周代，有供客人投宿的“客舍”。西汉建造的“群邸”、“蛮夷邸”，专供外国使者和商人食宿。唐、宋、元、明、清时期，酒店业得到较大的发展，名称更多，有邸店、四方馆、都亭驿、大同驿、朝天馆、四夷馆等。以上这些，都是我国早期的酒店。

我国古代酒店的发展历经数千年，但规模都比较小，酒店建筑一直停留在低层木结构庭院式组合的格局中，建筑形式往往吸取当地民居的特点。但中国古代酒店的建筑布局却很活泼，尤其是南方的旅馆依势借景，结合庭园绿化，很有特色。如南宋平江府(现苏州)姑苏馆是江南旅馆结合庭园的佳例，客房临水而立，可远眺风光景色，馆内花园又是亭台廊榭，小桥流水。

1840 年鸦片战争以后，随着西方建筑技术与材料的传入，中国建筑发生了深刻的变革，逐渐摆脱低层木结构的模式，改用砖、钢、混凝土和新的结构体系，开始建造高层建筑。当时我国新建的一批大酒店，其规模大大超过了历代馆舍，造型别致，装饰技艺精致，材料质量好，施工标准高，配备的设备设施先进。这些酒店建筑大多请国外建筑师设计，如1906年建于上海的汇中酒店(现上海和平饭店南楼)属文艺复兴建筑风格；1928年落成的上海和平饭店(见图1-6)是现代主义建筑风格的反映；1934年建成的上海国际饭店，面积紧凑，具有注重效益的商业酒店特色；1900年建成的北京酒店(现北京酒店老楼)为古典西洋式的风格，在当时的北京独树一帜。这些大酒店可谓是我国近代建筑发展的典型代表。

图 1-6　上海和平饭店

案例 1-3

上海和平饭店

上海和平饭店建于1929年，原名华懋饭店，属芝加哥学派哥特式建筑，楼高77米，共12层。华懋饭店是由当时富甲一方的英籍犹太人爱利斯·维克多·沙逊建造的，外墙采用花岗岩石块砌成，由旋转厅门进入，大堂地面用乳白色意大利大理石铺成，顶端古铜镂花吊灯，豪华典雅，有“远东第一楼”的美誉。华懋饭店以豪华饭店身份自居，无论是建筑设计，还是装潢艺术，在当时都是无与伦比的。它那让人惊叹的魅力，表现在它所营造的那种无时无刻不在散发着的、欧洲古典宫廷艺术的气韵。最令人叫绝的是在几个餐厅和会客室里镶嵌着若干块半尺见方的拉利克艺术玻璃饰品，有花鸟屏风，有飞鸽展翅，有鱼翔浅底，置身其中，恍然到了一个水晶世界。

和平饭店诞生的时代也是上海建筑界的“文艺复兴”时代，在它竣工前后的10年中，外滩的高楼广厦将这寸土寸金之地的轮廓彻底改变。20余幢形态迥异的大楼，哥特式、巴洛克式、古典主义、新古典主义、折中主义、现代主义……构成了一部经典的建筑史教科书。经过70年的时间浸润后，这里的每幢建筑、每块石头又承载了各自的精彩故事，和平饭店，就是其中最大的传奇。1956年，这座远近驰名的大饭店被收归国有，并改名和平饭店。曾经叱咤风云的沙逊此时已成过往烟云；1965年，与之一街相隔的汇中饭店被并为和平饭店南楼，花岗石铭牌上清楚地刻着它诞生的时刻——“1906”。从此，和平饭店的历史又往前推移了20多年，整整一个世纪的纸醉金迷、奢华往事被封存在了坚实的花岗岩里。

(资料来源：上海和平饭店官网，http://www.fairmont.com/peace-hotel-shanghai/)

新中国成立后，我国建筑行业从设计到技术材料、施工、设备配置，水平均有很大提高。20 世纪 50 年代兴建的北京友谊宾馆、北京饭店、国际饭店等，充分体现了中国民族传统形式的格调，庄重宏伟。这些酒店建筑大多采用传统的宫殿屋顶、檐口与柱廊，房间高大敞亮，占地面积较大。其他城市以此为模板，之后又兴建了成都锦江宾馆、西安人民大厦、济南山东宾馆等。

20 世纪六七十年代，我国的外贸、旅游业逐渐发展，每年春秋两季的广交会使广州的客商倍增，酒店紧缺。为满足需要，广州兴建了广州宾馆、白云宾馆、东方宾馆、矿泉客舍、双溪别墅等，广州的酒店设计走到了全国前列。这些建筑设计强调功能，体型与立面简捷，空间组织中融合岭南园林的特点，在创造中国式酒店建筑的道路上迈出了新步伐。这段时间全国各大城市又纷纷仿效广州的酒店，开始了大规模的广州模式的酒店建设。

1978 年以后，我国开始真正步入现代酒店的发展阶段。20 世纪 80 年代初，低层建筑的酒店以上海龙柏饭店、北京建国饭店、北京香山饭店等为代表；高层建筑的酒店以广州白天鹅宾馆、上海饭店、南京金陵饭店、北京长城饭店为代表。这些酒店均独具特色。例如，上海龙柏饭店在优美典雅的庭园环境内呈现出一种英国风韵；而北京建国饭店则注重效益与人情味的设计；香山饭店以传统中国式庭园布局，突出中国文化的和谐与生机；高层建筑的广州白天鹅宾馆为中西结合的风格；上海饭店则注意以中国传统文化艺术营造中国式室内环境；南京金陵饭店的造型别具一格，总体建筑采用正方形组合排列与路口广场成 45 度的倾斜布局，协调得体，顶部是我国最早建成的旋转餐厅；北京长城饭店的内部设施达国际一流水平，还是我国第一个使用玻璃幕墙的高层酒店。

20 世纪 80 年代以后，随着我国开辟经济特区、建设外向型城市和旅游城市对外开放等政策的实施，我国现代酒店的建设逐渐进入高潮。酒店设计呈现出前所未有的繁荣，佳作不胜枚举，形成了多元化的特点。1988 年，为了与国际惯例及国际规范接轨，我国开展“涉外酒店星级划分与评定”工作，标志着我国酒店业逐渐走向成熟，我国的酒店建设进入了又一次发展高峰。

20 世纪 90 年代以后，上海浦东的酒店建设特别引人注目，浦东已成为上海一个新兴的酒店集中区域。浦东的酒店，最大特色是注重会议功能，新建的酒店都具有各种规格、设施一流的会议厅和较大规模的宴会厅。如香格里拉大酒店有可以容纳 1600 多人的无柱宴会厅，面积达 1530 平方米，为上海最大。香格里拉大酒店另外还配有 11 间面积不同的小型多功能厅，供各种规模会议使用。

二、酒店设计的概念与内涵

(一)酒店设计的内容

酒店设计是酒店建筑环境的一个组成部分，凡是为提高建筑空间功能和生活环境质量而对酒店环境所进行的一切装饰、规划、布置等，均属酒店设计的范畴。酒店设计以酒店环境的分类而言，分为实质环境与非实质环境两种。

酒店实质环境设计内容包括两个方面，一是指酒店建筑自身的构成要素，属于建筑本体的固定形态，如梁、柱、顶棚、地面、门窗等(见图 1-7)；二是指酒店室内一切固定或活动的家具摆放，包括生活起居、公共活动、健身娱乐、餐饮服务等方面所需的一切设备设施的布置摆放。

酒店非实质环境设计内容，是指与室内气氛有关的多种要素，以体现精神品质和营造情调、氛围。它包括酒店室内环境、色彩选配、通风采光、环境绿化和促进视觉美感的设计要素，如墙面、地面、天花的饰面处理，壁画、壁饰、雕塑及工艺品陈设等。此外，还有环境空间序列分隔的处理、形式美法则和人体工程学的运用。使人身心得到平衡、感官得到愉悦的精神需求方面的要素，均属酒店非实质环境的设计内容。

图 1-7　澳大利亚墨尔本索芙特酒店顶棚设计

酒店设计是对实质环境与非实质环境的艺术处理，其意义体现为提高酒店环境的质量，既能满足人们对物质使用功能的需求，又能满足人们对精神品质的追求。这一点是评价酒店设计好坏的重要标准。

酒店设计的具体工作可以归纳为四个方面：早期装修、全程设计、后期陈设和再次翻新。早期装修内容包括墙面、天花、地面、门、窗、柱等建筑构件的设计处理；全程设计内容包括室内各功能区域的设计、绿化、照明、色彩等空间环境处理，以及酒店部分外环境处理；后期陈设内容包括家具、织物、观赏艺术品及广告宣传等的设计布置；再次翻新内容则包括对原设计环境中的家具、照明和设计图案等的改进更新所进行的工作。

具体到每一个酒店的设计内容，因每个酒店自身的要求与特点而异，取决于酒店的特色、规模与客观环境的需要。至于设计的任务，简言之就是综合运用技术与艺术手段为上述内容服务，从而塑造出一个美好的酒店形象。

(二)酒店设计的性质

酒店设计主要是指在酒店建筑所给定的空间形态中所进行的再创造，它具有设计酒店建筑物及其环境的功能，同时它又具有一般造型艺术的表现特征。酒店设计的性质可归纳为以下几点。

1. 从属性

酒店设计不能脱离酒店建筑和建筑空间环境，一切设计形式必须依附于建筑并融合于

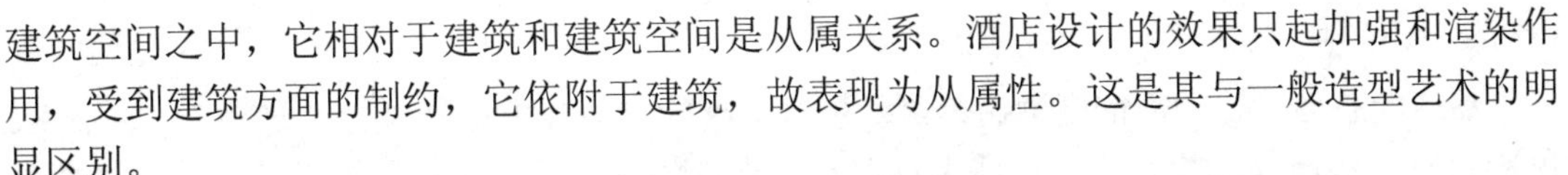

建筑空间之中，它相对于建筑和建筑空间是从属关系。酒店设计的效果只起加强和渲染作用，受到建筑方面的制约，它依附于建筑，故表现为从属性。这是其与一般造型艺术的明显区别。

2. 环境性

酒店设计的环境性表现为它与特定的酒店环境相协调，进而使设计与环境形成一个有机的整体，其手段主要通过形态、造型结构、情调、气氛、质地、明暗和色彩等关系的有机构成，创造理想的、符合建筑空间环境要求的艺术形式，使设计与建筑环境融为一体。

3. 空间性

酒店设计与环境空间相互间的关系，称为空间性。它表现在两个方面：一是设计对建筑空间形态的适应性；二是利用设计艺术品自身的空间特性，来丰富环境空间，创造艺术氛围。

4. 设计性

强调酒店设计的艺术效果，以提高酒店建筑的审美价值和精神价值，称为设计性。酒店设计常按不同的空间等级和规格，设置不同的设计艺术品，使之层次清楚、节奏明朗；或者参与建筑的时空构成，强化建筑环境的意境和气氛。

5. 工程性

设计与材料及施工工艺是紧密联系在一起的，有些设计艺术品的固定形态对材料选择、施工工艺等都有一定要求，表现出工程性特征。这是它与一般造型艺术的不同之处。例如马赛克镶拼壁画(见图 1-8)，画面呈现出小方格色块的空间混合效果，有别于嵌玻璃画的高纯度色彩对比所构成的富丽明快的效果。

图 1-8　澳大利亚墨尔本皇冠(Crown Hotel)马赛克镶拼壁画

6. 综合性

酒店的总体设计，需根据酒店等级及星级标准的有关要求如气氛、情调、风格、形态、色彩倾向、基调等进行设计。这些因素对总体设计规划和各部分的艺术设计，提出了整体考虑与综合平衡的问题，这在设计艺术中表现为综合性特征。

国际上常按酒店的环境、规模建筑、设备设施、装修管理水平、服务项目与质量等具体条件来划分酒店等级。划分等级的目的，主要是为方便各酒店掌握市场情况，寻求自身的客源，并明确服务标准，提供价格合理的服务项目和服务质量。酒店等级制度是酒店经营中引进竞争机制和进行市场划分的一种标志。同时，它有利于酒店设施的标准化和服务规范化，是酒店管理的重要手段之一。

目前国际上流行的划分酒店等级的方法是星级制。1988 年 8 月，我国国家旅游局参照国际旅游旅馆业的等级标准，结合中国国情制定了《中华人民共和国评定旅游涉外酒店星级的规定》和《中华人民共和国旅游涉外酒店星级标准》，于 1988 年 9 月 1 日开始执行，后又经国家技术监督局批复定为国家标准，即《旅游涉外酒店星级的划分及评定》，编号为 GB/T 14308—1993，自 1993 年 10 月 1 日起执行。该标准把酒店划分为五个等级，用星号(★)作为标志，按一星、二星、三星、四星、五星划分。星级越高等级越高，一星、二星属经济型酒店，三星属中档酒店，四星是高级酒店，五星是豪华型酒店。一星、二星级酒店只是满足客人进店后的一般需求，提供膳食、过夜的简单服务。三星、四星、五星级酒店则必须体现出高级酒店的完整性服务：三星级酒店须能满足客人进店后膳食、过夜、娱乐的享受需要；四星级酒店须能满足客人膳食、过夜、娱乐、健身、社会商务的高级享受需要；五星级酒店则属豪华享受，要使客人产生备受礼遇、宾至如归的感觉。

下面概略介绍我国星级酒店主要设施和设计的要求。

(1) 一星级酒店。酒店建筑结构良好，内外设计采用普通建筑材料，室内设计一般。客房有软床垫、桌、椅、床头柜、台灯、床头灯等配套设施。其特点是，酒店设有餐厅、咖啡厅，有一般的公共设施。

(2) 二星级酒店。内外装修采用较好的建筑材料，室内设计良好，较一星级酒店增加酒吧服务、理发室，可提供中餐及西式早餐。其特点是，酒店的主要部门布局基本合理，装修设计美观。

(3) 三星级酒店。采用较高档建筑材料和较精致的施工工艺，装修设计质量较高，外观具有一定特色或地方、民族风格。酒店前厅设计美观别致。客房有空调并增设地毯、梳妆台(或写字台)和微型酒吧，有公共休息阅览室、适量会议场所、残疾人设施、多功能厅、舞厅和按摩室，以及中餐厅、西餐厅、咖啡厅、宴会厅和正式酒吧。其特点是，设计美观雅致，布局基本合理。

(4) 四星级酒店。内外设计高档，并独具特色或有鲜明的地方、民族风格，格调高雅。客房面积宽敞、设计豪华，有配套高级家具、高级地毯，酒店增建大宴会厅、特色酒吧、健身房、桑拿浴室、游泳池、美容室、商务中心等。其特点是，布局合理，设计富有艺术特色，使人印象深刻。

(5) 五星级酒店。设计豪华，具有独特风格和美的象征。酒店建筑外修建假山、喷水池或花丛绿茵带，大堂内布置绿树、花束、灯光、瀑布、背景音乐，中庭有古物珍品陈设等。运用多种高档的设计艺术手法，以显示豪华的程度。五星级酒店设有风格独特的各种餐厅，有豪华套间、总统套间、网球场、露天或室内游泳池等。其特点是，布局合理，尽显豪华气派，如图 1-9 所示。

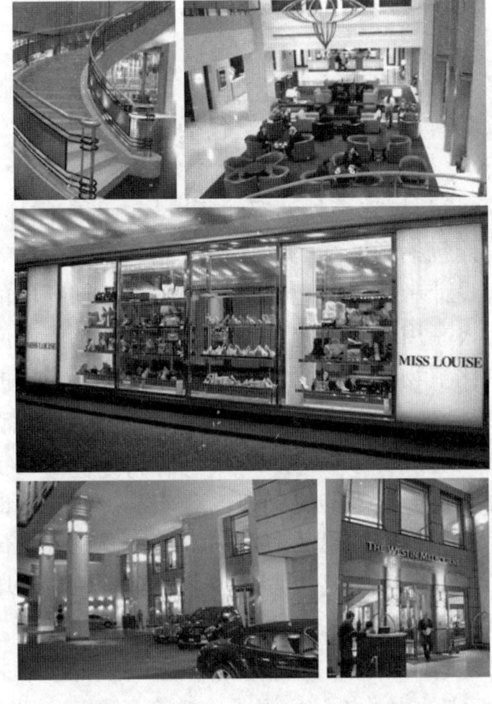

图 1-9 澳大利亚墨尔本威斯汀酒店

酒店星级的形成条件，一方面取决于各种配套设施等硬件，另一方面取决于设计布置艺术水准，如风格、气氛、特色等。通过酒店餐饮和客房方面的设计情况，一般可初步判断酒店星级档次的高低。

(三)酒店设计的原则

酒店设计艺术的形式多种多样，变化无穷。但由于它具有建筑、艺术、功能等多重特征，使许多设计艺术形式属性变得模糊。为便于研究和分析，有必要先确立分类原则，而后再介绍设计原则。

1. 酒店设计的分类原则

随着时代潮流与市场需求的变迁，设计艺术形式也随之发展和变化。如果采用简单的、固定的分类法，将不利于设计艺术的发展。在建筑设计行业中，有一种分类法叫作定位分类。建筑设计艺术的定位点，分形态、材料性质、运动状态、设计目的和作用等，按一般习惯往往是将定位点落在设计艺术品的形态上，按照形态来进行分类，例如雕塑，属三维立体形态，分为一类；壁饰属二维平面形态，分为一类……这种分类法因为没有从建筑环境特征和功能需求出发，单一地以艺术品形态来分，对酒店设计而言就不很明确。因为各类酒店有相对市场需求的各种营销方式，各种规模、级别的酒店，对设计要求又有不同的目的与标准；而每一个酒店内环境又划分了很多功能区域，每一功能区又有不同的设计要求。所以，为切实符合不同酒店设计的特点，而将分类定位在设计目的和作用方面，概念会比较清晰，如按前厅设计艺术、客房设计艺术、餐厅设计艺术以及陈设艺术等来进行分类。这样，设计目的就比较明确，便于专门研究，条理性和实用性也强。

2. 酒店设计的原则

酒店设计的形式虽多，然而在设计上它还是有一定的规律和原则可供遵循的。所谓设计原则，也即设计者必须具有的设计素养，它包括环境意识、整体设计思想、时代特征表现和机能性观念四个方面。

(1) 环境意识。酒店环境包括建筑外部空间环境与内部空间环境两大部分。

酒店外部空间环境设计包括庭园绿化、建筑小品、雕塑、标志标牌等。所谓外部环境设计的环境意识，是要求设计者在设计意识上，使酒店外部环境的设计效果既能作建筑的背景与补充，又可提供客人享用的半私密性空间；既与大环境呼应，又突出酒店本身的特点。例如，酒店外部以绿化植物、水、石、建筑小品等素材构成的空间环境及造型，必须与酒店总体建筑有内在的默契，这样的设计才有助于提高酒店外部环境的质量。

酒店内部空间环境设计肩负着体现酒店风格、档次和营造气氛等重任，既要满足各种使用功能，又要凝聚各种文化、艺术的感染力。对艺术设计者来说，酒店的内部空间环境设计是各种设计艺术形式和各种设计思潮表现的舞台。设计者不仅要在环境意识上重视对不同功能、各部分空间形态的研究，还应按人类工程学原理与环境心理学来构思各功能区域的设计主题，包括环境的比例尺度、色彩与质感等。各种设计艺术品及各种设计形式都应在它们的制约下积极地去适应，否则就会喧宾夺主，破坏建筑时空环境的气氛和情调。

(2) 整体设计思想。酒店的内外设计，虽然存在多种方法与类型，但对一个酒店来说，应形成有机的艺术整体，设计者应具有整体设计思想。所谓整体设计思想，包含三方面的内容：一是对建筑环境的意境有统一的设想，如对建筑环境的特征、气氛、情调等做好概念上的思考，并将其作为每个具体环境中设计的统一依据和原则；二是设计量的规划，即考虑在整体建筑空间中该如何设计，该设置多少设计艺术品才适度、得体；三是对环境的形态基调要有统一的规划，根据酒店环境的特点，将商业性功能与文化艺术巧妙地结合起来，构成一种特有格调，然后选择符合相应格调的设计艺术品、材料工艺、色彩基调等，最终达到整体上的和谐。

(3) 时代特征表现。酒店是时代的产物，也可以说酒店就是时代技术水平与艺术思潮的窗口。现代酒店不论大小都在力求创新发展，设计艺术也须紧跟时代步伐。酒店设计要更好地反映时代特征，可从以下两方面进行努力：一方面可借助现代科学技术和现代物质材料，来开发新的技法、新的工艺及材料，如图 1-10 所示；另一方面，应学习借鉴当代文化艺术的成果，开拓新的时空观念、更新设计理念和丰富设计语言。酒店设计对时代特征的表现包括表现时代精神文明特征，即文化内涵的体现，以及表现时代物质文明特征，也即当代科学技术水平的体现。

(4) 机能性观念。酒店设计，从某种意义上讲，它也是功能与文化完美结合的产物。酒店建筑因为设计艺术的参与，而被看作是一种文化和艺术。客人在酒店享受方便、舒适服务的同时，也感受到文化的魅力，体会到美的温馨。设计可使酒店功能布局更为合理，定位更为明确。对设计而言，上述思想叫机能性观念，即设计艺术要服务于应用；对酒店功能而言，所谓机能性观念，表现为设计必须与文化功能相统一，与经济功能相统一，与酒

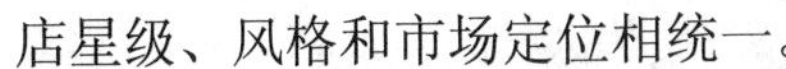

店星级、风格和市场定位相统一。

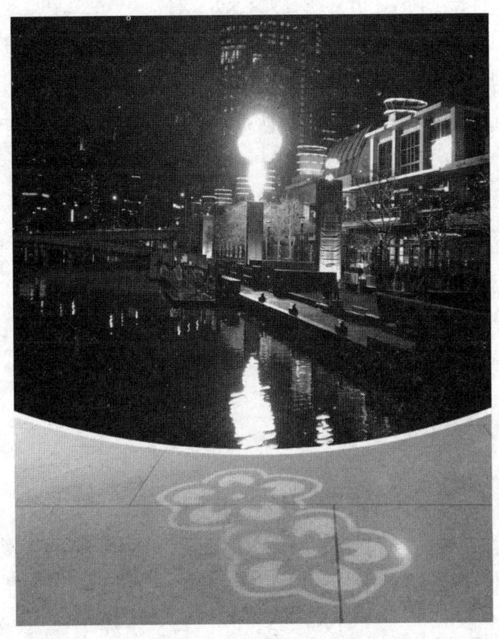

图 1-10 皇冠酒店(Crown Hotel)现代科技表现(亚拉河畔的喷火塔/大堂激光花纹)

三、酒店的专业化设计

面对酒店业迅速发展的新形势，酒店如何提高竞争实力，脱颖而出？为了避免激烈的恶性竞争，突出酒店的经营特色是一个有效的策略，而优秀的酒店设计则更能凸显酒店的个性特征。

(一)我国酒店设计的现状

过去，我国酒店业在建设与改造方面，由于缺乏对酒店专业规划设计科学的认识，没有把这一专业摆到应有的位置加以重视，再加上一些历史原因和管理体制等深层问题，形成了酒店业普遍存在的非专业规划设计的问题：如有些设计师不懂酒店市场的定位与功能配置，使康乐设施面积大于客房、餐厅总面积，前厅面积大于客房总面积，餐厅面积大于客房面积；有些设计师不懂酒店服务设施与管理效率的要求，使厨房远离餐厅或厨房与餐厅不就近且不在同一楼层；前厅远离客房或总台不在前厅；还有些设计师不懂酒店服务与安全配套设施与规定，使办公设施、消防安全疏散隔离设施的位置和比例不合理，或者缺件少项……总之，非专业规划设计从酒店内部的功能、布局、服务设施、文化艺术设计到酒店外部的环境、建筑、装饰、附属设施的设计，没有以现代酒店管理科学和其他相关科学为指导，所以给有上述问题的酒店的经营管理造成损失和浪费几乎是“与生俱来”。有一句非常形象又流行的话说“酒店开业之日，已是酒店改造之时”，深刻地揭示了非酒店专业规划设计造成问题的普遍性。

全国现有一万多家星级酒店，其中有许多因多种原因未进行专业化设计。以 1/10 有类似问题来计算，就会有近千家“先天不足”的酒店。而实际情况远比此严重。由此可见，非专业设计给酒店业乃至国家带来了不应有的经济、财产、资源的损失和浪费，同时也给酒店业投资人、旅游行业管理部门带来后顾之忧。

早在20世纪80年代，我国旅游行业管理部门就开始注意到酒店专业化设计的重要性，组织制定了旅游涉外酒店星级评定标准。这是以行政手段推动酒店业规范服务质量、提高管理水平并进行酒店的专业规划设计。但由于评星标准本身需要不断完善，它只是推荐性的标准，不具有强制性。另外，因过去管理体制形成的一些结构关系，在现行酒店标准中还有一套商业部门的评级标准，两套标准在社会服务业中仍并行，所以就全国各类酒店的总量来看，星级评定标准收到的效果还是有限的。在推动酒店专业规划设计方面，中国酒店业协会做了大量的工作。协会利用各种机会和形式宣传酒店专业规划设计的科学知识，进行专业讲座活动，使酒店专业规划设计的理念逐渐被认识和接受，酒店业在新建与改造实践中已开始出现自觉地按科学规律行事的趋势。

(二)酒店专业化设计的好处

1. 专业化设计中会认真地为酒店的经济效益筹划

酒店设计最首要的是经济效益的设计。因此在酒店的设计图纸上就已经要为经营未雨绸缪了。换言之，酒店设计的第一切入点就是经济效益目标。如何使哪些空间产生效益，如何合理布局，扩大效益空间，并为这些空间在日后经营中产生高效益创造条件是首要思考的内容。以厨房与餐厅的比例为例，原先统一的标准已大大落后于全球酒店业的发展趋势，不仅同样面积、不同档次、不同类别酒店的餐台数会大相径庭，而且由于大量先进厨房设备的采用，可以大大缩小厨房空间。如寸土寸金的香港，有些餐厅与厨房面积比可达到 1∶0.5。科学地讲，酒店餐厅应以宾客人数和流量为设计依据，厨房为多少人供餐，供应什么餐，非专业化的设计公司是缺乏这方面的知识的。另外，还要尽可能压缩不产生效益的空间，并使这些空间有效地为效益空间服务。往往设计者会先从自己“作品创作”的角度去设计酒店，而这对酒店的专业化设计而言是绝对不可取的。

2. 专业化设计更注重满足酒店的功能设计

酒店经营要产生效益，源头在于满足市场需求。为不同档次、不同市场定位的酒店进行的设计是不同的，度假酒店、商务酒店、会议酒店等都需要不同的专业化设计。这里以最常见、最普通的标准客房为例作一分析。现在我国酒店的标准房可谓是千店一面，设计者也很少站在客人的角度进行研究。时过境迁，现在酒店的客源已多元化，国际客人、商务客人、会议客人、休闲家庭，等等，这些客人的需求各不相同，必须潜心研究方能作出适合思路的设计。具体来说，对需要在客房里工作的客人来说，桌子偏窄、灯光偏暗就是灾难；对休闲的客人而言，客房没有顶灯的整体照明，只有繁复众多的局部照明，既毫无“家”的氛围，又带来诸多不便；而国际商务客人则对网络的便捷与否十分关注。所以时至今日，已不存在只有一种“标准”模式的“标准房”，对不同客源市场的“标准房”都需要相当专业化的设计。

3. 专业化设计有利于酒店的长远发展

酒店是在不断变化发展的。这些年来酒店相继更新改造、提档升星，也说明了这一点。一家酒店的设备设施、装潢及日用品是可以更换的，但建筑的土建格局却是固定的。所以酒店的建筑设计必须至少向前看 10～20 年。以标准房的设计为例，如果从外墙到卫生间墙设计至少 6 米，卫生间壁到内墙(房门口)4 米，总长度 10 米。这样就会宽敞许多，将来的客厅和卫生间改造时就有文章可做。尤其是卫生间，相比之下，客房设计大同小异，将来的发展趋势就是比谁的客房卫生间大，面积大就可添装许多新的设施。客房的外沿增加 1 米，在酒店的土建上多不了很多钱，但却可为将来升级打下基础，无形中为几年后更新改造时节省大量资金。

4．专业化设计使酒店更凸显人性化

人性化设计是人类进入后工业化时代产生的新概念。人类已从刻板、机械、标准的大工业环境中走了出来，要在酒店中得到舒适的享受，这也就是酒店业中提出的“以人为本”的设计理念。从布局、格调、色彩，到饰物的摆放、用品的配置，都要展现人性化的魅力。例如澳大利亚悉尼的丽思·卡尔顿(Ritz Carlton)酒店总台设有两个服务台，正面的是入住、结账、换币的服务台，侧面是一个问讯台。两个服务台都很短，是木制的，漆上了黑色。总台上没有任何 Reception、Cashier、Information 的牌子，没有房价的标示，没有外汇兑换的牌价，在客人视野里是看不到包括电脑在内的所有现代工具和用品的，这一切都隐藏在服务台之内。总台旁边有一些古典靠椅，你可以坐在这里舒舒服服地等候办理手续，而面对你的墙壁是一只老式壁炉，连簸箕和干柴都放置在边上。

综合来看，酒店专业化设计就如同十月怀胎时孕育的优质“基因”，只要酒店拥有了这种内在的优势，就可以在未来愈演愈烈的经营竞争中游刃有余、胜券在握。

(三)提升酒店设计水平的策略

1．设计应迎合客人的心理需求

在不少国外名牌酒店里，当客人步入大门时立刻就会感到一种温暖、松弛、舒适和备受欢迎的氛围。每一位客人来到酒店之前，心里都会对酒店怀有一种潜在的期待，渴望酒店能够具备温馨、安全的环境，甚至渴望这个酒店会给人留下深刻印象，最好有点惊喜，并使这一次经历成为生活中的一部分(见图 1-11)。因此，酒店的投资人要迎合客人的心理需求才会产生好的回报，而实现这一点就是酒店设计者的天职。

图 1-11　澳大利亚墨尔本希尔顿酒店大堂全景图

当今世界上很多酒店的设计和经营实际上都已自然而然地奉行着这一原则。姑且不谈诸如迪士尼或者拉斯维加斯的那些大型的、令人难忘的主题酒店，即使是我们日常生活中常见到的酒店也已关注到该问题。抓住客人心理，使客人感到亲切，让客人的潜在期望获得较充分的实现，这是各类酒店的共同追求和生存秘诀。

2．设计应体现地域文化

关于酒店内部的规划设计问题，同一品牌的酒店在不同地区、不同文化背景下，可以

采用不同的设计，以体现出地域文化特征。设计师应该做到让客人一进入酒店时就知道自己身在何方。当然，这可能需要通过不同的形式来表现，如艺术品的陈设、雕塑的摆放、不同家具和地毯的采用等，因为不同文化背景和不同地区的差异会通过这些物品鲜明地表达出来，从而给人以感染。但是，这些陈设必须恰如其分，过分的装饰未必会带来好的效果。比如，设计到位的大堂应该做到当客人来到这里时，即使没有人为他提供服务，他也应该感到温暖，就像回到家一样。这就要求大堂里所能看到的某一样或几样东西和客人是相通的，可能是家具、灯饰，可能是陈设，也可能是一种色彩。这样的酒店为客人实现了文化价值和生活方式的延伸，而且会和他们的个性相通，从而使酒店的回头客越来越多。真正的专业酒店设计师应该懂得这一点，并具备这样的经验和修养。实现了客人的“心理期待”，也就符合了酒店经营者的最大利益。

相信对万豪酒店有一定了解的人都知道，该酒店集团在不同国家、不同区域，都会采用不同的设计。即使同在美国，北方和南方的万豪风格也是不一样的。在中国的上海和其他地方，万豪也有所不同，这都是为了更好地体现地域文化，在这一点上万豪的设计做得是十分到位的。在澳大利亚墨尔本的街头，如公交站台、各主要交通工具以及主要的市政广场等，经常会张贴一些以关爱野生动物为主题的招贴海报，这不仅是一种理念的宣传，更已经成为该市的一种地域文化。2012 年 8 月 13 日，墨尔本动物园为庆祝开园 150 周年，将 50 座非洲马里大象的雕塑放置在市区的各个街头，以呼吁人们对濒临灭绝野生动物的关注。就在此时，位于墨尔本市中心的万豪酒店(见图 1-12)就利用这一公益宣传活动，特意在自己的店门口放置了一尊与酒店的 Logo 同一色系的大象用以招揽客源。这样既借助了这一活动的时效性来宣传该酒店的经营理念，同时也表明了该酒店的地域文化特征。

图 1-12　澳大利亚墨尔本万豪酒店

案例 1-4

墨尔本的温莎酒店(Hotel Winsor)

建造一座位于墨尔本核心地区的五星级酒店——温莎酒店(见图 1-13)，是航运巨头乔治·尼普(George Nipper)的梦想。于是他委托著名建筑师查尔斯·韦伯(Charles Webb)进行设计，酒店最初于 1883 年 12 月开门营业。温莎酒店建造的年代领先于维多利亚时期许多著名的大型酒店，包括伦敦的萨伏伊大酒店(The Savoy, London)、纽约的广场酒店(The Plaza, New York，1894)、纽约的华尔道夫·阿斯托利亚酒店(The Waldorf Astoria, New York，1894)、巴黎瑞茨酒店(the Hotel Ritz，Paris，1898)以及新加坡的莱佛士酒店(The Raffles, Singapore，1887)。

图 1-13 温莎酒店(Hotel Winsor)外观

温莎的地理位置十分优越，毗邻公主剧院(Princess Theatre)和联邦广场(Federation square)，酒店对面就是维多利亚州政府的办公所在地，距离科林大街(Collins street)和 Bourke 大街的购物和餐饮场所仅有 5 分钟步行路程，与菲林德斯火车站隔街相望，酒店门前还有一个电车站。

温莎酒店经历了两次世界大战的洗礼，期间经过多次转手并不断扩建，所有权几经更迭。直到 2005 年 11 月，哈利姆家族最终买下了温莎酒店，才使得它再次成为一座独立的酒店。在 2006 年和 2007 年，温莎酒店因其提供的重点示范服务而被列入举世所公认的“世界最佳服务酒店前 18 名排行榜”。

温莎酒店的建筑属于典型的维多利亚式，与周边的环境十分协调一致。整体设计将经典风格与现代设施进行了很好地融合。酒店内部空间仍然延续了当时中庭设楼梯，两边为客房的传统酒店布局，如图 1-14 所示。大堂虽小，但别有一番风味。前台旁边放置储物柜用于销售酒店的产品，走道两侧墙壁悬挂着木质画框，图文并茂地介绍温莎酒店的历史。令人称奇的是酒店老式的铁制电梯被完整地保留了下来，具有很强的历史厚重感，令人联想到《泰坦尼克号》中的部分场景。墙面随处可见装饰立柱与拱券设计，平面多以油画和

装饰画进行点缀，地面采用拼花装饰，旧式家具、陈设一应俱全。楼梯地毯考虑到视觉分割和清洗便于拆卸的目的，采用金属杆与大理石固定，充满人性化设计。此外，在酒店的各空间转折处，还用精美的玻璃和琉璃制品加以点缀，这样的整体环境令人徜徉于历史与现代的时光转换中，回味无穷，如图 1-15 所示。

图 1-14　温莎酒店布局

图 1-15　温莎酒店装饰特色

(资料来源：墨尔本的温莎酒店官网，http://thewindsor.net.au/index.htm)

3．设计应考虑酒店利润诉求点

中国酒店存在的主要问题是客房与公共区域所占的比例不够合理，有时候体现在餐厅、咖啡厅过多，公共面积过大。其实，酒店在设计时应充分考虑未来经营并以获取利润为主要出发点。一个完美酒店的根本宗旨不是炫耀自身，也不是仅仅让人观赏，而是如何使其适用和赢利。合理的客房数量，配有与其相适应的餐厅、咖啡厅等，这些都是有国际标准的。当然，在中国的一个五星级酒店里，必须设一个与其相称的高档中餐厅，而宴会厅是否一定需要则应依情况而定。总之，公共面积应该尽量合适，而不是求大，客人期待的是一个舒适的酒店，而不是一个大的展馆。

4．设计要体现出酒店自身的个性

酒店一定要有自己的个性。当今世界是一个时尚的世界，而在不同的地区会有不同的时尚。时尚引导了风格和档次，从酒店的角度来说，大约可分为两大类：第一类是大型的豪华酒店，如凯悦(Grand Hyatt)，其大量采用大理石和高档玻璃，并在照明方面颇为讲究，体现豪华氛围；第二类则趋于传统，如丽思·卡尔顿(Ritz Carlton)，其更多采用了木制品，座椅、沙发和老式花纹地毯，尽可能给人以舒适典雅的感觉。而万豪与以上风格的定位都有所不同，而且也更难一言以蔽之。但是，万豪旗下各酒店对设计的要求也有共同之处：第一，是要为客人的舒适度下功夫，以人为本；第二，使万豪酒店的功能布局尽可能合理化，包括酒店的客房数量和公共区域的比例、酒店的合理化流程等；第三，不做过多的装饰，因为这样会对客人产生一种强迫感。这样做的目的，主要因为万豪的客人大部分是商务客人，而商务客人的心理期待由于其自身的阅历，往往既高又挑剔。当然，其他酒店也都会有自己不同的市场定位，根据不同的定位，应采用不同的设计手段。同样是经济型酒店，也会因为有不同的市场定位而产生不同的形式和风格。如有专门接待开车族家庭旅游的，接待旅游团队的，也有专门接待商务散客的。经济型酒店基本上以客房为主，常常没有很多公共经营区，有的只需要一个不大的区域做餐厅就可以了。

评估练习

1. 酒店设计需要完成哪些内容的具体设计？
2. 酒店设计需遵从怎样的设计原则？
3. 如何提升酒店设计水平？

第三节　本课程的学习方法

教学目标

- 理解本书的写作逻辑及主要内容构成。
- 理解进行酒店设计需具备的知识及专业技能。

本书内容以理论阐释与案例分析为主，从美学和方法论的角度来介绍基础理论与设计艺术方法。全书所述内容分为三大部分，第一章为全书的总述，主要从酒店管理及环境艺术设计专业的交叉性来对酒店的设计与布局进行相关知识的导入与铺垫；第二章是从酒店的外环境，主要从建筑设计的角度来阐述其对酒店内环境的影响，是对全书设计方法论的指导；第三章和第四章着重对酒店的设计手法及布局进行专业性的论述，其相关内容对所有的酒店设计均适用；第五章是根据前四章所介绍的内容，从酒店设计的创意思维这一角度进行的提升；第六章主要是为迎合目前酒店业中较流行的主题性设计，对目前已出现的、现阶段的以及未来可能出现的设计手法进行总结归纳与大胆预测，是对前两章内容的全新补充；最后在第七章介绍酒店设计的图式语言，包括各种手绘设计图的绘制与功能特点，以及概略性地介绍计算机辅助设计软件的应用与表现。

本书作为全国高等院校旅游专业教材，旨在提高旅游专业的学生对酒店形象创造的审美意识和酒店环境艺术的整体构思能力，建立初步的设计理念，掌握基本的技法技能。

酒店设计涉及的内容很多，最简单的是所谓的美化布置工作，它包括家具的配备和摆放、地毯和设计织物的铺设、室内观赏品的布置、绿化饰品的陈设、环境点缀和节庆布置等。进一步的酒店设计工作，对工作人员的要求则相对高一些，表现在对设计的理解与设计布置的观念上，要从狭义的形式美感上升到艺术构思，从而全面筹划整体审美效果，以营造特定的环境氛围。其中包括对材料、样式、色彩巧妙地选择与合理的配置，这项工作需要具备一定艺术修养的酒店管理人员来组织实施。再高一层次的酒店设计工作，就是设计艺术的专业工作，这项工作在性质上是酒店建筑设计的深化与再创造。它必须将功能和审美结合起来，进行各种空间环境与空间界面的艺术处理，工作需要细致入微，不但重视

设计效果的生理和心理效应，而且重视材料、施工技术的运用，以及新的设计观的引入。同时，从事这项工作还必须掌握绘制设计工作图的基本技能；面对充满魅力和挑战性的设计潮流，还应尽早进入计算机设计艺术殿堂的大门，通过先进的工具、丰富的设计语言，拓展视野，提高设计质量。

酒店设计有待我们去探索和学习的内容还很多，需不断地充实和完善，这是一个循序渐进的过程。因此，本课程的学习方法最好是在学习过程中能多多参阅相关专业书籍与图册资料。如条件许可，结合实地参观星级酒店，增加感性认识，琢磨和研究各种各样的设计风格与特点，并考察新工艺、新材料的应用情况。还要多观摩和体会各种艺术品、陈设品的设计效果与品位，这些均有利于开阔视野、积累信息、提高素质，使自己逐步走向成熟。

评估练习

1. 作为一名旅游专业的学生，应如何培养自己对酒店形象创造的审美意识和整体构思能力？

2. 除了课堂学习以外，还应通过哪些途径拓展自己的课外学习？

第二章
酒店设计实务

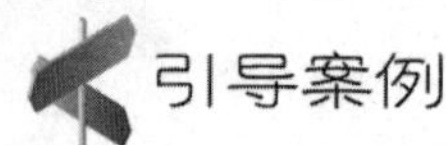
引导案例

天子大酒店坐落在北京东郊，距天安门广场30分钟车程，据说是昔日皇帝东巡时的御驾行宫。该酒店的外形是彩塑“福禄寿”三星像，高41.6米，形象逼真、造型独特、气势恢弘、是我国目前独一无二的人文景致。在关于它自身的酒店介绍单上，赫然印着“其设计为世界首创，是目前世界最大的具有使用功能的像型建筑，现已申报吉尼斯世界纪录”。

(资料来源：《酒店装饰与装潢》课件第二章——南京旅游职业学院胡亮)

对于以上内容，你怎么看？

辩证性思考：

1. 酒店的建筑设计与酒店的室内设计之间存在什么样的关系？
2. 在酒店建设之前，设计师需要考虑哪些现实的因素？
3. 在对酒店的建筑进行设计时，如何确立较好的设计立意？

酒店的建筑设计是酒店室内设计的环境依据，往往一个酒店建筑设计的好坏直接决定了其室内设计的水平，可见建筑设计制约了室内设计；而酒店的室内设计又是其建筑设计的延伸，它在一定程度上改变了酒店建筑的空间，是对酒店建筑设计的继续和深化，是对酒店空间和周边环境的再改造。酒店的建筑设计与室内设计是酒店设计完整过程的不同层面。所以我们要学习和研究酒店的设计与布局，必须先要对酒店的建筑设计有一定的了解。本章内容正是对这部分内容的探究。

第一节　酒店设计任务的分析

教学目标

- 学习和理解设计资料搜集的重点。
- 熟悉并掌握酒店环境条件调查分析的相关内容。

任务分析作为酒店建筑设计的第一阶段工作，其目的就是通过对设计要求、地段环境、经济因素和相关规范资料等重要内容的系统全面的分析研究，为方案设计确立科学的依据。

一、酒店设计要求的分析

设计要求主要是以建筑设计任务书(或课程设计指示书)形式出现的，它包括物质要求(功能空间要求)和精神要求(形式特点要求)两个方面。

(一)功能空间要求

1. 个体空间

一般而言，一个具体的酒店建筑是由若干个功能空间组合而成的，各个功能空间都有自己明确的功能需求，为准确了解与把握对象的设计要求，我们应对各个主要空间进行必

要的分析研究，具体内容包括以下几项。

(1) 体量大小：具体功能活动所要求的平面大小与空间高度(三维)。

(2) 基本设施要求：根据特有的功能活动内容确立家具、陈设等基本设施。

(3) 位置关系：酒店自身地位以及与其他功能空间的联系。

(4) 环境景观要求：对酒店声、光、热及景观朝向的要求。

(5) 空间属性：明确该酒店空间是私密空间还是公共空间，是封闭空间还是开放空间。

2. 整体功能关系

各功能空间是相互依托密切关联的，它们依据特定的内在关系共同构成一个有机整体。我们常常用功能关系框架图来形象地把握并描述这一关系(见图 2-1)，据此反映出以下内容。

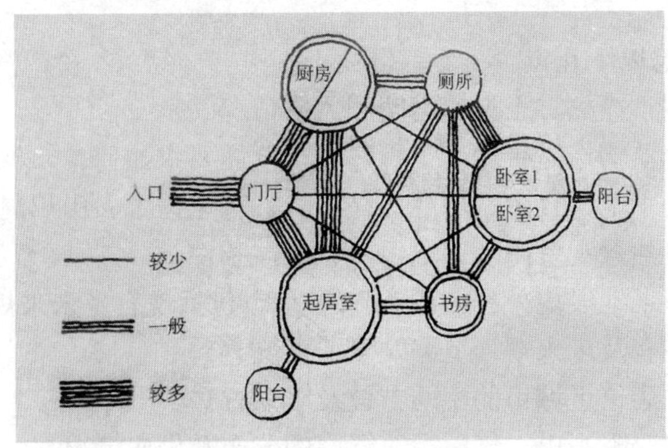

图 2-1　功能空间关系图

(1) 相互关系：主次、并列、序列或混合关系。对策方式体现为树枝、串联、放射、环绕或混合等组织形式。

(2) 密切程度：密切、一般、很少或没有。对策方式体现为距离上的远近以及直接、间接或隔断等关联形式。

(二)形式特点要求

1. 建筑类型特点

不同类型的酒店建筑有着不同的特点。例如，纪念性建筑给人的印象往往是庄重、肃穆和崇高的，因为只有如此才足以寄托人们对纪念对象的崇敬、仰慕之情；而居住建筑体现的是亲切、活泼和宜人的特点，因为这是一个居住环境所应具备的基本品质。如果把两者颠倒过来，那肯定是常人所不能接受的。因此，我们必须准确地把握酒店建筑的类型特点，是活泼的还是严肃的，是亲切的还是雄伟的，是高雅的还是热闹的，等等，而不可张冠李戴。

2. 使用者个性特点

除了对建筑的类型进行充分的分析研究以外，还应对使用者的职业、年龄以及兴趣爱好等个性特点进行必要的分析研究。例如，同样是别墅，艺术家的情趣要求可能与企业家有所不同；同样是活动中心，老人活动中心与青少年活动中心在形式与内容上也会有很大的区别。又如有人喜欢安静，有人偏爱热闹；有人喜欢简洁明快，有人偏爱曲径通幽；有人喜欢气派，有人偏爱平和，等等，不胜枚举。只有准确地把握使用者的个性特点，才能创作出为人们所接受并喜爱的酒店建筑作品。

二、酒店环境条件的调查分析

环境条件是酒店建筑设计的客观依据。通过对环境条件的调查分析，可以很好地把握、认识地段环境的质量水平及其对酒店建筑设计的制约影响，分清哪些因素是应充分利用的，哪些因素是可以通过改造可以利用的，哪些因素又是必须进行回避的。具体的调查研究应包括地段环境、人文环境和城市规划设计条件三个方面。

(一)地段环境

地段环境主要考虑以下几点。

(1) 气候条件：四季冷热、干湿、雨晴和风雪情况。

(2) 地质条件：地质构造是否适合工程建设，抗震要求如何。

(3) 地形地貌：是平地、丘陵、山林还是水畔，有无树木、山川湖泊等地貌特征。

(4) 景观朝向：自然景观资源及地段日照、朝向条件。

(5) 周边酒店建筑：地段内外相关酒店建筑状况(包括现有及未来规划的)。

(6) 道路交通：现有及未来规划道路及交通状况。

(7) 城市方位：酒店位于城市的空间方位及联系方式。

(8) 市政设施：水、暖、电、气、污等管网的分布及供应情况。

(9) 污染状况：相关的空气污染、噪声污染和不良景观的方位及状况。

根据以上，我们可以得出对该地段比较客观、全面的环境质量评价。

(二)人文环境

人文环境主要考虑以下两点。

(1) 城市性质和规模：是政治、文化、金融、商业、旅游、交通、工业还是科技城市；是特大、大型、中型还是小型城市。

(2) 地方风貌特色：文化风俗、历史名胜、地方酒店建筑。

人文环境为创造富有个性特色的酒店空间造型提供了必要的启发与参考。

(三)城市规划设计条件

该条件是由城市管理职能部门依据法定的城市总体发展规划提出的，其目的是从宏观角度对具体的酒店建筑项目提出若干控制性限定与要求，以确保城市整体环境的良性运行与发展。其主要内容有以下几点。

(1) 后退红线限定：为了满足所临城市道路(或邻建筑)的交通、市政及日照景观要求，限定建筑物在临街(或邻建筑)方向后退用地红线的距离。它是该建筑的最小后退指标。

(2) 酒店建筑高度限定：酒店建筑有效层檐的高度，它是该酒店建筑的最大高度。

(3) 容积率限定：地面以上总建筑面积与总用地面积之比，它是该用地的最大建设密度。

(4) 绿地率要求：用地内有效绿地面积与总用地面积之比，它是该用地的最小绿地指标。

(5) 停车量要求：用地内停车位总量(包括地上下)，它是该项目的最小停车量指标。

城市规划设计条件是酒店建筑设计所必须严格遵守的重要前提条件之一。

三、酒店经济技术因素的分析

经济技术因素是指建设者所能提供用于建设的实际经济条件与可行的技术水平。它是确立酒店建筑的档次质量、结构形式、材料应用以及设备选择的决定性因素，是除功能环境之外影响酒店建筑设计的第三大因素。在方案设计入门阶段，由于我们所涉及的酒店建筑规模较小，难度较低，并考虑到初学者的实际程度，经济技术因素在此不展开讨论。

四、相关资料的调研与搜集

学习并借鉴前人正反两个方面的实践经验，了解并掌握相关规范制度，既是避免走弯路、走回头路的有效方法，也是认识、熟悉各类型酒店建筑的捷径。因此，学习酒店建筑设计，必须学会搜集并使用相关资料。结合设计对象的具体特点，资料的搜集调研可以在第一阶段一次性完成，也可以穿插于设计之中，有针对性地分阶段进行。

(一)实例调研

调研实例的选择应本着性质相同、内容相近、规模相当、方便实施，并体现多样性的原则，调研的内容包括一般技术性了解(对设计构思、总体布局、平面组织和空间造型的基本了解)和使用管理情况调查(对管理使用两方面的直接调查)两部分。最终调研的成果应以图文形式尽可能详尽而准确地表达出来，形成一份永久性的参考资料。

(二)资料搜集

相关资料的搜集包括规范性资料和优秀设计图文资料两个方面。

建筑设计规范是为了保障建筑物的质量水平而制定的，酒店建筑师在设计过程中必须严格遵守这一具有法律意义的强制性条文，在我们的课程设计中同样应做到熟悉、掌握并严格遵守建筑设计规范。对我们影响最大的设计规范有日照规范、消防规范和交通规范等。

优秀设计图文资料的搜集与实例调研有一定的相似之处，只是前者是在技术性了解的基础上更侧重于对实际运营情况的调查，后者仅限于对该酒店建筑总体布局、平面组织、空间造型等进行技术性了解。但简单方便和资料丰富则是后者的最大优势。

以上所着手的任务分析可谓内容繁杂，头绪众多，工作起来也比较单调枯燥，并且随着设计的进展我们会发现，有很大一部分的工作成果并不能直接运用于具体的方案之中。我们之所以坚持认真细致、一丝不苟地完成这项工作，是因为虽然在此阶段我们不清楚哪些内容有用(直接或间接)，哪些无用，但是我们应该懂得，只有对全部内容进行深入系统地调查、分析、整理，才可能获取所有的对我们有重要价值的信息资料。

评估练习

1. 酒店各空间的功能关系主要可以通过什么图来表现?
2. 酒店环境条件的调查分析包含哪几个方面的内容?
3. 对酒店设计资料的调研与搜集应如何做到实处?

第二节 酒店设计方案的构思与比较

教学目标

- 了解评价方案设计立意的标准。
- 学习并掌握方案构思的基本方法。
- 深入理解多方案比较与优化选择的重点。

完成第一阶段的工作后，我们对设计要求、环境条件及前人的实践已有了一个比较系统全面的了解与认识，并得出了一些原则性的结论，在此基础上可以开始进行方案的设计。本阶段的具体工作包括设计立意、方案构思和多方案比较。

一、设计立意

如果把设计比喻为作文的话，那么设计立意就相当于文章的主题思想，作为我们方案设计的行动原则和境界追求，其重要性不言而喻。

严格地讲，存在着基本和高级两个层次的设计立意。前者是以指导设计，满足最基本的酒店建筑功能、环境条件为目的；后者则在此基础上通过对设计对象深层意义的理解与把握，谋求把设计推向一个更高的境界水平。对初学者而言，设计立意不应强求定位于高级层次。

评判一个设计立意的好坏，不仅要看设计者认识把握问题的立足高度，还应该判别它的现实可行性。在确立立意的思想高度和现实可行性上，许多建筑名作的创作给了我们很好的启示。

例如流水别墅(见图 2-2)，其立意所追求的不是一般意义视觉上的美观或居住的舒适，而是要把建筑融入自然，回归自然，谋求与大自然进行全方位对话，并将其作为别墅设计的最高境界追求。它的具体构思，从位置选择、布局经营、空间处理到造型设计，无不是围绕着这一立意展开的。

图 2-2 流水别墅

案例 2-1

流水别墅

流水别墅是现代建筑的杰作之一，它位于美国匹兹堡市郊区的熊溪河畔，由弗兰克·劳埃德·赖特设计。别墅主人为匹兹堡百货公司老板、德国移民埃德加·考夫曼，故又称考夫曼住宅。

别墅共三层，面积约 380 平方米，以二层(主入口层)的起居室为中心，其余房间向左右铺展开来。别墅外形强调块体组合，使建筑带有明显的雕塑感。两层巨大的平台高低错落，一层平台向左右延伸，二层平台向前方挑出，几片高耸的片石墙交错着插在平台之间，很有力度。溪水由平台下怡然流出，建筑与溪水、山石、树木自然地结合在一起，像是由地下生长出来似的。

别墅的室内空间处理也堪称典范，室内空间自由延伸，相互穿插；内外空间互相交融，浑然一体。流水别墅在空间的处理、体量的组合及与环境的结合上均取得了极大的成功，为有机建筑理论作了完美的诠释，在现代建筑历史上占有重要地位。

追溯起设计的立意，得回到 1934 年，德裔富商考夫曼在宾夕法尼亚州匹兹堡市东南郊的熊跑溪买下了一片地产。那里远离公路，高崖林立，草木繁盛，溪流潺潺。考夫曼把著名建筑师赖特请来考察，请他设计一座周末别墅。赖特凭借特有的职业敏感，知道自己最难得的机遇到来了。他说熊跑溪的基址给他留下了难忘的印象，尤其是那涓涓溪水。他要把别墅与流水的音乐感结合起来，并急切地索要一份标有每一块大石头和直径 6 英寸以上树木的地形图。图纸第二年 3 月就送来了，但是直到 8 月，他仍在冥思苦想，赖特在耐心地等待灵感到来的那一瞬间。终于，在 9 月的一天，赖特急速地在地形图上勾画了第一张草图，别墅已经在赖特脑中孕育成型。他描述这个别墅是“在山溪旁的一个峭壁的延伸，生存空间靠着几层平台而凌空在溪水之上——一位珍爱着这个地方的人就在这平台上，他沉浸于溪流的响声，享受着生活的乐趣”。他为这座别墅取名为“流水”。按照赖特的想法，“流水别墅”将背靠陡崖，生长在小溪流之上的巨石之间，水泥的大阳台叠摞在一起，它们的宽窄、厚薄、长短各不相同，参差穿插着，好像从别墅中争先恐后地跃出，悬浮在溪流之上。在最下面一层，也是最大和最令人心惊胆战的大阳台，有一个楼梯口，从这里拾级而下，正好接临在小溪流的上方，溪流带着潮润的清风和淙淙的响声飘入别墅，这是赖特永远令人赞叹的神来之笔。平滑方正的大阳台与纵向的粗石砌成的厚墙穿插交错，宛如蒙德里安高度抽象的绘画作品，在复杂微妙的变化中达到一种诗意的视觉平衡。室内也保持了天然野趣，一些被保留下来的岩石好像是从地面下破土而出，成为壁炉前的天然装饰，一览无余的带形窗使室内与四周浓密的树林相互交融。自然的音容从别墅的每一个角落渗透进来，而别墅又好像是从溪流之上滋长出来的，这一戏剧化的奇妙构想是赖特的浪漫主义宣言。流水别墅建成之后即名扬四海。1963 年，赖特去世后的第四年，埃德加·考夫曼决定将别墅贡献给当地政府，永远供人参观。交接仪式上，考夫曼的致辞是对赖特这一杰作的感人的总结。他说：“流水别墅的美依然像它所配合的自然那样新鲜，它曾是一所绝妙的栖身之处，但又不仅如此，它是一件艺术品，超越了一般含义，住宅和基地在一起构成了一个人类所希望的与自然结合、对等和融合的形象。这是一件人类为自身所作的作品，不是一个人为另一个人所作的，由于这样一种强烈的含义，它是一笔公众的财富，而不是私人拥有的珍品。”

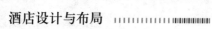

(资料来源：筑龙建筑知识网。http://wiki.zhulong.com/sj10/type111/detail163074_0.html)

又如朗香教堂(见图 2-3)，它的立意定位在“神圣”与“神秘”的创造上，认为这是一个教堂所体现的最高品质。也正是先有了对教堂与“神圣”、“神秘”关系的深刻认识，才有了朗香教堂随意的平面，沉重而翻卷的深色屋檐、倾斜或弯曲的洁白墙面、耸起的形状奇特的采光井以及大小不一、形状各异的深邃的洞窗……由此构成了这一充满神秘色彩和神圣光环的旷世杰作。

案例 2-2

朗香教堂

朗香教堂，又译为洪尚教堂，位于法国东部索恩地区距瑞士边界几英里的浮日山区，坐落于一座小山顶上，1950—1953 年由法国建筑大师勒·柯布西耶(Le Corbusier)设计建造，1955 年落成。朗香教堂的设计对现代建筑的发展产生了重要影响，被誉为 20 世纪最令人震撼、最具有表现力的建筑。

图 2-3　朗香教堂(勒·柯布西耶)

从 13 世纪以来，朗香教堂所在地就是朝圣的地方。教堂规模不大，仅能容纳 200 余人，教堂前有一可容万人的场地，供宗教节日时来此朝拜的教徒使用。

在朗香教堂的设计中，勒·柯布西耶把重点放在建筑造型和建筑形体给人的感受上。他摒弃了传统教堂的模式和现代建筑的一般手法，把它当作一件混凝土雕塑作品加以塑造。教堂造型奇异，平面不规则；墙体几乎全是弯曲的，有的还倾斜；塔楼式的祈祷室的外形像座粮仓；沉重的屋顶向上翻卷着，它与墙体之间留有一条 40 厘米高的带形空隙；粗糙的白色墙面上开着大大小小的方形或矩形的窗洞，上面嵌着彩色玻璃；入口在卷曲墙面与塔楼交接的夹缝处；室内主要空间也不规则，墙面呈弧线形，光线透过屋顶与墙面之间的缝隙和镶着彩色玻璃的大大小小的窗洞投射下来，使室内充满一种神秘的气氛，如图 2-4 所示。

图 2-4　朗香教堂内部

(资料来源：(美)斯托勒. 朗香教堂. 焦怡雪译. 北京：中国建筑工业出版社，2001)

关于方案的设计和改进

1950 年 5～11 月是形成具体方案的第一阶段。现在发现的最早的一张草图作于 1950 年 6 月 6 日，画有两条向外张开的凹曲线，一条朝南，像是接纳信徒，教堂大门即在这一面，另一条朝东，面对在广场上参加露天仪式的信众。北面和西面两条直线，与曲线围合成教堂的内部空间。

另一幅画在速写本上的草图显示了两样东西(见图 2-5)。一是东立面。上面有鼓鼓地挑出的屋檐，檐下是露天仪式中唱诗班的位置，右面有一根柱子，柱子上有神父的讲经台。这个东立面布置得如同露天剧场的台口。朗香教堂最重大的宗教活动是一年两次信徒进山朝拜圣母像的传统活动，人数过万，宗教仪式和中世纪传下来的宗教剧演出就在东面的露天进行。草图只有寥寥数笔，但已绘出了教堂东立面的基本形象。这一幅草图上另画着一个上圆下方的窗子形象，大概是想到教堂可能的窗形。

图 2-5　勒·柯布西耶手绘的朗香教堂草图

勒·柯布西耶在朗香教堂的形象处理中最大限度地利用了“陌生化”的效果。它同建筑史上著名的宗教建筑都不一样。同时，朗香教室的形象也还有人们熟悉的地方。屋顶仍在通常放屋顶的地方；门和窗尽管不一般，但仍然能让人大体猜得出是门和窗。它们是陌生化的屋顶和门窗。正所谓的在似与不似之间。最大限度然而又是适当的陌生化处理，是朗香教堂一下子把人吸引住的关键。

再如卢浮宫扩建工程(见图 2-6)，由于原有建筑特有的历史文化地位与价值，决定了最为正确而可行的设计立意应该是无条件地保持历史建筑的完整性与独立性，而竭力避免新建、扩建部分的喧宾夺主。

案例 2-3

巴黎卢浮宫扩建工程

1988 年完成的卢浮宫扩建工程是世界著名建筑大师贝聿铭的重要作品。

贝聿铭将扩建的部分放置在卢浮宫地下，避开了场地狭窄的困难和新旧建筑矛盾的冲突。扩建部分的入口被放在卢浮宫的主要庭院的中央，这个入口被设计成一个边长 35 米，高 21.6 米的玻璃金字塔。这是贝聿铭研究周围建筑物后的心得，也再度证实了设计与环境的紧密关系。金字塔的底边与建筑物平行，亦即与方位平行，与埃及金字塔的布局相同，强化了与环境的关系。金字塔的体形简单突出，而全玻璃的墙体清透明亮，没有沉重拥塞之感。起初许多人反对这项方案，但金字塔建成之后却获得广泛的赞许。玻璃金字塔周围是另一方正的大水池，在西侧的三角形被取消，留出空地作为入口广场，以三个角对向建筑物，构成三个三角形的小水池。这三个紧邻金字塔的三角形水池池面如明镜般，在云淡天晴的时节，玻璃金字塔映照池中，与环境相结合，又增加了建筑的另一向度而丰富了景观。在方正水池的角隅，紧邻着另外四个大小不一的三角形水池，构成另一个正方形，与金字塔建筑物平行，每个三角形水池有巨柱喷泉，像是硕大的水晶柱烘托着晶莹的玻璃金字塔。在拿破仑广场，贝聿铭将建筑与景观完整地合为一体。

图 2-6　卢浮宫扩建工程(贝聿铭)

金字塔塔身总重量为 200 吨，其中玻璃净重 105 吨，金属支架仅重 95 吨。换言之，支架的负荷超过了它自身的重量。因此，行家们认为，这座玻璃金字塔不仅是体现现代艺术风格的佳作，也是运用现代科学技术的独特尝试。

(资料来源：中国建筑艺术网，http://www.aaart.com.cn/cn/project/show_toupiao.asp?newsid=9506)

二、方案构思

方案构思是方案设计过程中至关重要的一环。如果说设计立意侧重于观念层次的理性思维，并呈现为抽象语言，那么方案构思则是借助于形象思维的力量，在立意的理念思想指导下，把第一阶段分析研究的成果落实成为具体的建筑形态，由此完成从物质需求到思想理念再到物质形象的质的转变。

以形象思维为其突出特征的方案构思依赖的是丰富多样的想象力与创造力，它所呈现的思维方式不是单一的、固定不变的，而是开放的、多样的和发散的，是不拘一格的，因而常常是出乎意料的。一个优秀酒店建筑给人们带来的感染力乃至震撼力无不始于此。

想象力与创造力不是凭空而来的，除了平时的学习训练外，适时的启发与适度的形象“刺激”是必不可少的。比如，可以通过多看(资料)、多画(草图)、多做(草模)等方式来达到刺激思维、丰富想象力的目的。

形象思维的特点也决定了具体方案构思的切入点必然是多种多样的，可以从功能、环境入手，也可以从结构及经济技术入手，由点及面，逐步发展，形成一个方案的雏形。

在现实的酒店建筑设计中，设计方法是多种多样的。针对不同的设计对象与建设环境，不同的酒店建筑师会采取完全不同的方法与对策，并带来不同的甚至是完全相反的设计结果。

具体的设计方法可以大致归纳为“先功能后形式”和“先形式后功能”两大类。酒店建筑方案设计的过程大致可以划分为任务分析、方案构思和方案完善三个阶段，其顺序过程不是单向的、一次性的，需要多次循环往复才能完成。“先功能后形式”与“先形式后功能”两种设计方法均遵循这一过程，即经过前期任务分析阶段对设计对象的功能、环境有了一个比较系统而深入的了解之后，再开始方案的构思，然后逐步完善，直到完成。两者的最大差别主要体现为方案构思的切入点与侧重点的不同。

“先功能”是以平面设计为起点，重点研究酒店建筑的功能需求，当确立比较完善的平面关系之后再据此转化成空间形象。这样直接“生成”的酒店建筑造型可能是不完美的，为了进一步完善，需反过来对平面作相应的调整，直到满意为止。“先功能”的优势在于：其一，由于功能环境要求是具体而明确的，与造型设计相比，从功能平面入手更易于把握，易于操作，因此对初学者最为适合；其二，因为功能满足是方案成立的首要条件，从平面入手，优先考虑功能将有利于尽快确立方案，提高设计效率。“先功能”的不足之处在于，由于空间形象设计处于滞后被动位置，可能会在一定程度上制约对酒店建筑形象设计的创造性发挥。

“先形式”则是从酒店建筑的体型、环境入手进行方案的设计构思，重点研究空间与造型，当确立了一个比较满意的形体关系后，再反过来填充完善功能，并对体型进行相应的调整。如此循环往复，直到满意为止。“先形式”的优点在于设计者可以与功能等限定条件保持一定的距离，更益于自由发挥个人丰富的想象力与创造力，从而有利于富有新意的空间形象的产生；其缺点是由于后期的“填充”、调整工作有相当的难度，对于功能复杂、规模较大的项目有可能会事倍功半，甚至无功而返。因此，该方法比较适合于功能简单，规模不大，造型要求高，设计者又比较熟悉的酒店建筑类型。它要求设计者具有相当的设计功底和设计经验，初学者一般不宜采用。

需要指出的是，上述两种方法并非截然对立的，对那些具有丰富经验的酒店建筑师来说，二者甚至是难以区分的。当他先从形式切入时，他会时时注意以功能调节形式；而当首先着手于平面的功能研究时，则同时迅速地构想着可能的形式效果。最后，他可能是在两种方式的交替探索中找到一条完美的途径。

具体我们可以从以下几个方面入手进行方案构思。

(一)从环境特点入手进行方案构思

富有个性特点的环境因素如地形地貌、景观朝向以及道路交通等均可成为方案构思的启发点和切入点。

例如流水别墅，它在适应并利用环境方面堪称典范。该酒店建筑选址于风景优美的熊跑溪边，四季溪水潺潺，树木浓密，两岸层层叠叠的巨大岩石构成其独特的地形、地貌特点。赖特在处理建筑与景观的关系上，不仅考虑到了对景观利用的一面——使建筑的主要朝向与景观方向相一致，成为一个理想的观景点，而且有着增色环境的更高追求——将酒店建筑置于溪流之上，为熊跑溪平添了一道新的风景。他利用地形高差，把建筑主入口设于一二层之间的高度上，这样不仅车辆可以直达，也缩短了与室内上下层的联系。最为突出的是，流水别墅富有构成韵味(单元体的叠加)的独特造型与溪流两岸层叠有致、棱角分明的岩石形象有着显而易见的因果联系，真正体现了有机建筑的思想精髓。

在华盛顿美术馆东馆(见图 2-7)的方案构思中，地段环境尤其是地段形状起到了举足轻重的作用。该用地呈契形，位于城市中心广场东西轴北侧，面对新古典式的国家美术馆老馆(该建筑的东西向对称轴贯穿新馆用地)。在此，严谨对称的大环境与非规则的地段形状构成了尖锐的矛盾冲突。设计者紧紧把握住地段形状这一突出的特点，选择两个三角形拼合的布局形式，使新建筑与周边环境关系处理得天衣无缝。其一，建筑平面形状与用地轮廓呈平行对应关系，形成建筑与地段环境的最直接有力的呼应；其二，将等腰三角形(两个三角形中的主体)与老馆置于同一轴线之上，并在其间设一过渡性雕塑(圆形)广场，从而使新老建筑之间得以对话。由此而产生的雕塑般有力的体块形象、简洁明快的虚实变化使该建筑富有独特的个性和浓郁的时代感。

图 2-7　华盛顿美术馆东馆(贝聿铭)

案例 2-4

华盛顿美术馆东馆

美国国家美术馆(东馆)于 1978 年落成，由华裔设计师贝聿铭设计，他在设计时妥善地解决了复杂而困难的设计问题，因而获得美国建筑师协会金质奖章。

美术馆的东馆位于一块 3.64 公顷的梯形地段上，东望国会大厦，南临林荫广场，北面斜靠宾夕法尼亚大道，西隔 100 余米正对西馆东翼。附近多是古典风格的重要公共建筑。贝聿铭用一条对角线把梯形分成两个三角形。西北部面积较大，是等腰三角形，以这部分作展览馆。三个角上突起断面为平行四边形的四棱柱体。东南部是直角三角形，为研究中心和行政管理机构用房。对角线上筑实墙，两部分只在第四层相通。这种划分使两大部分在体形上有明显的区别，但整个建筑又不失为一个整体。

展览馆和研究中心的入口都安排在西面一个长方形凹框中。展览馆入口宽阔醒目，它的中轴线在西馆的东西轴线的延长线上，加强了两者的联系。研究中心的入口偏处一隅，不引人注目。划分这两个入口的是一个棱边朝外的三棱柱体，浅浅的棱线，清晰的阴影，使两个入口既分又合，整个立面既对称又不完全对称。展览馆入口北侧有大型铜雕，无论就其位置、立意和形象来说，都与建筑紧密结合，相得益彰。

东西馆之间的小广场铺花岗石地面，与南北两边的交通干道区分开来。广场中央布置喷泉、水幕，还有五个大小不一的三棱锥体，是建筑小品，也是广场地下餐厅借以采光的天窗。广场上的水幕、喷泉跌落而下，形成瀑布景色，日光倾泻，水声汩汩。观众沿地下通道自西馆来，可在此小憩，再乘自动步道到东馆大厅的底层。

东馆的设计在许多地方若明若暗地呼应西馆，而手法风格各异，旨趣妙在似与不似之间。东馆内外所用的大理石的色彩、产地以至墙面分格和分缝宽度都与西馆相同。但东馆的天桥、平台等钢筋混凝土水平构件用枞木作模板，表面精细，不贴大理石。混凝土的颜色同墙面上贴的大理石颜色接近，而纹理质感不同。

东馆的展览室可以根据展品和管理者的意图调整平面形状和尺寸，有些房间还可以调整天花板高度，这样就避免了大而无当而取得真正的灵活性，使观众觉得艺术品的安放各得其所。按照要求，视觉艺术中心带有中世纪修道院和图书馆的色彩。七层阅览室都面向较为封闭的、光线稍暗的大厅，力图创造一种使人陷入沉思的神秘、宁静的气氛。

(资料来源：中国建筑培训网，http://www.atrain.cn/good/2008-07-30/HuaChengDuGuoJiaMeiShuGuanDongGuan-BeiYuMingSheJi.html)

(二)从具体功能特点入手进行方案构思

更圆满、更合理、更富有新意地满足功能需求一直是建筑师所梦寐以求的，具体设计实践中，它往往是进行方案构思的主要突破口之一。

由密斯设计的巴塞罗那国际博览会德国馆(见图 2-8)之所以成为近现代建筑史上的一个杰作，功能上的突破与创新是其主要的原因之一。空间序列是展示性建筑的主要组织形式，即把各个展示空间按照一定的顺序依次排列起来，以确保观众流畅和连续地进行参观浏览。一般参观路线是固定的，也是唯一的。这在很大程度上制约了参观者自由选择浏览路线的可能。在德国馆的设计中，基于能让人们进行自由选择这一思想，创造出具有自由序列特点的“流动空间”，给人以耳目一新的感觉。

课内链接 2-1

巴塞罗那国际博览会德国馆

巴塞罗那国际博览会德国馆是密斯·范德罗的代表作品，建成于1929年，博览会结束后该馆也随即被拆除，其存在时间不足半年，但其所产生的重大影响一直持续着。

这一建筑是现代主义建筑最初成果之一。德国馆建立在一个基座之上，它突破了传统砖石承重结构必然造成的封闭、孤立的室内空间形式，采取一种开放的、连绵不断的空间划分方式。主厅用 8 根十字形断面的镀镍钢柱支承一片钢筋混凝土的平屋顶，墙壁因不承重而可以一片片地自由布置，形成一些既分隔又连通的空间，互相衔接、穿插，以引导人流，使人在行进中感受到丰富的空间变化。室内室外也互相穿插贯通，没有截然的分界，形成奇妙的流通空间。整个建筑没有附加的雕刻装饰，然而对建筑材料的颜色、纹理、质地的选择十分精细，搭配异常考究，比例推敲精当，使整个建筑物显出高贵、雅致、生动、鲜亮的品质，向人们展示了前所未有的建筑艺术质量。

图 2-8　巴塞罗那国际博览会德国馆
(密斯·范德罗)

密斯认为，当代博览会不应再具有富丽堂皇和角逐功能的设计思想，应该跨进文化领域的哲学园地，建筑本身就是展品的主体。密斯·范德罗在这里实现了他的技术与文化融合的理想。在密斯看来，建筑最佳的处理方法就是尽量以平淡如水的叙事口吻直接切入到建筑的本质：空间、构造、模数和形态。

德国馆在建筑形式处理上也突破了传统的砖石建筑以手工方式精雕细刻和以装饰效果为主的手法，而主要靠钢铁、玻璃等新建筑材料表现其光洁平直的精确的美、新颖的美，以及材料本身的纹理和质感的美。墙体和顶棚相接，玻璃墙也从地面一直到顶棚，而不像传统处理手法那样需要有过渡或连接部分，因此给人以简洁明快的印象。建筑物采用了不同色彩、不同质感的石灰石、玛瑙石、玻璃、地毯等，显出华贵的气派。

德国馆在建筑空间划分和建筑形式处理上创造了成功的新经验，充分体现了设计师密斯·范德罗的名言“少就是多”，用新的材料和施工方法创造出丰富的艺术效果。

(资料来源：百度文库，http://wenku.baidu.com/view/470564375a8102d276a22f62.html)

同样是展示建筑，出自赖特之手的纽约古根海姆博物馆(见图 2-9)却有着完全不同的构思重点。由于用地紧张，该建筑只能建为多层，参观路线势必会因分层而打断。为此，设计师创造性地把展示空间设计为一个环绕圆形中庭缓慢旋转上升的连续空间，保证了参观路线的连续与流畅，并使其建筑造型别具一格。

图 2-9　纽约古根海姆博物馆(赖特)

课内链接 2-2

纽约古根海姆博物馆

1943 年，美国冶炼业巨富所罗门・R.古根海姆为保存和陈列自己的美术藏品，委托弗兰克・劳埃德・赖特设计，最终于 1959 年建造完成并开幕。赖特作为美国建筑大师，对现代建筑影响巨大。但他的建筑思想走的是一条独特的道路，与当时欧洲大陆的主流——现代主义设计崇尚“功能至上”的思想不同。赖特的“有机建筑”打破了方盒子框架，利用建筑的空间、材料、结构诠释着建筑理念。他的作品生动而富有诗意，但也不乏过分执迷于“信仰”的争议之作。古根海姆博物馆便是其中之一，它大胆的形式就像一个巨大的白色旋涡，融合着赖特的时间与空间。

建筑坐落于纽约市第五大道拐角处，面对中央公园，周围为嘈杂的街区。由于地理位置和基地面积的限制，建筑平面无法水平延伸，令空间纵向延展无疑成为一个合理的选择。作为博物馆建筑，参观线路和内部环境营造十分重要。博物馆的基本参观功能也决定建筑内部需要流通性强、采光优良的空间。此外，就空间分配而言，博物馆应具备藏品储备空间、办公空间、接待间、休息室、交通流线等辅助空间。

古根海姆博物馆的平面根据功能划分成动态的不对称布局。以入口轴线为界，左右分别布置一大一小两建筑主体。这样的平面布局使观众参观路线、工作人员路线互不干扰，二层平面又再次通过平台将两馆连接。这样对比又协调的平面既区分主次又相互联系。交通流线上，过于复杂会影响参观效率和质量。因此古根海姆博物馆采用了交通流线明确、空间开阔的设计。

弯曲厚实的外墙带动整个白色建筑螺旋上升，楼层间的缝隙为环形窗带，直至六层。建筑为白色螺旋形混凝土结构，外观简洁，与传统博物馆的建筑风格迥然不同。赖特构想的这个螺旋体，向城市的空间敞开并清晰明确地表达内部结构，有别于周围的板型建筑，成为该地区引人注目的焦点。如赖特本人所说：“在这里，建筑第一次表现为塑性的。一层流入另一层，代替了通常那种呆板的楼层重叠，处处可以看到构思和目的性的统一。”其形式虽显独特，但不乏合理性：基地面积小，竖向空间拓展有利于节约空间；周围街区环境嘈杂，内向的建筑形式有利于隔绝噪声；建筑位于街角，圆形建筑有利于缓解街景的生硬

棱角。

建筑的外观只是内部功能空间的必然体现，内部空间才是建筑物的主体。古根海姆博物馆的建筑空间可以简单地分为三大部分：入口空间(包括上部连接平台)、主展空间(大螺旋体)和辅助空间。入口空间：赖特注重入口空间的设计，这或许是受日本和中国园林的影响。博物馆的入口设计相对低矮、隐蔽、朴实无华，其上部支撑二楼平台。入口上部半封闭，下部开放为通道，连接两展厅。穿过低矮的入口，向右即转入主展厅。展厅中庭空间顶部采光、开阔明亮、贯穿建筑六层，给人豁然开朗的感觉。主展空间：空间随坡道盘旋向上升六圈后止于玻璃天窗之下，围合出一高大的共享空间。这样使空间延伸由水平的二维突破为三维，空间关系围绕核心，具有向心性、连贯性。在功能上，这种空间形式把展厅、交通流线、纵向空间统一于一体，流畅有序。人流自然导向，观者在步行中便能浏览展品，整个过程轻松愉悦。

(资料来源：视觉力量，http://www.86art.net/sj/kj/jz/201106/20110625173329.html)

除了从环境、功能入手进行构思外，具体的任务需求特点、结构形式、经济因素乃至地方特色均可以成为设计构思可行的切入点与突破口。另外，需要特别强调的是，在具体的方案设计中，同时从多个方面进行构思，寻求突破(例如同时考虑功能、环境、经济、结构等多个方面)，或者是在不同的设计构思阶段选择不同的侧重点(例如在总体布局时从环境入手，在平面设计时从功能入手，等等)，都是最常用、最普遍的构思手段，这样既能保证构思的深入和独到，又可避免构思流于片面，走向极端。

三、多方案比较

(一)多方案构思的必要性

多方案构思是酒店建筑设计的本质反映。中学的教育内容与学习方式在一定程度上养成了我们认识事物、解决问题的定式，即习惯于方法结果的唯一性与明确性。然而对于酒店建筑设计而言，认识和解决问题的方式结果是多样的、相对的和不确定的。这是由于影响酒店建筑设计的客观因素众多，在认识和对待这些因素时，设计者任何些许的侧重就会导致产生不同的方案对策，只要设计者没有偏离正确的酒店建筑观，所产生的方案就没有简单意义的对错之分，而只有优劣之别。

多方案构思也是酒店建筑设计目的性所要求的。无论是对于设计者还是建设者，方案构思是一个过程而不是目的，其最终目的是取得一个尽善尽美的实施方案。然而，又该怎样去获得这样一个理想而完美的实施方案呢？我们知道，要求一个“绝对意义”的最佳方案是不可能的。因为在现实的时间、经济以及技术条件下，我们不具备穷尽所有方案的可能性，我们所能够获得的只能是“相对意义”上的，即在可及的数量范围内的“最佳”方案。在此，唯有多方案构思是实现这一目标的可行方法。

另外，多方案构思是民主参与意识所要求的。让使用者和管理者真正参与到酒店建筑设计中来，是酒店建筑以人为本这一追求的具体体现，多方案构思所伴随而来的分析、比较、选择的过程使其真正成为可能。这种参与不仅表现为评价、选择设计者提出的设计成果，而且应该落实到对设计的发展方向乃至具体的处理方式提出意见，发表见解，使方案设计这一行为活动真正担负其应有的社会责任。

(二)多方案构思的原则

为了实现方案的优化选择，多方案构思应满足以下两项原则。

(1) 应提出数量尽可能多、差别尽可能大的方案。如前所述，供选择方案的数量大小以及差异程度是决定方案优化水平的基本尺码；差异性保障了方案间的可比较性，而相当的数量则保障了科学选择所需要的足够空间范围。为了达到这一目的，我们必须学会从多角度、多方位来审视题目，把握环境，通过有意识、有目的的变换侧重点来实现方案在整体布局、组织形式以及造型设计上的多样性与丰富性。

(2) 任何方案的提出都必须是在满足功能与环境要求的基础之上的，否则再多的方案也毫无意义。为此，我们在方案构思的尝试过程中就应进行必要的筛选，随时否定那些不现实、不可取的构思，以避免时间精力的无谓浪费。

(三)多方案的比较与优化选择

当完成多方案后，我们将展开对方案的分析比较，从中选择出理想的方案。

分析比较的重点应集中在以下三个方面。

(1) 比较设计要求的满足程度。是否满足基本的设计要求(包括功能、环境、结构等因素)是鉴别一个方案是否合格的标准。一个方案无论构思如何独到，如果不能满足基本的设计要求，也绝不可能成为一个好的设计。

(2) 比较个性特色是否突出。一个好的酒店建筑(方案)应该是优美动人的，缺乏个性的酒店建筑(方案)肯定是平淡乏味、难以打动人的，因此也是不可取的。

(3) 比较修改调整的可能性。虽然任何方案或多或少都会有一些缺点，但有的方案的缺陷尽管不是致命的，却是难以修改的。如果进行彻底的修改不是带来新的更大的问题，就是完全失去了原有方案的特色和优势，对此类方案应给予足够的重视，以防留下隐患。

评估练习

1. 我们应从哪几个方面来评价一个酒店方案设计立意的高低?
2. 我们可以从哪几个方面入手进行酒店设计的方案构思?
3. 进行多方案构思的原则有哪些?

第三节　酒店设计方案的调整与深入

教学目标

- 理解设计方案调整的必要性。
- 掌握设计方案深入过程中应注意的问题。

虽然通过比较，选择出了最佳方案，但此时的设计还处在大想法、粗线条的层次上，某些方面还存在着这样或那样的问题。为了达到方案设计的最终要求，还需要一个调整和深入的过程。

一、酒店设计方案的调整

设计方案调整阶段的主要任务是解决多方案分析、比较过程所发现的矛盾与问题，并弥补设计缺陷。

所选方案无论是在满足设计要求还是在具备个性特色上已有相当的基础，对它的调整应控制在适度的范围内，只限于对个别问题进行局部的修改与补充，力求不影响或改变原有方案的整体布局和基本构思，并能进一步提升方案水平。

在完成平面调整的基础上进行酒店剖面图的补充设计，以具体落实酒店建筑的室内外高差、室内空间高度以及屋顶形式等基本内容。

二、酒店设计方案的深入

到此为止，方案的设计深度仅限于确立一个合理的总体布局、交通流线组织、功能空间组织以及与内外相协调统一的体量关系和虚实关系。要达到方案设计的最终要求，还需要一个从粗略到细致的刻画、从模糊到明确的落实、从概念到具体量化的进一步深入的过程。

深入过程主要通过放大图纸比例，由面及点，从大到小，分层次分步骤进行。方案构思阶段的比例(在此特指小型酒店建筑设计)一般为 1∶200 或 1∶300，到方案深化阶段其比例应放大到 1∶100 甚至 1∶50。

在此比例上，首先应明确并量化其相关体系、构件的位置、形状、大小及其相互关系，包括结构形式、酒店建筑轴线尺寸、酒店建筑内外高度、墙及柱宽度、屋顶结构及构造形式、门窗位置及大小、室内外高差、家具的布置与尺寸、台阶踏步、道路宽度以及室外平台大小等具体内容，并将其准确无误地反映到平、立、剖及总图中来。该阶段的工作还应包括统计并核对方案设计的技术经济指标，如酒店建筑面积、容积率、绿化率，等等，如果发现指标不符合规定要求，须对方案进行相应调整。

其次应分别对平、立、剖面图及总图进行更为深入细致的推敲刻画。具体内容应包括总图设计中的室外铺地、绿化组织、室外小品与陈设，平面设计中的家具造型、室内陈设与室内铺地，立面设计中的墙面、门窗的划分形式，材料质感及色彩光影等。

在方案的深入过程中，除了进行并完成以上的工作外，还应注意以下几点。

(1) 各部分的设计尤其是立面设计，应严格遵循一般形式美的原则，注意对尺度、比例、均衡、韵律、协调、虚实、光影、质感以及色彩等原则规律的把握与运用，以确保取得一个理想的酒店建筑空间形象。

(2) 方案的深入过程必然伴随着一系列新的调整，除了各个部分自身需要适应调整外，各部分之间必然也会产生相互作用、相互影响，如平面的深入可能会影响到立面与剖面的设计，同样，立面、剖面的深入也会涉及平面的处理，对此应有充分的认识。

(3) 方案的深入过程不可能是一次性完成的，需经历深入——调整——再深入——再调整，多次循环这一过程，其工作强度与工作难度是可想而知的。因此，要想完成一个高水平的方案设计，除了要求具备较高的专业知识、较强的设计能力、正确的设计方法以及极大的专业兴趣外，细心、耐心和恒心是必不可少的品德素质。

评估练习

1. 在方案深入的过程中，我们应注意哪些问题？
2. 从方案构思阶段到方案深入阶段，设计的比例尺应如何选用？

第四节　酒店设计方案的表现

教学目标

- 理解设计方案表现的几种方式。
- 理解推敲性表现与展示性表现的区别和联系。

设计方案的表现是酒店建筑设计的一个重要环节。方案表现是否充分、是否美观得体，不仅关系到方案设计的形象效果，而且会影响到方案的社会认可度。依据目的性的不同，方案表现可以划分为推敲性表现与展示性表现两种。

一、推敲性表现

推敲性表现是酒店建筑师为自己所表现的，它是酒店建筑师在各阶段构思过程中所进行的主要外在性工作，是酒店建筑师形象思维活动的最直接、最真实的记录与展现。它的重要作用体现在两个方面：其一，在酒店建筑师的构思过程中，推敲性表现可以以具体的空间形象刺激、强化酒店建筑师的形象思维活动，从而益于引导更为丰富生动的构思的产生；其二，推敲性表现的具体成果为酒店建筑师分析、判断、抉择方案构思确立了具体对象与依据。推敲性表现在实际操作中有以下几种形式。

(一)草图表现

草图表现(见图 2-10)是一种传统但也是经实践证明行之有效的推敲表现方法。其特点是操作迅速而简洁，并可进行较深入的细部刻画，尤其擅长于对局部空间造型的推敲处理。

图 2-10　草图表现

草图表现的不足之处在于它只是粗略的表现，这决定了它有失真的可能，并且每次只能表现一个角度，这在一定程度上制约了它的表现力。

(二)草模表现

与草图表现相比较，草模表现(见图 2-11)则显得更为真实、直观而具体，由于充分发挥三维空间可以全方位进行观察之优势，所以对空间造型的内部整体关系以及外部环境关系的表现能力尤为突出。

草模表现的缺点在于，由于模型大小的制约，观察角度以“空对地”为主，过分突出了建筑立面的地位作用，有误导之嫌。另外，由于具体操作技术的限制，细部的表现有一定难度。

图 2-11　草模表现

(三)计算机模型表现

计算机模型表现(见图 2-12)兼顾了草图表现和草模表现两者的优点，在很大程度上弥补了它们的缺点。例如，它既可以像草图表现那样进行深入的细部刻画，又能使其表现做到直观具体而不失真；它既可以全方位表现空间造型的整体关系与环境关系，又可有效地杜绝模型比例大小的制约；等等。

计算机模型表现的主要缺点是其必需的硬件设备要求较高，操作技术也有相当的难度，对低年级学生来说不太现实。

图 2-12　计算机模型表现

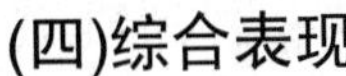

(四)综合表现

所谓综合表现是指在设计构思过程中，依据不同阶段、不同对象的不同要求，灵活运用各种表现方式，以达到提高方案设计质量之目的。例如，在方案初始的研究布局阶段采用草图、草模表现，以发挥其整体关系、环境关系表现的优势；而在方案深入阶段采用草图表现，以发挥其深入刻画的特点；等等。

二、展示性表现

展示性表现是指酒店建筑师针对阶段性的讨论，尤其是最终成果汇报所需的方案进行设计表现。它要求该表现应具有完整明确、美观得体的特点，以保障把方案所具有的立意构思、空间形象以及气质特点充分展现出来，从而最大限度地赢得评判者的认可。因此，对于展示性表现尤其是最终成果表现，除了在时间分配上应予以充分保证外，还要注意以下几点要求。

(一)绘制正式图前要有充分准备

绘制正式图前应完成全部的设计工作，并将各图形绘出正式底稿，包括所有注字、图标、图题，以及人、车、树等衬景。在绘正式图时不再改动，以确保将全部精力放在提高图纸的质量上。应避免在设计内容尚未完成时，即匆匆绘制正式图。乍看起来好像加快了进度，但在画正式图时图纸错误的纠正与改动，将远比草图中的效率要低，其结果会适得其反，既降低了速度，又影响了图纸的质量。

(二)注意选择合适的表现方法

图纸的表现方法很多，如铅笔线、墨线、颜色线、水墨或水彩渲染以及粉彩，等等。选择哪种方法，应根据设计的内容及特点而定。比如绘制一幅高层住宅的透视图，则采用线条平涂颜色或粉彩将比采用水彩渲染要合适。最初设计时，由于表现能力的制约，应相对采用一些比较基本或简单的画法，如用铅笔或钢笔线条，平涂底色，然后将平面中的墙身立面中的阴影部分及剖面中的被剖部分等局部颜色加深即可。也可将透视图单独用颜色表现。总之，表现方法的提高也应按循序渐进的原则，先掌握比较容易和基本的画法，以后再去掌握复杂和难度大的画法。

(三)注意图面构图

图面构图应以易于辨认和美观悦目为原则。如一般习惯的看图顺序是从图纸的右上角向左下角移动，所以在考虑图形部位安排时，就要注意这个因素。又如在图纸中，平面主要入口一般都朝下，而不是按“上北下南”来决定。其他如注字、说明等的书写也均应做到清楚整齐，使人容易看懂，如图 2-13 所示。

图面构图还要讲求美观。影响图面美观的因素很多，大致可包括：图面的疏密安排，图纸中各图形的位置均衡，图面主色调的选择，树木、人物、车辆、水面等衬景的配置，以及标题、标注字的位置和大小，等等，这些都应在事前有整体的考虑，或做出小的式样进行比较。在考虑以上因素时，要特别注意图面效果的统一问题，因为这恰恰是初学者容易忽视的，如衬景画得过碎、过多，以及标题字体的形式、大小不当等，这些都是破坏图面统一的原因。总之，图面构图的安排也是一种锻炼，这种构图的锻炼有助于对酒店建筑设计的学习。

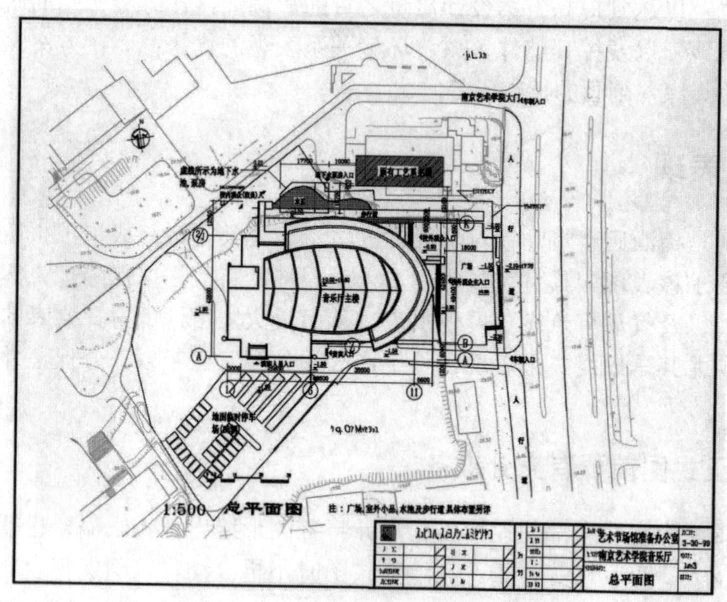

图 2-13　南京艺术学院音乐厅平面图

评估练习

1. 思考设计的推敲性表现与最终设计表现的异同。
2. 思考在设计过程中，我们应在何种情况下选用相应的表现形式？

第五节　酒店设计方案应注意的问题

教学目标

- 学习培养自己酒店建筑修养的方法。
- 理解并掌握方案设计进度安排的计划性和科学性。

一、注重酒店建筑修养的培养

要成为一个优秀的酒店建筑师，除了需要具备渊博的知识和丰富的方法经验外，酒店建筑修养是十分重要的：因为它是酒店建筑师进行设计的灵魂。观念境界的高低、设计方向的对错无不取决于自身修养功底的深浅。然而修养水平的提高不是一蹴而就、打“短平快”的突击战，而是必须具有持之以恒的决心与毅力，通过日积月累不断努力来取得的。因此，培养良好的学习习惯与作风是十分必要的。

培养向前人学习、向别人学习的习惯，学习并积累相关专业知识经验。培养向生活学

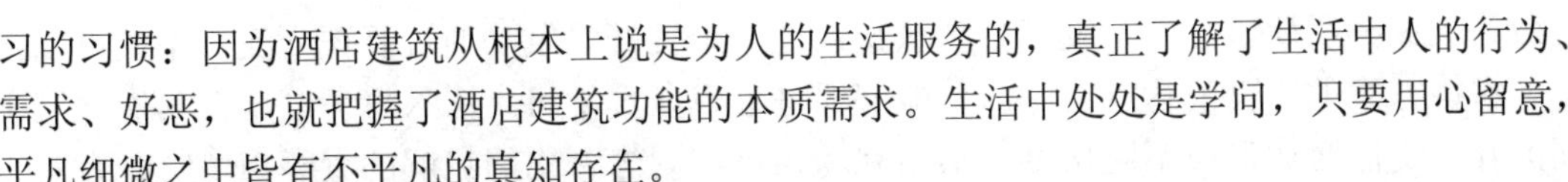

习的习惯：因为酒店建筑从根本上说是为人的生活服务的，真正了解了生活中人的行为、需求、好恶，也就把握了酒店建筑功能的本质需求。生活中处处是学问，只要用心留意，平凡细微之中皆有不平凡的真知存在。

培养不断总结的习惯。通过不断总结已完成的设计过程，达到认识——提高——再认识的目的。

许多成名酒店建筑师无论走到哪里，常常把笔记本、速写本乃至剪报簿带在左右，正是这种良好习惯作风的具体体现。

二、注重正确工作作风和构思习惯的培养

如前所述，捕捉思维的灵感，激发想象的火花，取得一个好的构思，需要一定的外在刺激，一个好的工作作风和构思习惯对方案构思十分重要。

例如，应养成一旦进行设计就全身心地投入并坚持下去的作风，杜绝那种部分投入并断断续续的不良习惯。常言道，功夫不负有心人，其中功夫的大小既取决于身心投入的多少，也与持续时间的长短有关。只有全身心地投入并不间断地持续下去，才能真正认识题目，把握关键所在。不断尝试，采取各种力所能及的解决方法，最终收获思维的成果。

应养成手脑配合、思维与图形表达并进的构思方式，避免将思维与图形表达完全分离开来，在一般的设计构思中，必然会经历思维——图形表达——评价——再思维——调整图形的循环过程。由于设计任务的相关因素繁多，期望完全想好了、理清了再通过图形一次表达出来是不现实的，也是不科学的。在构思过程中如果能够随时随地如实地把思维的阶段性成果用图形表达出来，不仅有助于理清思路，还会将思维顺利引向深入，而且具体而形象的图形表达对于及时验证思维成果、矫正构思方向起到了单靠思维方式无法起到的作用。此外，由于思维与图形表达不可能是完全一致的，两者之间的细微差别往往会对思维形成新的刺激与启发，对于加速完成构思是十分有利的。

三、学会通过观摩、交流改进设计方法、提高设计水平

对于初学者而言，同学间的相互交流和对酒店建筑名作的适当模仿是改进设计方法、提高设计水平的有效方法。

酒店建筑名作与一般酒店建筑比较，有着多方面的优势：其一，对环境、题目有着更为深入正确的理解与把握；其二，立意境界更高，比一般酒店建筑更为关怀人性，尊重环境；其三，构思独特，富有真知灼见；其四，造型美观而得体，富有个性特色和时代精神；其五，体现出更为成熟系统的处理手法与设计技巧。总之，名作所体现的设计方法和观念更接近于我们对酒店建筑设计的理性认识，因而是我们学习模仿的最佳选择。

模仿学习名作必须是在理解的基础之上进行的，并且应该是变通的乃至是批判的。要坚决杜绝那种生搬硬套、追求时髦和流于形式的模仿，因为非理解的模仿往往是把名作的外在形式剥离于具体的功能和内在的观念，是对名作的完全误解，其负面影响是显而易见的。为了确保把名作读懂吃透，仅仅了解其图形资料是远远不够的，应尽可能多地研究一些背景性、评论性的资料，真正做到既知其然，又知其所以然。

作为一种学习的辅助手段，同学间的互评交流也是十分有益的。首先，同学间的互评

交流为大家畅所欲言、勇于发表独到意见创造一个良好气氛，通过互评交流，不仅可以很好地锻炼方案的语言表达能力，而且能够促进形成认真学习、深入思考之风；其次，同学间的互评交流必然形成不同角度、不同立场、不同观念、不同见解的大碰撞，它既有利于学生取长补短，逐步提高设计观念，改进设计方法，又有利于学生相互启发，学会通过改变视角更全面、更真实地认识问题，进而达到更完美地解决问题的目的。

四、注意进度安排的计划性和科学性

在确定设计方案之后又推倒重来在设计课程中是常常出现的问题，这种现象大致分为两种情况：其一，由于前一阶段(方案构思阶段)的任务没有按计划完成，或时间所限而仓促定案，因此存在着较多的问题，最终导致推倒重来。这种情况完全是由于个人没有完成教学进度要求而造成的，应坚决杜绝。其二，前一阶段的任务已基本完成，但设计者自己仍不甚满意，所以竭力进行新的构思。一旦有了更为满意的想法，就会否定原有方案，有的甚至于反复多次，方案仍未真正确立。这种精益求精的敬业精神固然可嘉，但是由于时间、精力等诸多客观因素的制约，推倒重来势必会影响到下一阶段任务完成的质量与进度，所以这种做法的最终效果肯定是不那么令人满意的，因而也是不可取的。如果有的同学把方案构思等同于方案设计，把方案的深入完善等大量后续工作置于可有可无的位置，则更是错误的，这样既偏离了课程学习训练的目的，也完全误解了方案设计的性质，因为方案构思固然十分重要，但它并不是方案设计的全部。为了确保方案设计的质量水平，尤其为了使课程训练更系统、更全面，科学地安排各阶段的进度是十分必要的。

评估练习

1. 应如何培养自己的酒店建筑修养？
2. 有的人以各种理由拖延设计的完成时间，造成这种现象的原因可能有哪些？

第三章

酒店设计基础

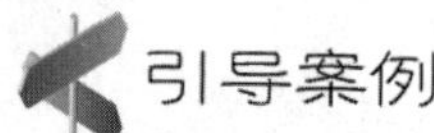

引导案例

坐落在迪拜的阿拉伯塔大酒店(Burjal-Arab Hotel)，又名迪拜帆船酒店，为世界上第一家七星级酒店，因为它远远超过五星级标准。它孤傲地矗立在杰米拉海滩附近的人工岛上，将伊斯兰风格和豪华完美结合。

这个伟大的建筑物就像是巨大的风帆，竖立在阿拉伯海上。酒店共有 56 层，高 321 米。它拥有 202 间套房，客房面积从 170 平方米到 780 平方米不等，最低房价 900 美元每天，最贵的皇家套房，房价达到 18000 美元每天。酒店内部几乎触目皆金，门把手和厕所水管都“爬”满黄金，奢华至极，却没有暴发户的俗气。整个中庭金光灿灿，780 平方米的皇家套房更是如此。在最普通的豪华套房，办公桌上摆放着东芝笔记本电脑，随时可以上网遨游。墙上挂着著名艺术家的真迹，每个房间有 17 个电话筒……在服务方面，每个套房都有私人管家，为客人解释房内各项高科技设施如何使用。

在酒店内的海鲜餐厅用餐将是一段难忘的经历。从酒店大堂出发，乘坐潜水艇至餐厅，短短 3 分钟，仿佛进入了海底世界，又像是童话世界。星星点点的灯火，美丽的珊瑚，色彩斑斓的热带鱼，再加上精致可口的佳肴，组合成一顿惬意的晚餐。

在阿拉伯国家，水比黄金更能彰显富有，同时为了对应风帆的外观造型，酒店处处有“水”的影子。两个巨大的喷水池有着多种喷水方式，每一种都是精心设计而成，如同水舞一般；每当整点之时，水柱便会喷向酒店顶部。另外，酒店还拥有高达十几公尺的水族箱。这些与赤日炎炎的阿拉伯沙漠形成鲜明对比，更能体现出酒店的豪华。

皇家套房雄霸 25 楼及以上楼层，有一个私家电影院，两间卧室，两间起居室，一个餐厅，出入有专用电梯。顶级的装修，镀金的家具，让整个套房如同皇宫一般金碧辉煌而又典雅脱俗。马赛克壁画陪衬下的按摩浴池，爱马仕牌子的卫浴用具，上中下三段式喷水的淋浴设备，睡房天花板上那一面与床齐大的镜子……一切都超乎想象，以致已故的顶级时装设计师范思哲都曾对它赞不绝口。

(资料来源：迪拜伯瓷酒店官网，http://www.burjkhalifa.ae/en/)

辩证性思考：

1. 酒店的设计风格对酒店设计来说具有怎样的影响？
2. 目前已知的酒店设计风格有哪些，各有什么特点？
3. 我们所熟知的现代主义设计与后现代主义设计是怎样的关系？

酒店设计作为一个专业性很强的行业，至今历史还很短。从历史上看，古代社会的装饰设计与建筑主体原是一体的。到 17 世纪初的欧洲巴洛克时代和 18 世纪中叶的洛可可时代，装饰设计开始与建筑主体分离，追求纷繁的装饰和华美的效果。19 世纪的现代主义设计，强调使用功能及造型的单纯化，提倡排除装饰，于是又走向了另一个极端。直到 20 世纪中叶以后后现代主义的兴起，各种装饰风格和思潮不断涌现，提倡反对设计的简单化、模式化，讲究文化意涵，装饰设计才又被重视起来。

酒店设计随酒店业的发展而发展，但始终受到建筑历史的影响，近代以来，由于建筑思潮的多样化，酒店设计风格也出现了多元化的局面。设计风格是指不同的地域文明经过历史的积累而形成的一种文化现象，它是社会制度、生活方式、文化思潮、风俗习惯、宗教信仰、经济环境以及地理气候等诸多因素的结合。在多元文化并行发展的信息时代，酒店设计的风格流派也发生着频繁的变化。

第一节 酒店设计的风格类型

教学目标

- 学习和理解酒店设计常见的风格类型。
- 熟悉并掌握各个设计类型的表达特点。

一、古典欧式风格

古典欧式风格经历了几个时期的发展，表现为多种样式与风格特征。以古希腊、古罗马样式为最早，至 13～14 世纪初产生了哥特风格；14～16 世纪产生了文艺复兴风格；17 世纪盛行巴洛克风格；18 世纪，法国的巴洛克风格演变成洛可可风格。之后，新古典运动兴起，18 世纪末流行庞贝式新古典风格，19 世纪前期流行帝政式新古典风格。

在现代酒店设计中，所谓古典欧式风格的表现，一般做法是将文艺复兴和巴洛克风格的古典装饰特征渗透到现代饭店的设计中去。古典欧式风格主要分为文艺复兴式、巴洛克式和洛可可式三种类型。其主要构成手法有三类，第一类是室内构件要素，如柱式和楼梯等；第二类是家具要素，如床、桌椅等，常以兽腿、花束及螺钿雕刻来装饰；第三类是装饰要素，如墙纸、窗帘、地毯、灯具和壁画等。它们具有一定的设计法则，注重背景色调，重视比例和尺度的把握。

(一)文艺复兴式

文艺复兴运动产生于 14 世纪的意大利，15～16 世纪进入繁盛时期，强调人性的文化特征，有意识地模仿古典风格，具有古典艺术再生及充实的现实意义。文艺复兴风格是以古希腊、古罗马风格为基础，融合东方和哥特式的装饰形式，这一时期出现的三大柱式(见图 3-1)一直影响之后的欧洲古典主义设计。在建筑内部，文艺复兴式的表面雕饰细密，外观效果呈现一种理性的华丽，在家具、陈设和装饰纹样等方面表现出纯朴与和谐，影响了欧洲各国逐步形成的室内设计独特样式的发展，如意大利的家具多不露结构部件，强调表面雕饰；法国室内和家具雕饰技艺精湛。

(二)巴洛克式

巴洛克式产生于 17 世纪，其强调线型的流动变化和装饰的烦琐精巧。巴洛克式是对文艺复兴式的变形，它具有过多的装饰和华美厚重的效果，打破了文艺复兴时期整体的造型形式，以浪漫主义为基础，强调线形流动的变化，将室内雕刻工艺集中在装饰和陈设艺术上，如图 3-2 所示。其色彩华丽且用暖色调加以协调，带有一定的夸张性装饰，显示出室内和家具豪华、富丽的特点，充满强烈的动感效果。这种风格反映了当时向上的艺术思想和浪漫的理想精神。

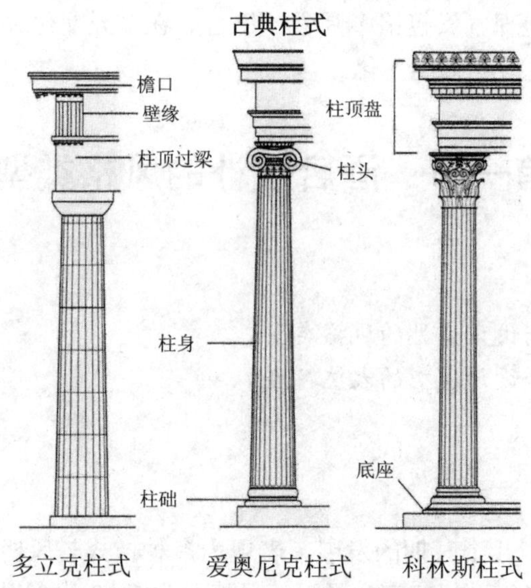

图 3-1 古希腊三大经典柱式

图 3-2 巴洛克风格的酒店多功能厅

案例 3-1

维也纳帝国酒店

维也纳帝国酒店(见图 3-3)于 1863 年建造，本来是符腾堡侯爵的私人宅邸，但是由于 1873 年的国际博览会，它便成为帝国酒店——帝国是奢华的同义词。它坐落于维也纳的中心，这座当年的宫殿自从落成典礼之后就成为公共机构——不仅是同名的咖啡馆经常受到政界和文化界名流的光顾。在这里，上流社会的气氛得到了淋漓尽致的渲染。物品上的蒙布，华丽的水晶灯，来自于 19 世纪的家具藏品、昂贵的名画以及大理石的浴室都代表了永恒的奢华与高雅。在大兴土木重新修缮和扩建之后，在整个 4 楼和 5 楼都建了新的房间和套房，从那里客人们可以鸟瞰维也纳的风光。

三间小公寓式套房带有豪华的楼顶公寓的特点。高贵的设计以及赭色和黄色吸引人们的眼光。这家酒店其他的房间也将相继得到完善。在贵宾楼层的房间和套房中，不久将更换窗帘、丝绸帷幔和被罩，修复旧家具。在大厅中将根据历史原貌布置新的织物，如图 3-4 所示。

图 3-3　维也纳帝国酒店入口

图 3-4　维也纳帝国酒店宴会厅、客房与建筑立面

(资料来源：室内中国，http://www.idmen.cn/?action-viewthread-tid-20011)

(三)洛可可式

洛可可式产生于公元17～18世纪，以贝壳状的曲线、褶皱进行表面处理，绚丽细致。常采用不对称手法，多用弧线和曲线，以贝壳、花鸟、涡卷和山石为主要纹样题材，是当时的皇室贵族为得到舒适、私密的室内空间并追求典雅、亲切的室内装饰效果形成的，如图3-5所示。巴洛克风格厚重，而洛可可风格则以轻快、纤细曲线著称。其室内设计色彩明快、装饰纤巧，家具的造型和装饰精致复杂，墙面常用粉红、嫩绿和玫瑰红等色，线脚多用金色，还采用了大量中国式装饰和陈设，使室内具有繁复装饰和华美效果。

新古典风格以法国路易十六时期和英国乔治时期的风格为代表。古典装饰风格与现代建筑如果在设计上能较完美和谐地统一起来，往往会产生一种令人难以言传的美的效果——因为人类对“装饰性”有古老的与生俱来的感应力和适应性。古典风格与现代建筑的交融、碰撞，往往能创造出优雅而别致的室内环境。如今在西方，采用这种装饰风格的酒店，大多是著名的豪华酒店。设计人员的构思跨越时空，既抒发怀旧情调，又带入新时代的冲击，其性质已不再是单纯古典装饰的复苏，而是从复苏走向创新的一种新时代表现形式。

美国纽约半岛酒店(Peninsula Hotel New York)的装饰富丽堂皇，如宫殿、官邸般豪华，如图3-6所示。大楼梯道的二楼拱廊、扶手为精致纤细柔和的金属镂空图案，墙面有圆拱和科林斯式壁柱，平顶及墙上部有多层石膏花饰，天棚悬挂大型水晶玻璃吊灯，地面铺设昂贵的艺术地毯，室内配置法国路易十五时期式家具。古典与现代的完美结合，呈现出早年名门望族的生活气息，但又使人感到身处新时代环境的豪华享受之中。

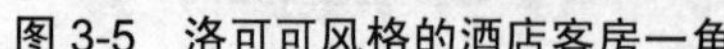

图3-5　洛可可风格的酒店客房一角

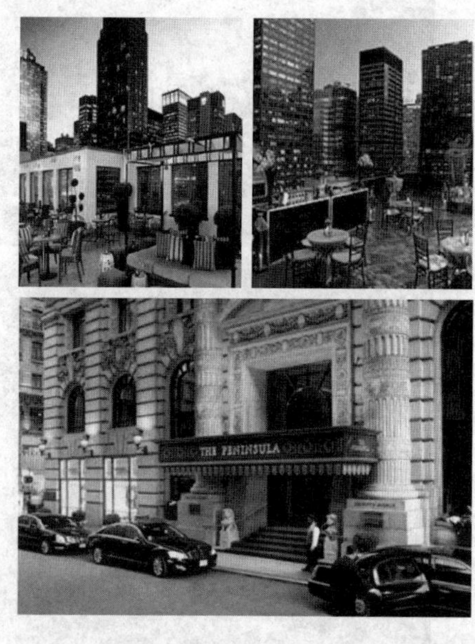

图3-6　美国纽约半岛酒店(Peninsula Hotel New York)

我国珠海拱北宾馆设有10间小餐厅，其室内设计按各命名国家的文化特征布置，如埃及厅墙面饰以古埃及石刻图案；法国厅则采用路易时期式白色金线的墙饰与家具，加上浪漫的色彩壁挂；此外还有英国厅、西班牙厅、波斯厅等。上海和平饭店建有几个特别套房，分别具有英国、法国、德国、印度等国家的特色。上海天马大酒店设有英国式、法国式、意大利式、西班牙式等客房。上海银河宾馆设有法国式、罗马式、墨西哥式、日本式等套房。之所以称为特色套房，是因为它们都不同程度地体现被命名国家的古典装饰风格和特征。

西方古典风格在不同历史时期、不同国家都有不同的特点。在酒店设计风格中称为某国风格，通常是将某国传统上具有代表性的装饰形式与有关陈设品综合在一起的概念，属形式性的象征意义，并没有严格的规定。例如，我国饭店中的法国风格套间或餐厅，大多采用法国路易十五时期的洛可可式，奶白色的低护墙板和洛可可家具，壁炉用磨光的大理石砌成并摆着烛台，天顶挂晶体玻璃吊灯，墙面挂油画、嵌镜子，陈设摆件常用瓷器和漆器，整个室内色彩轻淡柔和，装饰华丽烦琐；意大利风格则以文艺复兴风格与巴洛克风格为代表，大多突出大理石装修和室内雕刻，采用古典式立柱，大理石镶嵌家具，墙上有雕刻、壁饰、文艺复兴时期或民间装饰画，整体效果粗犷厚重，庄严富贵；西班牙式风格是指 15、16 世纪阿拉伯伊斯兰的建筑装饰手法同哥特式及意大利文艺复兴的柱式细部相结合而形成的独特装饰风格。室内家具、门窗装饰带有意大利城堡和教堂建筑的特色，家具、灯具配以金属作装饰，抹白灰的墙面，外露木结构，吊灯及壁灯常采用古老的油灯形式，装饰的基本特点是沉着奔放，浑朴细密。

二、现代欧式风格

现代欧式风格实际上是继承古典风格中的精华部分并加以提炼的结果，是取其原来风格的主要元素和符号，如柱子、线脚等，在室内合理地应用来达到一定的效果，如图 3-7 所示。其特点是强调古典风格的比例、尺度及构图原理，对复杂的装饰予以简化或抽象化，细部则为精致的装饰。

当然，因材料工艺不同于古代，这种风格样式的应用也将会有更为明显的简化。

图 3-7 现代欧式风格的酒店大堂

案例 3-2

柏林君主酒店

在柏林市中心的黄金位置，距离勃兰登堡门、国家大剧院和梧桐大道仅一步之遥，柏林君主酒店便屹立于此，如图 3-8 所示。它有着明亮的木瓦式的石灰墙面，地下层是深绿色。

这家酒店是1991年约瑟夫·保罗·克莱维斯的国王卫士市场宫廷花园整体规划的一部分。法式阳台的栏杆点缀着七层楼房的房屋正面，重新编排回去的两层屋顶又加建了环形阳台。195间豪华装修的客房，在每处细节上都体现了雅致，它们将永远是经典的设计。墙上现代的装饰品和价值连城的古董相得益彰。在装有木制护墙板的费舍尔·弗里茨的新开业的美食家饭店里，半身塑像和水晶灯引人注目，正如饭店的名字一样，那里有美味绝伦的极品鱼宴——窗外即可看到国王卫士市场的历史遗迹。就连在五间大小不同的会议室里，内部装饰仍然传承着柔和雅致的风格。

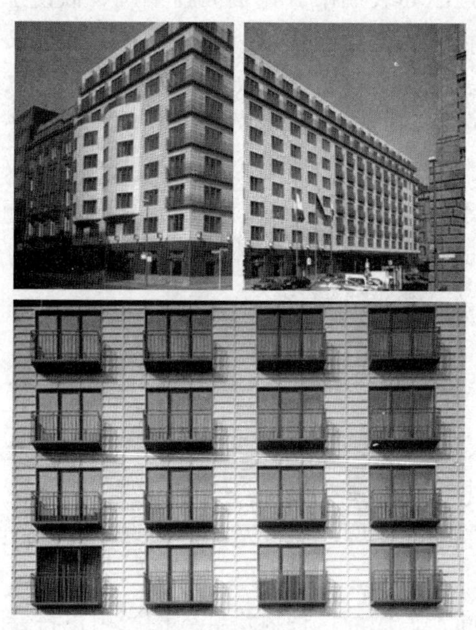

图3-8　柏林君主酒店外观

(资料来源：(德)佩凡·戈豪特. 主题酒店. 姜峰，李红云，张晓菲译. 沈阳：辽宁科学技术出版社，2005)

三、中式传统风格

中式传统风格的酒店有两种设计基调。第一种是以强调中国传统文化和中国特色为主，其中又分两类情况：一类是从室内装修、陈设都严格按传统布置，这一类多用于特色套间、风味餐厅、宴会厅；另一类虽然以传统特色为主，但也适当兼顾时代特征。第二种是以国际流行的装饰形式为主，兼具中国特色。这里的中国特色仅仅是部分体现，如以中国书画、民间工艺、传统家具和图案纹样来布置酒店室内的某一部分，如图3-9所示。上述两种设计基调在体现中国传统特色上有程度的不同，但因为在具有象征意义上的异曲同工，均可谓中式传统风格的体现。

中式传统风格设计多种多样，没有固定的格式，最基本的办法是将具有中国传统文化特征的古典形态进行组合或直观强调，或进行提炼、简化、变化等。

中国古典形态分为具象与抽象两种形式。具象古典形态包括门(垂花门、隔扇门、屏门)、窗(槛窗、支摘窗、推拉窗、漏窗等)、隔断(板壁、隔扇)、罩(落地罩、天穹罩、垂花罩、栏杆罩等)、架(又称多宝格)、斗拱、天花(又称仰尘)、藻井(伞盖形顶棚)、宫灯、匾额、楹联、梁枋、彩画、瓦檐、家具、工艺品(字画、雕刻、器皿等)等内容。利用上述古典形态的结构作空间布局，既是一种结构形式，又有强烈的装饰性。抽象古典形态包括在哲学思想、生活习俗、地域条件、审美情趣影响下的空间观念和空间表现形式等内容，如灵活的空间布局、庭园曲折多变的特点，室内外空间交融，利用门、窗、洞口借景、组景等形式。分隔空间的手法则是利用隔扇、屏风、帷幔、珠帘等组织空间，从全隔断、半隔断、透空隔断到灵活隔断、隔而不断等，形式繁多。

图 3-9　中式传统风格中的斗拱与石雕

传统装饰的色彩鲜明夺目，多用原色。这些色彩，不论是瓦上琉璃或木料上的油漆，均具有保护材料的作用，可以说是结构需要的自然结果。木料部分由于需要油漆保护因而促使丹青彩画成为中国建筑上的一种重要装饰。彩画以梁枋为主，上半部梁枋斗拱部分的木料油漆采用青绿色调为主，而下半部梁枋以下和柱头部分则多数采用红色，间或也采用黑色。顶棚彩画分为藻井和天花两种形式，藻井以木块叠成，结构复杂、色彩艳丽，是顶棚中最为典雅的部分；天花多用蓝色或绿色作底。传统装饰的室内布局，以对称形式和均衡的手法为主，间架的配置、图案的构成、家具的陈设，以及字画、玩物的摆布都为对称或均衡形式。少数也有自由式布局，它受道家自然观影响，追求诗情画意和清、奇、古、雅。

根据传统形态的不同，中式传统风格可分为中式传统的仿古型风格与地方性风格。

(一)中式传统的仿古型风格

中式传统的仿古型风格不是单纯的仿古和复制，它属于再创造，在建筑的平面组织、结构技术、内外环境等方面，它在借鉴古典形态的基础上进行再创造，是以崭新的姿态呈现古代传统风格的特色。例如西安唐华宾馆、山东曲阜阙里宾舍、开元拉萨饭店、北京大观园宾馆等的装饰设计，传统特色浓郁且富有新意。

(二)中式传统的地方性风格

我国地大物博，由于各地的地理环境、地方经济、文化背景、气候条件等的影响，形成地方特色，反映到中式传统建筑风格中，呈现出许多地方性风格特征，大致可分为以下几个体系。

1. 京派

以北京建筑为代表。大多采用传统古典形态，布局对称均衡、四平八稳，气势宏伟、雍容大方。

2. 广派

又称岭南派，以广州为中心。发挥岭南派园林的特色，平面布局自由灵活，注重内部的小花园，建筑轻快飘逸、明快开朗，造型多样。

3. 海派

以上海为中心。建筑设计的总体规划舒张自如，重视环境，从实际出发，材质新颖，技术先进。

4. 山派

主要指山地建筑。建筑依山取势，从立体化角度组织空间环境，吸取民间利用地形的建筑布局手法，内外渗透，错落有致，变化丰富。

四、日式风格

日式风格也称为和式风格(见图 3-10)，推拉门及榻榻米是其主要特征。在室内设计与布局上受到中国文化的深刻影响，以木结构为基础，造型简洁明快。

(1) 注重传统文化氛围的营造，重视室内空间与周围环境的协调、统一，重视自然环境对人和建筑的影响，注重地方气候，追随大自然的阳光、风和绿色，追求自然、柔和的色彩感觉。

(2) 设计上采用清晰的线条，造型具有强烈的几何感，注重装饰性和表现材料本身的质感，具有高标准的木工制作水平。

图 3-10　日式风格酒店的会议厅

五、个性风格

从审美的角度来讲，个性风格设计虽然有相对统一的审美标准，但不在审美趣味上强求一律，而是形成各自独立的风格，如图 3-11 所示。

(1) 个性的体现是不可忽视的，不同的职业、年龄层次和经济状况对室内设计风格的要求不同。

(2) 表现在家具方面较明显，从事文化事业的人希望在设计风格中融合居住者的思想；工薪层的市民注重功能的需求；富商希望显示出豪华与富贵；新婚夫妻追求温馨和甜美；儿童则追求无拘无束的感觉。

图 3-11　极具个性的酒店 KTV 陈设

六、现代主义风格

现代主义风格是比较流行的风格，它追求时尚和潮流，以造型简洁新颖、实用为目的，注重室内空间的布局合理与使用功能的完美结合。没有过多的复杂造型和装饰，不追求豪华、高档和绝对的个性，重视家具的选用及色彩的搭配。现代派设计大师赖特提倡室内设计应与建筑设计协调一致，不仅满足现代生活需要，而且强调艺术性，建筑形象和室内环境要具有当今时代感。

现代主义风格始于欧洲工业革命。现代主义派的主要特点是以理性法则强调功能因素，强调使用功能以及造型的单纯化，提出“少就是多”的观点，显示工业技术成就。受这种思潮影响的平淡派设计风格曾在墨西哥、美国、日本等国盛行，在西欧一些国家也有发展。

平淡派注重空间的分隔和联系，重视材料的本色和质感，反对功能以外的纯视觉装饰，色彩的运用强调淡雅和清新统一，认为装饰是多余的。摒弃烦琐的装饰和手工艺制品。如东京赤坂王子酒店门厅是典型的现代主义设计(见图 3-12)，芬兰赫尔辛基玛丽娜皇宫旅馆的室内游泳池设计，简洁到没有一点多余装饰。这类设计风格所取得的十分纯净的室内环境效果，曾被称为“功能主义”，也被称为“国际流行式”。自 20 世纪 70 年代以后，随着旅游业的发展，人们开始感到现代主义设计过于简洁，减少了商业气氛，于是现代主义手法从单一的简洁又发展到简洁的多元并存，这种设计思潮至今仍然有一定影响。但另一方面，随着社会生活的进步与活跃，人们开始厌倦模式化、简单化的形态，后现代主义的出现，使人们对现代建筑装饰又有了新的认识。

图 3-12　东京赤坂王子酒店门厅

七、后现代主义风格

后现代主义是由对现代主义纯理性的逆反而出现的一种设计风格，反对现代主义“少就是多”的观点，提出“少就是单调”，强调室内设计的纷繁复杂。“后现代主义”一词首次被提出，是在美国建筑师罗伯特·文丘里于 20 世纪 60 年代所著的《建筑的复杂性与矛盾性》一书中。

后现代主义的特点主要包括以下两点。

(1) 强调设计应具有历史的延续性，崇尚隐喻与象征手法，提倡多样化与多元化，通过传统建筑元件以新的手法加以组合来实现，如图 3-13 所示。

图 3-13　北京香山饭店一角

(2) 多用夸张、变形、断裂、折叠、二元并列等装饰主义的设计手法，在表现上具有刺激性，有舞台美术的视觉感受，达到了雅俗共赏的目的。

“高科技派”是后现代主义中的一个流派，活跃于 20 世纪 50 年代末至 70 年代初。主张用新技术、新材料(如高强度钢、硬铝、塑料和各种化学制品)，并赋予它们以传统文化的艺术内涵。法国巴黎蓬皮杜国家艺术与文化中心的展览中心，是这一流派的典型代表作品。改建的德国普福朗姆宾馆(见图 3-14)由高科技派设计，客房中配以音响、旋涡水流的浴盆和光纤技术产生星光闪闪的视觉效果，来创造舒适的环境。

至 20 世纪 80 年代，后现代思潮演变为从强调古典建筑符号到对建筑文化、文脉、隐喻等原则的深入探索。主张在现代建筑的室内引入古典建筑的某些元素，如线脚、对称式构图形式等，并赋予它们以新的价值。这被称为“通俗的古典主义”。

在现代信息社会中，人们总是在不断寻求设计新路，追求新的刺激。现代人的审美情趣向多元化发展的趋向已日益明显。为适应社会不断演变的文化审美意识和反映现代工业发展的特征，20 世纪 60 年代以后，国际上出现了很多设计流派和新的美学思潮，对酒店设计产生了广泛的影响。新出现的流派除上面所述外，还有所谓现实派、超现实派、历史派、表现派、象征派、新装饰主义派、孟斐斯派等。

此外，还有其他一些新的美学思潮，都不同程度地影响酒店的设计风格。美国纽约曼哈顿的罗亚尔顿旅馆(The Royalton Hotel)(见图 3-15)已有 90 余年历史，在近年的更新改造设计中，打破常规，尝试奇特构思。如将习惯上需要突出位置的前台隐藏在斜向的桃花心木墙后，一排兽角形壁灯在长条空间中构成空间序列，形状奇特的沙发椅子靠背配有柔和弯曲的镀铬钢脚，仿佛在高技术中蕴含古典的灵气。墙上有用地毯铺贴成的壁炉、圆形浴缸、镜面淋浴间等，其整体环境效果因其制作精致，设色高雅，用光恰到好处，布局统一协调而获得成功。

图 3-14　德国普福朗姆宾馆客房设计

图 3-15　美国纽约曼哈顿罗亚尔顿旅馆 (The Royalton Hotel)

德国巴伐利亚州佩格尼茨酒店客房内的家具呈弧线造型，靠背高低倾斜，与墙面呈倾斜角度放置，色彩鲜艳强烈。华盖式吊顶，内藏立体声系统，作星状散布，旁设独立圆柱式立灯，室内形态环境不同凡响。该酒店还特别注意在创新中避免雷同，不同套间不同风格，形成强烈的超前意识感。

八、混合形式风格

混合形式风格是指把不同时代、不同风格和不同民族各不相同的东西糅合在一起；把同一民族和新旧各不相同的东西结合在一起，也就是说，把不同国家、不同风格元素结合在一个室内空间里，呈现多元化的风格特征。概括起来共 16 个字：兼容并蓄、推陈出新，反应时代性、多元化。

具体表现在以下两个方面。

(1) 用非传统的元素组合传统构件，给人以现代传统室内装饰的种种联想。但并不是将各种形式任意拼凑，导致互不协调而缺乏整体感，而是把传统文化脉络与现代设计观念和方法相结合，是多样丰富的设计语言。

(2) 采用传统、民族、地域或自然等元素并加以简化、提炼，再用新的手法组织这些简练了的形式，构成具有新意义的形式。既趋于现代实用，又吸收了传统的特征，融古今中西于一体。

九、简约风格

简约风格是现代主义建筑和室内设计的主流风格之一，是一种符合审美规律的艺术简化，追求的是由复杂趋于简单的视觉效果。它主张设计突出功能，强调自然、形式简洁，在设计时奉行删繁就简的原则，减少不必要的装饰，色彩的凝练和造型的力度也是密斯·凡德罗“少就是多”思想的更高层次的体现。简洁要克服现代主义单调乏味、缺少人情味的缺点，追求丰富、多层次和多方位的表现，但丰富的表现并不是无意义的堆砌，而是经过提炼后符合时代精神的简洁形象。

简洁与丰富是共存的，简洁的设计形式是现代社会的特点和发展趋向，具有丰富的内涵。

十、多元风格

多元化带来了设计语言风格和手法的多样性，各种流派共同存在，感性认识和理性推理的协调将成为设计的趋势。

具体表现在以下几方面。

(1) 强调功能的科学性与整体效果。现代酒店的设计并不局限于某一种风格，重要的是追求特色和意境。一是将古典的传统造型式样用新的手法加以组合；二是将传统室内造型式样与现代式样加以结合。无论哪种风格，只要具有一定的品位和文化内涵，都可以成为优秀的作品，如图 3-16 所示。

图 3-16　多元风格的酒店客房设计

(2) 设计要不断地充实不同的风格。设计的作品应融会贯通于自然、社会和精神之中，实用且有意境。并且因为个性差异的存在，形成艺术风格的丰富多彩。

(3) 大力发展和深化酒店室内绿色设计，这将成为酒店设计流派中的主流。在森林城市、山水城市实现之前，花园餐厅、绿丛中的卧室和起居室等也将会很快出现在我们周围的现实生活中。社会在不断地进步，酒店设计风格也随之不断演变，任何流派、思潮或创新意识都不能尽善尽美。在实践中，酒店装饰艺术不会停留在已有的成功模式上，因为人们还在不停地继续探索和追求。

评估练习

1. 试分析现代主义设计与后现代主义设计风格的异同。
2. 怎样理解酒店设计的高科技派的特点？

第二节　色彩设计的基本原则

教学目标

- 认识色彩的基本性质。
- 掌握色彩的感情性。

一、色彩概述

(一)色彩的认识

我们所生活的整个世界，无不与色彩有关。长期以来，在人们的感觉中，色彩是与某个物体的形象联系在一起的，无法将两者截然分开，如玫瑰红、湖泊蓝、草原绿、沙土黄等。因此产生了这样一个习惯概念：色彩是物体固有的，不同的物体给人以不同的色彩感觉是因为它们本身具有不同的“固有色”。

由色彩的定义可知：色彩感觉与光、人眼的生理机能和人的精神因素这三者有关。发光体改变所发出的光，眼睛的明暗适应、色相适应及人体生理节奏的变化，都能引起“固有色彩”的变动。严格说来，“固有色”的概念是不科学的，因为它忽略了各种因素对色彩的不同程度的影响。

(二)色、光、波的概念

使人们产生色感的关键在于光。现代物理学已经证明，光是一种电磁波。我们所研究的对象——色彩的光波，只是电磁波中极小的一部分。可见光是波长在400～700纳米的电磁波。在这一光波范围内，包含红、橙、黄、绿、青、蓝、紫等单色光。当太阳光通过三棱镜时，各种色光由于各自的折光率不同，会显现一条各种色彩有秩序排列的色带，这条色带称为光谱，光谱中的色是按这样的顺序渐变排列的：红、橙、黄、绿、青、蓝、紫。可见红色光的折光率最小，而紫色光最大。

(三)色彩的分类

色彩分为以下两类。

1. 自然色彩

万物在太阳的光照下，呈现出各不相同的色彩。这些由大自然本身所呈现出来的、不以人们意志为转移、不受人的力量所影响的色彩，称为自然色彩。

2. 人为色彩

人类在天然色彩的启发下，发现和生产了各种颜色材料，人类利用这些颜色材料来创作美术作品、美化产品及改变环境的色调。这些通过人为加工所得到的色彩称为人为色彩。如各种绘画颜料、油漆、油墨、染料和舞台上的色灯呈现的颜色等。

二、三原色与色彩混合

(一)三原色

无法用其他色料(或色光)混合得到的色称为原色。原色纯度高，是色彩中的基本色。

1. 色光的三原色

色光的三原色是红色光、绿色光、蓝紫色光。将这三种色光作适当比例的混合基本上可得到全部的色光，如图 3-17 所示。

2. 色料的三原色

色料的三原色与色光的三原色不同，它们是品红、青蓝、柠黄。将这三种颜色作适当比例的混合，基本上可得到全部的颜色，如图 3-18 所示。

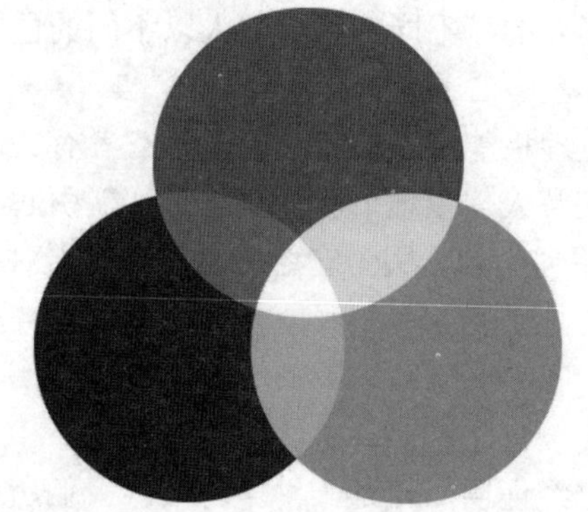

图 3-17　色光三原色

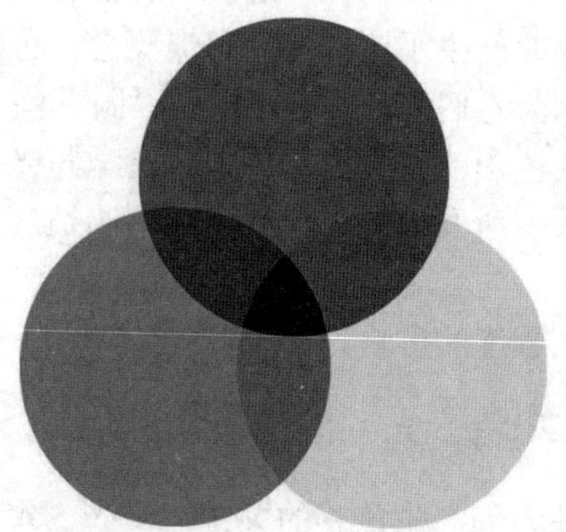

图 3-18　色料三原色

(二)色料三原色的调和

1. 间色

三原色中任两色加以调和所得到的新色称为间色，也叫二次色，比如，品红+柠黄=大红，品红+青蓝=紫色，青蓝+柠黄=中绿等。

2. 复色

原色和间色(另外两原色调和的间色)调和，或者两间色(不同两原色调和的间色)相加，可得到复色，即三个原色的成分混合在一起，可混成复色，也叫三次色。比如，橙色+中绿=赭石，橙色+紫色=橙紫(红灰)，紫色+中绿=紫绿(蓝灰)。

在混合复色过程中，只要三原色中的任一色数量稍有不同，就会呈现出有倾向性的复色。因此，调和出的复色是很多的，加上色彩的明暗程度变化，其复色就更多了。要确切称呼这么多的复色是很困难的。现在人们在生产和生活中常用自然景物辅助来命名，如桃红、曙红、橙红、天蓝、湖蓝、钴蓝等。这样的命名方法对色彩的专业研究来说，是不科学的。复色的纯度较低，因此其色彩感觉不鲜明，但由于含色丰富，与原色相比，让人有协调、含蓄、统一、雅致之感。

3. 互补色

包含三原色及其间色的等分色相环(见图 3-19)中呈直线对应(180°)的两种颜色叫互补色，或被色。如原色红与中绿为互补色；黄与紫、蓝与橙也是互补色。色料的三原色与色光的三原色是相反的，它们互成补色关系。在色彩关系中，互补色的色相差别最大，对比关系最强。因此，互补色表现力强、明快。

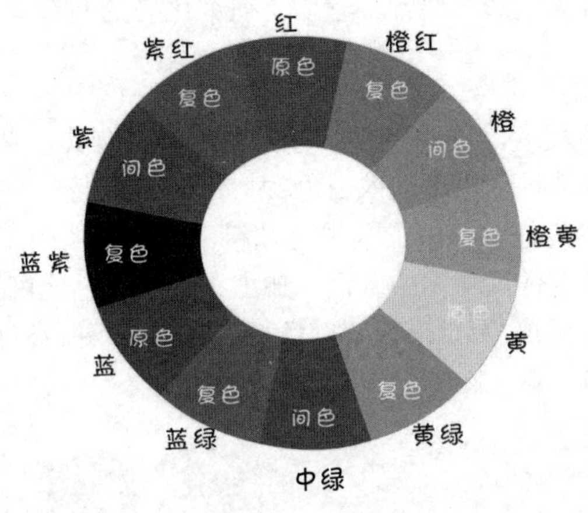

图 3-19　色相环

(三)色彩混合的形式

我们知道，没有光就无法感受到色，而光线是由各色光混合而成的；就是被大量使用的颜色(色料色)，也都是被白光投照产生反射后呈现的色。因此，色光和色料色在性质上是不同的。由此，色彩混合可分为加光混合、减光混合与中性混合三种。

1. 加光混合

朱红和翠绿的色光混合成为黄色光，翠绿和蓝紫的色光混合成为蓝绿色光，朱红和蓝紫的色光混合成为紫色光。这些混合后色光如黄、蓝绿、紫色等都比混合前的色光更明亮。再如把红、绿、蓝紫色光混合在一起可得到更为明亮的白光。这种将不同色光混合得到另一种更为明亮的色光，称为加光混合。

2. 减光混合

与加光混合相反，若将几种颜料混合，所得到的新的色彩比起混合前的任一色都来得暗，这称为减光混合。油画颜料、水彩颜料、水粉颜料、染料、油墨等都是减光混合的色料。

3. 中性混合

在一个圆盘上放置几块色彩，使之迅速旋转，将会看到这几种色彩的混合，这种叫作色盘旋转混合。如把一些不同的色彩以小点、线或小面积块状并排放置在一幅画面上，相隔一定距离观察，将看到这些色彩混合产生的新色彩，这叫作色彩的空间视觉混合，最早运用色彩的空间视觉混合原理的是西方印象画派的点彩画。无论色盘旋转混合还是空间视觉混合，虽然色相发生变化，但是色彩的明度不变，因而这两种混合称为中性混合。现代的网点印刷，就是利用色彩空间视觉混合的原理，借助于大小和疏密不一的极小的色点，

混合出极其丰富的、明亮的、真实感极强的各种色彩。

三、色彩的基本性质

(一)色彩的三要素

明度、色相、纯度称为色彩三要素。它们是研究色彩的基础。

1. 明度

明度是指色彩的明暗程度，也称亮度。每一种色彩都有其自身的明暗程度。白色颜料是反射率最高的色料，在某种色彩里加入白色颜料，可提高混合色的反射率，即提高明度。而黑色的反射率最低，在其他颜料中加入黑色颜料，混合色的明度便降低。我们可用黑白两色混合出 9 个明度不同而依次变化的灰色，加上黑、白两色就可得 11 个不同明度的明度序列。我们可以利用这个明度序列(或称明度色标)来衡量各种色彩的明度差别，如图 3-20 所示。

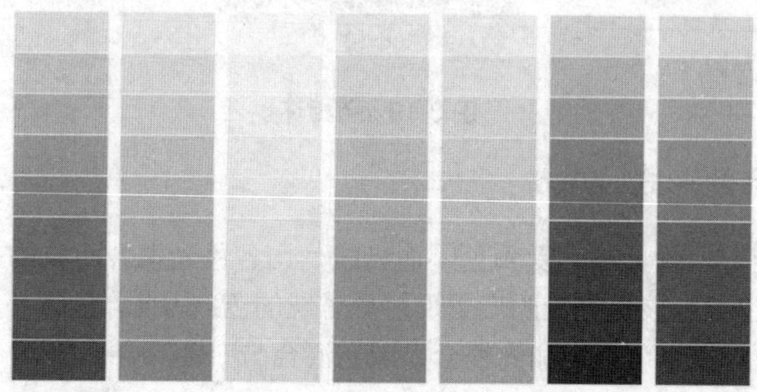

图 3-20 明度变化

2. 色相

色相指的是色彩的颜色差别特征。严格地说，色相是依波长来划分的色光的颜色差别。如可见光谱的红、橙、黄、绿、青、蓝、紫即为不同的色相。以它们为基础，依圆周等色相环列，得到高纯度的色相环，如图 3-21 所示。

图 3-21 色相变化

3. 纯度

纯度是指色彩的饱和程度，即色光的波长单一程度，也可称为彩度、艳度、鲜度等。色相环中的三原色是纯度最高的标准颜色。在标准颜色中混入其他色彩，那么混合色的纯度就会降低，这样，我们就可以在同一色相中由于加入其他颜色分量的不同而得到该色相的不同纯度的众多色彩。这些色彩按其纯度高低依次排列便得到了该色的纯度色标。不同色相的色光及色料，所能达到的纯度是不同的，其中红色纯度最高，而绿色纯度最低，其余色居中。理论上的黑、灰、白是没有色相倾向的色，称为无彩色，它们没有纯度，只有明度的差别。但在实际生活中并不存在这样的颜色，因我们所见到的所有颜色，事实上都受光源色的影响，不同色温条件下反射出来的颜色具有不同的色相倾向性，所以，并不存在绝对的无彩色。高纯度色加白或加黑，将提高或降低它们的明度，同时也降低它们的纯度，如果加上与此色相相同明度的灰色，则明度不变而纯度降低，如图 3-22 所示。

图 3-22　纯度变化

(二)色立体

1. 色立体的概念

单独明度色标、色相环、纯度色标是一元的(x 或 y 或 z)。如果把色彩三要素中的两种要素根据各种色标或色相环加以组织整理，将会得到可表示色彩两种性质的序列表，这种序列表是二元的(xy 或 yz 或 xz)。上述序列表再按第三种要素的序列排列，就可得到一个三元的立体序列(xyz)。这个近似于球状的立体序列称为色立体。在色立体中，可以找到任何一个色相的某种明度和某种纯度的色彩。因此，理论上这个色立体包含了所有的色彩。

2. 色立体中色彩的表示方法

如果只是用自然景物等来命名色彩，在色彩的归类和使用上就会存在诸多问题，首先是不规范，一种色彩可能有多种称呼；其次是不完善，会存在许多色彩无法用确定的名字来命名的困难；最后是更不科学，无法从各个色彩的称呼中体现它的色相、明度、纯度的内在联系。世界上许多色彩学家为此进行了大量研究工作，为色彩的命名和应用做出了重大的贡献，其中比较著名的是法国染织色彩学家奥斯瓦尔特和美国画家梦塞尔。他们分别创立了奥斯瓦尔特色立体(见图 3-23)和梦塞尔色立体(见图 3-24)。

图 3-23　奥斯瓦尔特色立体

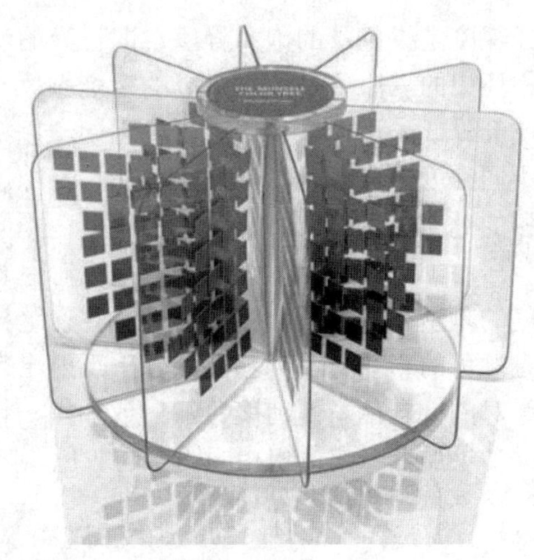

图 3-24　梦塞尔色立体

四、色彩的感觉

色彩设计不仅要使人产生生理上的舒适感，而且也要使人们得到审美感情的满足，这样，设计所表达的内容才容易被接受。也就是说，构图中的色彩给人的感觉要好，因此，色彩的感觉是我们必须研究的课题。

(一)视觉生理与色彩

1. 色彩的平衡感

前面对色彩调和的讨论，得出的结论是：色彩越近似，越同一，感觉就越调和，越能被视觉所接受。但是，这里也存在一个度的问题。调和度太高，明度、纯度太低，色彩尽管相当调和，但却会因为难以辨认而容易疲劳和厌倦，因而这种调和并没有产生美的感受。所以，色彩设计必须考虑到人的视觉生理平衡问题。根据视觉生理平衡的特点，人们认为中间明度的灰色能使视觉生理产生一种完全平衡的状态。如果缺少这种灰色，就会使视觉大脑感觉不适应。因此，在进行对比色彩设计时，要考虑使其总体的感觉是中间明度的灰色。从这一点来说，配色以互补色组合是最合适的。

2. 色彩的明与暗

以明度高的色彩为主，能组成明的配色，而以明度低的色彩为主，则能组成暗的配色。明的配色，色块形状分明(明度的对比较强)；暗的配色，各色块之间的对比相对来说稍弱一点。这种色彩明暗感觉在不同的色彩构图背景中是相对的。同样明度的颜色，在更高明度颜色的背景里会显得暗，而在更低明度颜色的背景里则显得亮。面积和明度直接影响到色彩的综合效果，因此，色彩设计一般遵循这样一条原则：小面积使用强色(指明度高、纯度高的色彩)，大面积使用弱色(指明度低、纯度低的色彩)。

3. 色彩的强与弱

强的配色体现较强的力度，因此可选用色相差、明度差大，对比强、纯度高的色彩进行配色；弱的配色体现较弱的力度，因此可选用色相、明度类似的低纯度色彩进行配色。

4. 色彩的灰与艳

纯度越高的颜色给人感觉越鲜艳；反之，纯度越低的颜色给人感觉越灰涩。这种色彩感觉在不同的色彩构图背景中是相对的。在配色设计中，纯度差别大的配色能使鲜色显得更鲜。同样纯度的颜色，在更高纯度颜色的背景里会显得灰，而在更低纯度颜色的背景里则显得艳。

(二)视觉心理与色彩

对于同一组色彩组合，不同的人往往会作出不同的评价。有时，所作的评价相差很大，甚至相反。这种现象是正常的。人们由于各自的出身、职业、年龄、性别、爱好、宗教信仰等的不同，其审美能力也就有差异；再者，每个人的视觉心理和需求各不一样，因而形成不同的审美标准。因此，研究色彩的视觉心理特点，对于色彩设计是十分必要的。

1. 色彩的形象感

由于色彩有冷暖的概念，有前进、后退的层次感，有与丰富的生活经验相联系的各种感觉，因此，色彩就会给人一定的形象感。

抽象派画家曾对色彩与几何形的内在联系作了专门研究，他们认为：正方形的内角都是直角，四边相等，显示出稳定感、重量感和肯定感，还有垂直线与水平线相交显示出的紧张感，这与红色所具有的紧张、充实、有重量、确定的性质是相契合的，因此，红色暗示正方形(见图 3-25)；正三角形的 60 度的内角及三条等边，有着尖锐激烈、醒目的效果，而黄色的性质也是明亮、锐利、缺少重量感，这两者也是基本吻合的，因此，黄色暗示正三角形(见图 3-26)；橙、绿、紫是间色，它们也与相应的几何图形吻合，橙暗示梯形(见图 3-27)，绿暗示圆弧三角形，紫暗示圆弧矩形。

图 3-25　红色与正方形

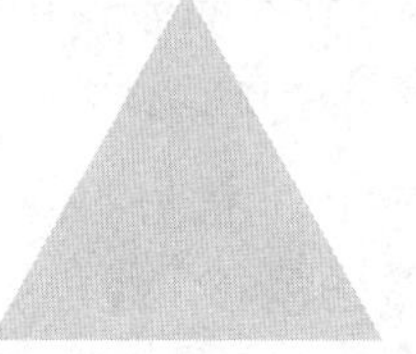

图 3-26　黄色与三角形

图 3-27　橙色与梯形

2. 色彩的构图感

构图原意是指画面上的各视觉形象的位置安排。构图形象本身能表现出饱满、端正、严肃、严谨、活泼、灵巧、危险、不安、稳重、轻飘等较复杂的内容。色彩的选择、配置也应尽量做到与此吻合。当色彩构图达到这些要求时，才能使色彩的对比调和感有力，使构图的主题得到充分的表达。

3. 色彩与听觉

由声音的刺激而联想到色彩这一现象叫作色听。自古以来，人们就对色、音关系有许多研究。色彩与音乐、配色与声之间都有着美的共同感觉；有时看到某种花草，会从花草的色彩感而引起旋律、和声和节奏感；有时听到快乐的旋律时，也会联想到快乐的配色(如玫瑰红、浅蓝色、嫩绿色、橘黄色等)。

4. 色彩的嗅觉与味觉

在人们的心理上，还存在着生活经验中的由色到气息、由气息到色这种共同感觉。嗅到花的香味，就会联想到与此香味有关的色彩来，比如玫瑰花香和玫瑰红相联系。由于生活经验的积累，人们在色彩与味觉之间建立了联系。比如鲜绿色和橙黄色很容易使人感觉到新鲜蔬菜瓜果的味道，很暗的绿棕色则使人感觉到苦味。由于色彩与味觉间存在着一定的关系，因此食品包装设计中要特别注意这一点。比如食品的包装，忌用灰暗的颜色，宜用鲜色。因为灰暗的颜色让人感到味觉差，而鲜艳的颜色让人感到味觉新鲜爽口，容易引起食欲。通常，不同类别的食品包装用色的色彩味觉应与食品本身一致。比如各种营养类食品包装均用暖色，使人感到食用后可增添热量和营养；各类可可、咖啡类食品的包装多用深棕色，能使人感受可可、咖啡香郁而微苦的美味，如图 3-28 所示。

图 3-28 食品包装

5. 色彩的触觉

色彩的触觉首先体现在色彩的质地感上。质地感最初用于形容形体的质感，任何一种形体，其表面皆体现出特定的质感和大致的色彩。经过长期的实践，人们将一定的色彩与一定的质感联系起来，从而感到色彩具有质感。驼灰、熟褐、深蓝等明度低，感觉重、纯度高的色给人以粗糙淳朴感；淡黄、浅白灰、粉红、绿黄等明度高的色，使人感觉轻盈，如图 3-29 所示；纯度低的色给人以圆润、丰满的感觉。色的柔软与坚硬和色的纯度、明度有关。中等纯度、高明度的色有柔软感；纯度过高或过低、明度低的色有坚硬感；纯度高、明度高的色与纯度低、明度低的色介于两者之间。白与黑有坚硬感，灰色有柔软感。实际上，软与轻的关系较密切，软的物体外形多具曲线，有一定弹性。因此，色块形状可多采取曲线。硬与重的关系较密切，硬的物件外形一般多具直线或者有规律的曲线。浅亮的色感到薄，浓厚的色感到厚；平滑的色感到薄，粗糙的色感到厚；透明的色感到薄，不透明的色感到厚。

图 3-29　轻盈感室内

色彩的触觉还体现为色彩的冷暖。红、橙、黄等色称为暖色，蓝、青等色称为冷色。白是冷色，黑是暖色。按照一般的常识，暖的配色使用暖色，冷的配色使用冷色。但是，也可以通过整体的冷色来表现暖的效果，整体的暖色来表现冷色的效果。

对色彩的感受，还有色彩的轻与重、干与湿。色彩的轻重感主要取决于色彩的明度。明度高的色使人感到轻，明度低的色使人感到重。明度相同时，纯度高的色感到轻。色相冷的色显得粗糙，使人有重的感觉。由于生活经验的关系，蓝、绿和黄绿等色给人以湿感，而红、橙、赭石以及灰等色则给人以干燥的感觉。

由于暖色系的色给人以兴奋感，所以也称作兴奋色，冷色系的色给人以沉静感，所以也叫沉静色。如果它们的纯度降低，这种感觉也会降低。就明度而言，明度高的色易引起兴奋感，明度低的色给人以沉静感。白、黑及纯度高的色给人以紧张感，灰及低纯度的色给人以舒适感。

华丽的配色与强的配色相似，由纯度和明度均较高的一些明快的色组合而成；朴素的配色与弱的配色类似，由明度低、纯度低的色配合而成。纯度高的紫、红、橙、黄具有较强的华丽感，而蓝、绿和明度较低的冷色具有朴素和雅致感。使用色相相差较大的纯色和白、黑配色时，因具有一定的明度差和纯度比而表现出华丽感。

色彩的活跃与忧郁取决于色彩的明度高低，以色彩的纯度高低、色相冷暖为辅而产生的作用于人的一种感觉。暖色因其高纯度和高明度，显得很活跃，灰暗的冷色显得忧郁。白色与其他纯色组合时，有活跃感，黑色是忧郁的，灰色是中性的。

五、色彩的对比

当两个或两个以上的色彩放在一起时，通过观察比较，可以清楚地看出它们之间的差别。这种色彩之间的差异关系称为色彩的对比关系，也称色彩对比。研究色彩之间的对比，通常在同一色彩面积内，进行明度与明度、色相与色相、纯度与纯度等方面的比较。色彩通过对比，能起到影响或加强各自表现力的效果，甚至产生新的色彩感觉。不同程度的色彩对比，造成不同的色彩感觉，例如：最强对比使人感觉刺眼、生硬、粗犷、强烈；较强对比使人感觉响亮、生动、鲜明、有力；较弱对比使人感觉协调、柔和、平静、安定；最弱对比使人感觉模糊、朦胧、暧昧、无力。

1. 明度对比

由于明度的差异而形成的色彩对比，称为明度对比。通过明度对比，产生明的色更明、暗的色更暗的现象。构图色彩的光感、明快感和清晰感都与明度对比有关。在色彩设计中运用明度对比时，要注意明度对比的以下几个特点：首先，明度对比较强时，形象清晰度较高，锐利、活泼、明快、辉煌，不容易出现误差(见图 3-30)。其次，明度对比弱时，光感弱、不明朗，模糊不清。如梦、柔和、静寂、软弱、含糊、单薄、晦暗，形象不清楚，容易看错。最后，明度对比太强时，会有生硬、空洞、炫目、简单的感觉。

图 3-30 明度对比

2. 色相对比

由于色相差别所形成的色彩对比，称作色相对比。色相对比时，色相差以色相环为基础，互补色的色相差异最大。色相对比分两色相对比和多色相对比，如图 3-31 所示。

图 3-31 色相对比

3. 冷暖对比

因色彩的冷暖感觉差别而形成的色彩对比称为冷暖对比，这是一种色彩作用于人的心理而产生的一种主观感觉上的对比。冷暖的含义，本来是人对外界温度高低的感觉，但由于人们生活经验的积累，在人的视觉与冷暖之间通过心理活动建立了一种联系。比如，人们会感觉到红色的火焰是很热的，蓝白色的大海和天空是比较冷的，因此，生活经验在人的心理上产生条件反射：当看到红色及与红色相仿的色时似乎感到暖，看到蓝色、白色及相近的色时，则产生冷的感觉。

由此可见，色彩的冷暖来源于人们对色彩的印象和心理联想。如果把橙红定为典型的暖色，天蓝色定为典型的冷色，那么这两色在色立体上的位置称之为暖极和冷极。靠近这两极的色彩分别称为暖色和冷色。离暖极和冷极越近，色彩的冷暖感觉就越强；离开两极的距离越远，色彩冷暖感觉就越弱。与两极等距离的色则称为中性色。

另外，白冷黑暖也是色彩心理学中的另一种冷暖概念。白色使人联想到冰和雪，黑色能吸收光且使人联想到煤炭能源而使人觉得温暖。色彩的冷暖对比，既指冷极色与暖极色、白色与黑色这样的绝对对比，也指两色冷暖概念的相对对比。冷色体现了阴影、透明、稀薄的、淡的、远的、轻的、女性的、微弱的、湿的、理智的、圆弧曲线形、缩小、流动、冷静、镇静。暖色则体现了阳光、不透明、稠密的、深的、近的、重的、男性的、强烈的、干的、感情的、方角直线形、扩大、稳定、热烈、刺激。

4. 纯度对比

由于纯度差别而形成的色彩对比称作纯度对比。色相、明度相同时的纯度对比，特点是柔和、协调。纯度差越小，柔和感越强，因而清晰度越低。当色彩只具有单一的纯度弱对比时，表达对象较模糊。对人的视觉来说，三个阶段差的纯度对比表现出的清晰度大致只能与一个阶段差的明度对比相仿。当处于纯度强对比时，高纯度色的色相就愈加鲜明，因此整体的配色趋向艳丽、生动、活泼。当对比过强时则出现生硬杂乱的感觉。纯度对比不足时，配色会有灰、闷、单调、软弱和含糊等缺点。我们已经知道，各种色彩所能达到纯度的高低差别较大，难以规定一个区分高中低纯度的统一标准。

5. 综合对比

在实际使用中，色彩对比往往由两项或两项以上的要素参加。保持最强单项对比的两色，不可能兼有其他性质的对比；而具有两项及两项以上对比的两色，就不可能保持最强的单项对比，如图 3-32 所示。

图 3-32　综合对比

六、色彩的表现

1. 色彩的设计原则

色彩设计要追求形式与表达内容的统一。如用新绿色表现嫩芽，就会使人感受到一股生机盎然的活力，显示出朝气勃勃、蒸蒸日上的精神，甚至还会让人联想到欣欣向荣、硕果累累的未来。但如用土黄或棕灰等色表现时，那么所体现的内容就完全不同了：令人联想到气候的干旱，营养的不良，前途的暗淡和渺茫等。

这说明，色彩对人的直接作用虽然是生理性的，但是由于生理和心理的密切关系，色彩的形象、构图、色相等借助于心理中的印象、象征等因素，影响人们的精神、思想和感情。因此，不同的色彩能通过对生理的刺激，使心理受到直接的影响，产生出不同的感情，如兴奋、冷静、振作、萎靡、清新、沉闷等。

2. 色彩的审美标准

人所追求色彩美的标准不是完全相同的，影响这种标准统一的因素多种多样。

首先是国度与民族。比如红色在中国被认为是吉祥、喜悦的色彩，喜庆时多用红色，在新加坡，红色表示繁荣和幸福；在日本表示赤诚；但在英国，红色则被认为不干净、不吉祥的色。黄色在信仰佛教的国家中受到欢迎；而在埃及，则被认为是不祥的颜色，因此举办丧事时，都穿黄色服装。绿色在信仰伊斯兰教的国家中最受欢迎；而在日本，绿色则被认为是不吉祥的。青色在信仰基督教的人们中意味着幸福和希望；而在乌拉圭，则意味着黑暗的前夕，不受欢迎。紫色在希腊被认为是高贵、庄重的象征；而在巴西，紫色表示悲伤。在博茨瓦纳，黑色是积极的色(因此国旗上也有黑色)；而在欧美许多国家中，黑色则是消极色，是办丧事用的色。白色在罗马尼亚表示纯洁、善良和爱情；而在摩洛哥却被认为是贫困的象征。

其次是年龄因素，儿童正处于生长时期，天真、幼稚、没有逻辑推理的能力，缺乏联想、推论、象征能力，完全依靠直觉。色彩的复杂心理对他们不起作用，他们只能欣赏一些最简单、最鲜艳、最明快、最活泼的色彩。复杂的色对他们没有一点吸引力。因此，儿童用品的设计可考虑鲜明的纯色调，或甜美的柔和色调(见图 3-33)。成年人见多识广，有广泛的社会阅历和较丰富的色彩经验，审美能力强。其中的青年人，在生理上是发育期，心理状态复杂多变，充满了浪漫色彩。活泼、好奇，往往促使他们对一些对比大胆、构思奇特的色彩设计表现出极大的兴趣。因此，他们往往是新色彩、新设计、新构思的热烈拥护者和崇拜者，成为色彩创新的主要力量。中老年人有丰富的阅历和经验，也有一定的欣赏能力(见图 3-34)。青年时期对理想的追求与奋斗和他们对青年时代的色彩感受到极深的印象，因此他们往往欣赏已过去的较为成熟的色彩，与他们的精力协调的色彩，求实的思想促使他们常去追求传统的色彩，往往较喜欢沉着、朴素、含蓄、丰富的色彩。

另外，居住地域也是影响因素之一，居住在城市里的人，由于居住环境的影响，经常受到对比强烈的人为色彩的刺激(如彩色广告、霓虹灯等)，再加上生活节奏的加快，使得他们对简单、兴奋、强烈的色彩感到厌倦，因而往往喜欢一些淡雅、含蓄、沉静的色彩，以便能得到休息。居住在农村的人，由于环境自然、广阔，经常感受到的是大片单一或相近的色彩(如辽阔的土地、田野、草地、森林)，生活节奏慢，他们对单一、宁静、弱对比的色彩感到厌倦，而往往喜欢一些浓郁、鲜艳、对比强烈的色彩(如大红大绿)，以便能得到欢跃和兴奋。

图 3-33　儿童房

最后，性别、职业、爱好也会影响对颜色的审美。以青年人为例，青年女性受内在性格的影响，喜欢沉静、淡雅、软、轻、透明、理智的冷色调，而青年男性却对强烈、活跃、浓重，以及富有情感、热烈的暖色感兴趣。由色彩引起的联想和好恶感，往往首先与人的职业、爱好有关，如红色，炼钢工人联想起炉火，医生想到血液，民警想起信号灯。人们偏爱自己职业中接触最多的色彩，也追求职业环境中缺乏的色彩，这两种现象是同时存在的。

图 3-34　老人房

3. 色彩的象征意义

在平面设计中，研究色彩的象征意义，目的是为了进一步掌握色彩的特点，尽可能地使平面设计的色彩表现达到视觉上的形式美，从而给人们以精神上享受的同时，也进一步提高视觉传达的准确度和效率。

(1) 红色。红色光由于波长最长，给视觉以迫近感和扩张感，光体辐射的红色光传导热能，使人感到温暖。这种经验的积累，使人看到红色都产生温暖的感觉，因此，红色也被称作暖色。红色容易引起人们的注意、兴奋和激动，也容易引起视觉疲劳。红色能给人以艳丽、芬芳、甘美、成熟、青春和富有生命力的印象，是能使人联想到香味和引起食欲的色。由于红色具有较高的注目性与美感，使它成为旗帜、标志、指示和宣传等的主要用色。此外，由于血是红色的，于是红色也往往成为预警或报警的信号色，如图 3-35 所示。

图 3-35　红色空间

(2) 橙色。橙色的色性在红、黄两者之间，既温暖又明亮。许多作物、水果成熟时均为橙色，因此它给人以香甜、可口的感觉，能引起食欲并使人感到充足、饱满、成熟、愉快。橙色能给人以明亮、华丽、健康、向上、兴奋、温暖、愉快、芳香和辉煌的感觉。橙色属前进色和扩张色。橙色的注目性也相当高，也被用作信号色、标志色和宣传色，但同样容易造成视觉的疲劳。

(3) 黄色。与红色相比，眼睛较容易接受黄色光。黄色的光感最强，能给人以光明、辉煌、灿烂、轻快、柔和、纯净和希望的感觉。由于许多鲜花都呈现出美的娇嫩的黄色，也使它成为表示美丽与芳香的色。由于黄色又具有崇高、智慧、神秘、华贵、威严、素雅和超然物外的感觉(见图 3-36)，所以帝王及宗教系统以黄色作宫殿、家具、服饰、庙宇的装饰色。成熟的庄稼、水果、精美的点心也呈现出黄色，于是黄色又能给人以丰硕、甜美、香酥的感觉，是能引起食欲的色。

图 3-36　黄色空间

(4) 绿色。人眼对绿光的反应最平静。在各高纯度色光中，绿色是能使眼睛得到较好休息的色。绿色是农业、林业、畜牧业的象征色。绿色是最能表现活力和希望的色彩，因此也是表现生命的色。植物种子的发芽、成长、成熟等每个阶段都表现为不同的绿色。因此，黄绿、嫩绿、淡绿、草绿等就象征着春天、生命、青春、幼稚、成长和活泼，并由此引申出了滋长、茁壮、清新、生动等意义。植物的绿色，不但能让视觉得到休息，还给人以清新的空气，有益于镇定、疗养、休息与健康，所以绿色还是旅游、疗养、环保事业的象征色，如图 3-37 所示。

图 3-37　绿色环境

(5) 蓝色。蓝色能使人联想到天空、海洋、湖泊、远山、冰雪和严寒，使人感觉到崇高、深远、纯洁、透明、无边无际、冷漠和缺少生命活动。蓝色是表示后退的、远逝的色。最鲜艳的天蓝色是典型的冷色。蓝色、浅蓝色和白色结合使用代表冷冻行业。深蓝色还代表冷静、沉思、智慧和征服自然的力量，如图 3-38 所示。

图 3-38　蓝色空间

(6) 紫色。眼睛对紫色光的知觉度最低，纯度最高的紫色明度最低。在自然界和社会生活中，紫色较少见。紫色可给人以高贵、优越、奢华、幽静、流动和不安等感觉。灰暗的紫色意味着伤痛、疾病，因此给人以忧郁、阴沉、痛苦、不安和灾难的感觉，如图 3-39 所示。

但是，明亮的紫色如同天上的霞光、原野上的鲜花，使人感到美好和兴奋。高明度的紫色，还是光明与理解的象征，优雅且高贵，颇具美的气氛，有极大的魅力，是女性化的色彩。在某些场合，粉紫色和冷紫色还具有表现死亡、痛苦、阴毒、恐怖、低级、荒淫和丑恶的功能。黄与紫的强对比含有神秘性、印象性、压迫性和刺激性。

图 3-39　紫色空间

(7) 土色。土色指的是土红、土黄、土绿、赭石、熟褐一类可见光谱上没有的复色。它们是土地的色，深厚、博大、稳定、沉着、保守和寂寞。它们又是动物皮毛的颜色，厚实、温暖、防寒。它们还是劳动者和运动员们的肤色，刚劲健美。土色是很多植物果实与块茎的色，充实饱满、肥美，给人以温饱和朴素的印象。土色经适当调配，可得到较美的色彩，具有朴实、素静的特点，如图 3-40 所示。

图 3-40　土色空间

(8) 黑色。黑色是无彩色。黑色对人心理的影响有消极和积极两大类。黑白组合，光感强，朴实、分明，但有单调感，如图 3-41 所示。

图 3-41　黑色空间

(9) 白色。白色是光明的象征色，是无彩色。白色具有明亮、干净、卫生、畅快、朴素和雅洁的特性。

颜色绝不会单独存在。事实上，一个颜色的效果是由多种因素来决定的，比如反射的光、周边搭配的色彩或是观看者的欣赏角度。

评估练习

1. 试用三种色彩进行搭配描写三种感情变化。
2. 怎样有效运用色立体？

第三节　室内采光与照明

教学目标

- 认识灯光的分类与控制。
- 掌握用灯光塑造环境氛围的手法。

一、光与灯光基础

古今中外人们都在赞美和感激光，光提供能量，没有光也就没有一切。在酒店室内设计中，光不仅是为满足人们视觉功能的需要，而且是一个重要的美学因素。光可以用来塑造酒店空间、影响空间感受。我们说眼见为实，也就是光的存在直接影响到人对酒店空间及具体物品的大小、形状、质地和色彩的感知。光作为一种电磁波，还一直发挥着物理和生物作用，它影响细胞的再生长、激素的产生、腺体的分泌以及如体温、身体的活动和食物的消耗等的生理节奏。因此，光是酒店设计的重要组成部分，在设计之初就应该加以考虑。

稍加留意，就会发现在酒店设计的工程档案中，各式各样的灯光主题贯穿于其中，缔造出不同的酒店氛围及多重意境。灯光可以说是一个较灵活且富有趣味的设计元素，可以称为酒店气氛营造的催化剂，可以作为酒店的视觉焦点及主题所在，并能加强酒店装饰的层次感。

一般而言，灯光布置可以分为直接照明(见图 3-42)和间接照明(见图 3-43)两种。

图 3-42　直接照明

图 3-43　间接照明

直接照明泛指那些直射式的光线，如吸顶灯、吊灯、筒灯、射灯等，光线直接照射到空间或投射在指定的位置上，投射出光影。间接照明的光线不会直射至地面，而是被置于灯槽、吊顶、壁凹、天花背后，光线被投射至墙上或遮光体再反射至环境或者局部物体上，柔和的灯营造出舒缓浪漫的气氛和不同的意境。

这两种照明的适当配合，才能缔造出完美的酒店空间意境。直接照明清澈明亮，间接照明柔和温馨，通过不同情绪的对比，表现出环境空间的独有个性，使不同空间散发出不同的意韵，如图 3-44 所示。

图 3-44 两种照明配合使用

(一)光的特征

光和人们已知的电磁能一样，是一种能的特殊形式，是巨大电磁辐射波中的一部分。通常以波长来度量。辐射的能量与其振幅有关。电磁波如图 3-45 所示。

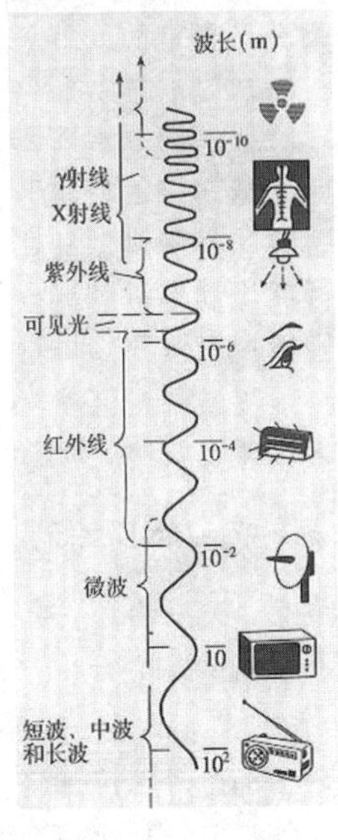

图 3-45 电磁波

(二)照度、光色和亮度

1. 照度

人眼对不同波长的电磁波，在不同的辐射量时，有不同的明暗感觉，人眼的这个视觉特性称为视觉度，并以光通量作为基准单位来衡量。光通量的单位为流明(lm)，光源的发光效率的单位为流明/瓦特。光源在某一方向单位立体角内所发出的光通量叫作光源在该方向的发光强度，单位为坎德拉(cd)。被光照的某一面上其单位面积内所接收的光通量称为照度，其单位为勒克斯(lx)，如图 3-46 和图 3-47 所示。

几 何 学	光 度 量			
	名称	符号	单位	英文名
光源	光强度	I	坎德拉	Candela（cd）
点光源 立体角 A	光照度	E	勒克斯	Lux（lx）
B	光亮度	L	尼特	Nit
C	光通量	Φ	流明	Lumen（lm）

图 3-46　照度说明

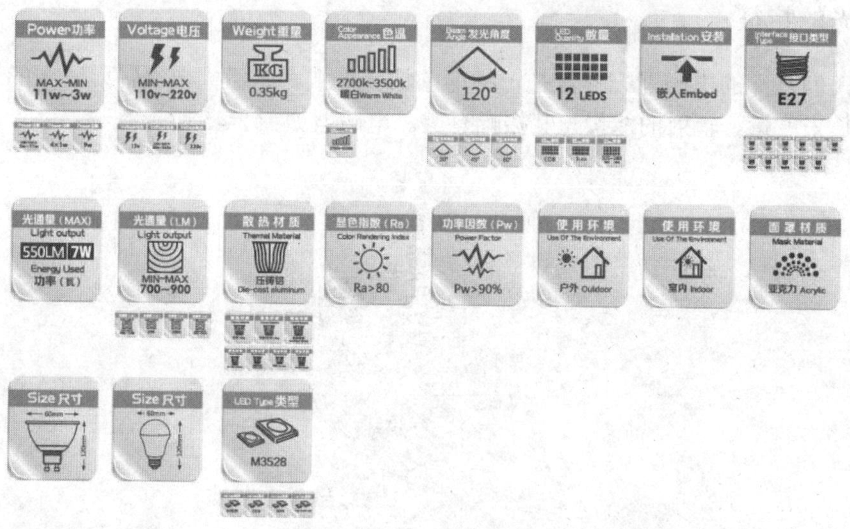

图 3-47　灯具照度标示

2. 光色

光色主要取决于光源的色温，并影响室内的气氛。色温低，感觉温暖；色温高，感觉凉爽。一般色温小于 3300K 为暖色，色温在 3300K～5300K 之间为中间色，色温大于 5300K 为冷色。光源的色温应与照度相适应，即随着照度增加，色温也相应提高。否则，在低色温、高照度下，会使人感到酷热；而在高色温、低照度下，会使人感到阴森的气氛，如图 3-48 所示。

酒店设计应考虑光、目的物和空间彼此之间关系和相互影响。光的强度能影响人对色彩的感觉，如红色的帘幕在强光下更鲜明，而弱光将使蓝色和绿色更突出。酒店设计中应有意识地去利用不同色光的灯具，调整使之创造出理想的照明效果。如点光源的白炽灯与中间色的高亮度荧光灯相配合。

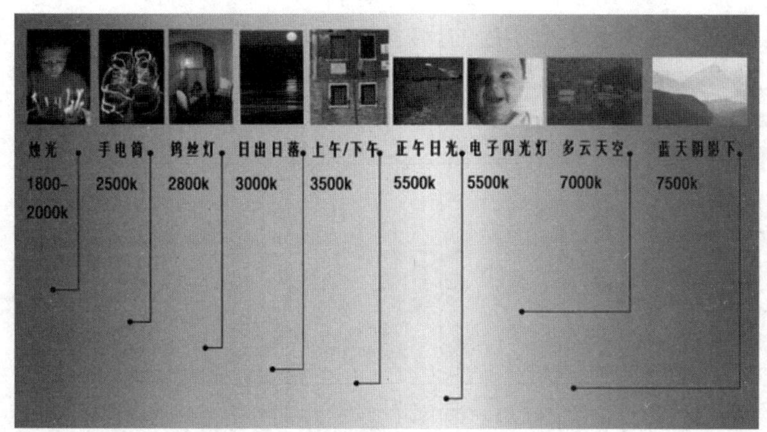

图 3-48　色温

人工光源的光色一般以显色指数 Ra 表示，最大值为 100，80 以上显色性优良；50～79 显色性一般；50 以下显色性差。白炽灯 Ra=97；卤钨灯 Ra=95～99；白色荧光灯 Ra=55～85；日光色灯 Ra=75～94；高压汞灯 Ra=20～30；高压钠灯 Ra=20～25；氙灯 Ra=90～94。

3. 亮度

亮度作为一种主观的评价和感觉，和照度的概念不同，它表示由被照面的单位面积所反射出来的光通量，也称发光亮，因此与被照面的反射率有关。例如，在同样的照度下，白纸看起来比黑纸要亮。有许多因素影响亮度的评价，诸如照度、表面特性、视觉、背景、注视的持续时间甚至包括人眼的特性。

4. 材料的光学性质

光遇到物体后，某些光线被反射，称为反射光；光也能被物体吸收，转化为热能，使物体温度上升，并把热量辐射至室内外，被吸收的光就看不见；还有一些光可以透过物体，称透射光。这三部分光的光通量总和等于入射光通量。设入射光通量为 F，反射光通量为 F_1，透射光通量为 F_2。则反射率为$\rho=F_1/F$，透射率为 $r=F_2/F$，吸收率为$\alpha=(F-F_1-F_2)/F$，即$\rho+r+\alpha=1$。当光射到光滑表面的不透明材料上，如镜面和金属镜面，则产生定向反射，其入射角等于反射角，并处于同一平面；如果射到不透明的粗糙表面时，则产生漫射光。材料的透明度导致透射光离开物质以不同的方式透射，当材料两表面平行时，透射光线方向和入射光线方向不变；两表面不平行时，则因折射角不同，透过的光线就不平行；非定向光被称为漫射光，是由一个相对粗糙的表面产生非定向的反射，或由材料内部的反射和折射，以及由材料内部相对大的粒子引起的。

(三)照明的控制

1. 眩光的控制

眩光与光源的亮度、人的视觉有关。由强光直射人眼而引起的直射眩光，应采取遮阳的办法；对人工光源，避免的办法是降低光源的亮度、移动光源位置或隐蔽光源。当光源处于眩光区之外，即在视平线 45°之外，眩光就不严重，遮光灯罩可以隐蔽光源，避免眩光。遮挡角与保护角之和为 90°，遮挡角的标准各国规定不一，一般为 60°～70°，这样

保护角为 30°～20°。因反射光引起的反射眩光，取决于光源位置和工作面或注视面的相互位置，避免的办法是，将其相互位置调整到反射光在人的视觉工作区域之外，如图 3-49 所示。

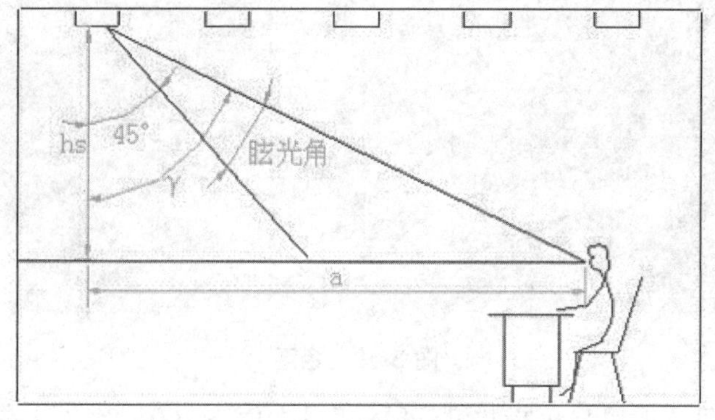

图 3-49　眩光角度

2. 亮度比的控制

控制整个室内的合理的亮度比例和照度分配，与灯具布置方式有关。通常灯具布置采用整体照明，其特点是常采用匀称的镶嵌于天棚上的固定照明，这种形式为照明提供了一个良好的水平面并使工作面上照度均匀一致，在光线经过的空间没有障碍，任何地方均光线充足，便于任意布置家具，并适合于空调和照明相结合。但是耗电量大，在能源紧张的条件下是不经济的，否则就要将整个照度降低。

采用局部照明的方式可以做到节约能源，在工作需要的地方才设置光源，并且还可以提供开关和灯光减弱装备，使照明水平能适应不同变化的需要。但在暗的房间仅有单独的光源进行工作，容易引起紧张感和损害眼睛，如图 3-50 所示。

图 3-50　亮度比控制实例

普遍采用的方式是整体与局部混合照明，为了改善上述照明的缺点，将 90%～95%的光用于工作照明，5%～10%的光用于环境照明。为了突出效果，也可以采用成角照明，即采用特别设计的反射罩，使光线射向主要方向的一种办法。这种照明是由于墙表面的照明和对表现装饰材料质感的需要而发展起来的。

3. 照明地带分区

天棚地带常用一般照明或工作照明，由于天棚所处位置的特殊性，对照明的艺术作用有重要的地位。周围地带处于经常的视野范围内，照明应特别需要避免眩光，并希望简化。周围地带的亮度应大于天棚地带，否则将造成视觉的混乱，从而妨碍对空间的理解和对方向的识别，并妨碍对有吸引力的趣味中心的识别。使用地带作为工作区域使用工作照明，通常各国颁布有不同工作场所要求的最低照度标准。

上述三种地带的照明应保持微妙的平衡，一般认为使用地带的照明与天棚和周围地带照明之比为(2～3)∶1 或更少一些，视觉的变化才趋向于最小。

4. 室内各部分最大允许亮度比

视力作业与附近工作面之比 3∶1；视力作业与周围环境之比 10∶1；光源与背景之比 20∶1；视野范围内最大亮度比 40∶1。

美国菲利普照明实验室还对在办公室整体照明和局部照明之间的比例作了调查，如桌上总照明度为 1000lx，则整体照明大于 50%为好，在 35%～50%为尚好，少于 35%则不好。

(四)采光部位与光源类型

1. 采光部位

利用自然采光(见图 3-51)，不仅可以节约能源，并且在视觉上更为习惯和舒适，在心理上能和自然接近、协调，可以看到室外景色，更能满足精神上的要求，如果按照精确的采光标准，日光完全可以在全年提供足够的室内照明。室内采光效果，则主要取决于采光部位和采光口的面积大小和布置形式，一般分为侧光、高侧光和顶光三种形式。侧光可以选择良好的朝向、室外景观，使用维护比较方便，但当房间的进深增加时，采光效率很快降低。因此，常加高窗的高度或采用双向采光或转角采光来弥补这一缺点。

图 3-51　自然采光

顶光的照度分布均匀，影响室内照度的因素较少，但当上部有障碍物时，照度就急剧下降。此外，在管理、维修方面较为困难。

室内采光还受到室外环境和室内界面装饰处理的影响，如室外临近的建筑物，既可阻挡日光的射入，又可从墙面反射一部分日光进入室内。此外，窗面对室内来说，可视为一个面光源，它通过室内界面的反射，增加了室内的照度。由此可见，进入室内的日光因素由下列三部分组成：直接天光、外部反射光和室内反射光。

此外，窗子的方位也影响室内的采光，当面向太阳时，室内所接收的光线要比其他方向的多。窗子采用的玻璃材料的透射系数不同，则室内的采光效果也不同。

自然采光一般采取遮阳措施，以避免阳光直射室内所产生的眩光和过热等不适感觉。

2. 光源类型

光源类型可以分为自然光源和人工光源。

我们在白天才能感到的自然光，即昼光。昼光由直射地面的阳光和天空光组成。自然光主要是日光，日光的光源是太阳，太阳连续发出的辐射能量相当于约 6000K 色温的黑色辐射体，但太阳的能量到达地球表面，经过了化学元素、水分、尘埃微粒的吸收和扩散。被大气层扩散后的太阳能能产生蓝天，或称天光，这个蓝天才是有效的日光光源，它和大气层外的直接的阳光是不同的。当太阳高度角较低时，由于太阳光在大气中通过的路程长，太阳光谱分布中的短波成分相对减少更为显著，故在朝、暮时，天空呈红色。当大气中的水蒸气和尘雾多，混浊度大时，天空亮度高而呈白色。

人工光源主要有白炽灯、荧光灯、高压放电灯。家庭和一般公共建筑所用的主要人工光源是白炽灯和荧光灯，放电灯由于其管理费用较少，近年也有所增加。每一光源都有其优点和缺点，但和早先的火光和烛光相比，显然是一个很大的进步。

自从爱迪生时代起，白炽灯基本上保留同样的构造，即由两金属支架间的一根灯丝，在气体或真空中发热而发光。在白炽灯光源中发生的变化主要为增加玻璃罩、漫射罩，以及反射板、透镜和滤光镜等去进一步控制光。

白炽灯可用不同的装潢和外罩制成，一些采用晶亮光滑的玻璃，还有一些采用喷砂或酸蚀消光，或用硅石粉末涂在灯泡内壁，使光更柔和。色彩涂层也运用于卤钨灯，其体积小、寿命长。卤钨灯的光线中都含有紫外线和红外线，因此受到它长期照射的物体都会褪色或变质。最近日本开发了一种可把红外线阻隔、将紫外线吸收的单端定向卤钨灯，这种灯有一个分光镜，在可见光的前方，将红外线反射阻隔，使物品不受热伤害而变质。

白炽灯的光源小、便宜，具有种类极多的灯罩形式，并配有轻便灯架、顶棚和墙上的安装用具和隐蔽装置，通用性大，彩色品种多，具有定向、散射、漫射等多种形式，能用于加强物体立体感，其色光也最接近于太阳光色。但其暖色和带黄色光，某些情境下不受欢迎。其对所需电的总量来说，发出较低的光通量，产生的热为 80%，光仅为 20%，效率很低，寿命相对较短。

荧光灯是一种低压放电灯，灯管内是荧光粉涂层，它能把紫外线转变为可见光，并有冷白色、暖白色和增强光等。颜色变化是由管内荧光粉涂层方式控制的。荧光灯产生均匀的散射光，发光效率为白炽灯的 1000 倍，其寿命为白炽灯的 10～15 倍，因此，荧光灯不仅节约电，而且可节省更换费用。荧光灯寿命和使用启动频率有直接的关系，从长远的观点看，立刻启动管花费最多，快速启动管在电能使用上似乎最经济。

氖管灯(霓虹灯)多用于商业标志和艺术照明，近年来也用于其他一些建筑。形成霓虹灯的色彩变化的原因是管内的荧粉层和充满管内的各种混合气体，并非所有的管内都是氖蒸气，氩和汞也都可用。霓虹灯和所有放电灯一样，必须有镇流器能控制的电压。霓虹灯是相当费电的，但很耐用。

高压放电灯至今一直用于工业和街道照明。小型的在形状上和白炽灯相似，有时稍大一点，内部充满汞蒸气、高压钠或各种蒸气的混合气体，它们能用化学混合物或在管内涂荧光粉涂层，校正色彩到一定程度。高压水银灯冷时趋于蓝色，高压钠灯带黄色，灯冷时带绿色。高压灯都要求有一个镇流器，这样最经济，因为它们产生很大的光量和发出很小的热，并且比日光灯寿命长 50%，有些使用寿命可达 24000h。

不同类型的光源，具有不同色光和显色性能，对室内的气氛和物体的色彩产生不同的效果和影响，应按不同需要选择。

(五)照明方式

对裸的光源不加处理，既不能充分发挥光源的效能，也不能满足室内照明环境的需要，有时还能引起眩光的危害。直射光、反射光、漫射光和透射光，在室内照明中具有不同的用处。在一个房间内如果有过多的明亮点，不但互相干扰，而且造成能源的浪费；如果漫射光过多，也会由于缺乏对比而造成室内气氛平淡，甚至因其不能加强物体的空间体量而影响人对空间的正确判断。

因此，利用不同材料的光学特性和材料的透明、不透明、半透明以及不同表面质地制成各种各样的照明设备和照明装置，重新分配照度和亮度，根据不同的需要来改变光的发射方向和性能，是室内照明应该研究的主要问题。例如，利用光亮的镀银的反射罩作为定向照明，或用于雕塑、绘画等的聚光灯；利用经过酸蚀刻或喷砂处理成的毛玻璃或塑料灯罩，以形成漫射光来增加室内柔和的光线等。

照明方式按灯具的散光方式分为以下几种。

1. 间接照明

由于将光源遮蔽而产生间接照明，把 90%～100%的光射向顶棚、穹窿或其他表面，从这些表面再反射至室内。当间接照明紧靠顶棚时，几乎可以不产生阴影，是最理想的整体照明。从顶棚和墙上端反射下来的间接光，会造成天棚升高的错觉，但单独使用间接光则会使室内平淡无趣。

上射照明是间接照明的另一种形式，筒形的上射灯可以用于多种场合，如在房角地上、沙发的两端、沙发底部和植物背后等处。上射照明还能对准一个雕塑或植物，在墙上或天棚上形成有趣的影子。

2. 半间接照明

半间接照明将 60%～90%的光向天棚或墙上部照射，把天棚作为主要的反射光源，而将 10%～40%的光直接照于工作面。从天棚来的反射光，趋向于软化阴影和改善亮度比，由于光线直接向下，照明装置的亮度和天棚亮度接近相等。具有漫射的半间接照明灯具，对阅读和学习来说更为可取。

3. 直接间接照明

直接间接照明装置，对地面和天棚提供近于相同的照度，即均为 40%～60%，而周围光

线只有很少一点，这样就必然使得直接眩光区的亮度是低的。这是一种同时具有内部和外部反射灯泡的装置，如某些台灯和落地灯能产生直接间接光和漫射光。

4. 漫射照明

这种照明装置，对所有方向的照明几乎都一样，为了控制眩光，漫射装置圈要大，灯的瓦数要低。

上述四种照明，为了避免天棚过亮，下吊的照明装置的上沿应至少低于天棚 30.5～46cm。

5. 半直接照明

在半直接照明灯具装置中，有 60%～90%光向下直射到工作面上，而其余 10%～40%光则向上照射，由下射照明软化阴影的光的百分比很少。

6. 宽光束的直接照明

宽光束的直接照明具有强烈的明暗对比，并可造成有趣生动的阴影，由于其光线直射于目的物，如不用反射灯泡，则会产生强的眩光。鹅颈灯和导轨式照明属于这类照明。

7. 高集光束的下射直接照明

因高度集中的光束而形成光焦点，可用于突出光的效果和强调重点的作用，可提供在墙上或其他垂直面上充足的照度，但应防止过高的亮度比。

二、室内照明的作用与艺术效果

当夜幕徐徐降临的时候，就是万家灯火的世界，也是多数繁忙工作之后希望得到休息娱乐以消除疲劳的时刻，无论何处都离不开人工照明，也都需要用人工照明的艺术魅力来充实和丰富生活的内容。无论是公共场所还是家庭，光的作用影响到每一个人，室内照明设计就是利用光的一切特性，去创造所需要的光的环境，通过照明充分发挥其艺术作用，这表现在以下四个方面。

(一)创造气氛

光的亮度和色彩是决定气氛的主要因素。我们知道光的刺激能影响人的情绪，一般说来，亮的房间比暗的房间更为刺激，但是这种刺激必须和空间所应具有的气氛相适应。过度的光和噪声一样都是对环境的一种破坏。据有关调查资料表明，荧屏和歌舞厅中不断闪烁的光线使体内维生素 A 遭到破坏，导致视力下降。适度愉悦的光能激发和鼓舞人心，而柔弱的光则令人轻松而心旷神怡。光的亮度也会对人的心理产生影响，有人认为对于加强私密性的谈话区，照明可以将亮度减少到功能强度的五分之一。光线弱的灯和位置布置得较低的灯，使周围造成较暗的阴影，天棚显得较低，使房间似乎更亲切。

室内的气氛也由于不同的光色而变化。许多餐厅、咖啡馆和娱乐场所，常常用加重暖色如粉红色、浅紫色，使整个空间具有温暖、欢乐、活跃的气氛，暖色光使人的皮肤、面容显得更健康、美丽动人。由于光色的加强，光的相对亮度相应减弱，使空间感觉亲切。家庭的卧室也常常因采用暖色光而显得更加温暖和睦。但是冷色光也有许多用处，特别在夏季，青、绿色的光就使人感觉凉爽。应根据不同气候、环境和建筑的性格要求来确定。强烈的多彩照明，如霓虹灯、各色聚光灯，可以把室内的气氛活跃、生动起来，增加繁华热闹的节日气氛，现代家庭也常用一些红绿的装饰灯来点缀起居室、餐厅，以增加欢乐的气氛。不同色彩的透明或半透明材料，在增加室内光色上可以发挥很大的作用，在国外某些餐厅，既无整体照明，也无桌上吊灯，只用柔弱的星星点点的烛光照明来渲染气氛，如图 3-52 所示。

图 3-52　灯光氛围

由于色彩随着光源的变化而不同，许多色调在白天阳光照耀下显得光彩夺目，但日暮以后，如果没有适当的照明，就可能变得暗淡无光。因此，德国巴斯鲁大学心理学教授马克思・露西雅谈到利用照明时说："与其利用色彩来创造气氛，不如利用不同程度的照明，效果会更理想。"

(二)加强空间感和立体感

空间的不同效果，可以通过光的作用充分表现出来。实验证明，室内空间的开敞性与光的亮度成正比，亮的房间感觉要大一点，暗的房间感觉要小一点，充满房间的无形的漫射光，也使空间有无限的感觉，而直接光能加强物体的阴影，光影相对比，能加强空间的立体感。

可以利用光的作用来加强希望引起注意的地方，如趣味中心，也可以用来削弱不希望被注意的次要地方，从而进一步使空间得到完善和净化。许多商店为了突出新产品，在那里用亮度较高的重点照明，而相应地削弱次要的部位，以获得良好的照明艺术效果。照明也可以使空间变得实和虚，许多台阶照明及家具的底部照明，使物体和地面"脱离"，形成悬浮的效果，而使空间显得空透、轻盈。

(三)光影艺术与装饰照明

光和影本身就是一种特殊性质的艺术，当阳光透过树梢，地面洒下一片光斑，疏疏密密随风变幻，这种艺术魅力是难以用语言形容的。又如月光下的粉墙竹影和风雨中摇曳着的吊灯的影子，却又是一番滋味，如图 3-53 所示。自然界的光影由太阳光、月光来安排，而室内的光影艺术就要靠设计师来创造。光的形式可以从尖利的小针点到漫无边际的无界形式，我们应该利用各种照明装置，在恰当的部位，以生动的光影效果来丰富室内的空间，既可以表现光为主，也可以表现影为主，也可以光影同时表现，如图 3-54 所示。

图 3-53　城墙灯影

(四)照明的布置艺术和灯具造型艺术

光既可以是无形的，也可以是有形的，光源可隐藏，灯具却可暴露，有形、无形都是艺术。某餐厅把光源隐蔽在靠墙座位背后，并利用螺旋形灯饰，造成了特殊的光影效果和气氛。

大范围的照明，如天棚、支架照明，常常以其独特的组织形式来吸引观众，如某商场以连续的带形照明，使空间更显舒展；某酒吧利用环形玻璃晶体吊饰，其造型与家具布置相对应，使空间富丽堂皇。某练习室照明、通风与屋面支架相结合，富有现代风格。采取“团体操”表演方式来布置灯具，是十分雄伟和惹人注意的(见图 3-55)。它的关键不在个别灯管、灯泡本身，而在于组织和布置。最简单的荧光灯管和小白炽灯泡，一经精心组织，就能显现出千军万马的气势和壮丽的景色。天棚是表现布置照明艺术的最重要场所，因为它无所遮挡，稍一抬头就历历在目。因此，室内照明的重点常常选择在天棚上，它像一张白纸可以做出丰富多彩的艺术形式来，而且常常结合建筑式样，或结合柱子的部位来达到照明和建筑的统一和谐。

灯具造型一般以小巧、精美、雅致为主要创作方向，因为它离人较近，常用于室内的立灯、台灯。灯具造型一般可分为支架和灯罩两大部分进行统一设计。有些灯具设计把重点放在支架上，也有些把重点放在灯罩上，不管哪种方式，整体造型必须协调统一。现代灯具都强调几何形体构成，在基本的球体、立方体、圆柱体、锥体的基础上加以改造，演变成千姿百态的形式，同样运用对比、韵律等构图原则，达到新颖、独特的效果。但是在选用灯具的时候一定要和整个室内环境一致、统一，绝不能孤立地评定优劣。

由于灯具是一种可以经常更换的消耗品和装饰品，因此它的美学观近似日常用品和服饰，具有流行性和变换性。由于它的构成简单，显得更利于创新和突破，但是市面上现有类型不多，这就要求照明设计者每年做出新的产品，不断变化和更新，才能满足群众的要求，这也是小型灯具创作的基本规律。

图 3-54　光影效果

图 3-55　灯光布局

(五)室内照明划分

考虑室内照明的布置时应首先考虑使光源布置和建筑结合起来，这不但有利于利用顶面结构和装饰天棚之间的巨大空间，隐藏照明管线和设备，而且可使建筑照明成为整个室内装修的有机组成部分，达到使室内空间完整统一的效果，它对于整体照明更为合适。通过建筑照明可以照亮大片的窗户、墙、天棚或地面，荧光灯管很适用于这些照明，因它能提供一个连贯的发光带，白炽灯泡也可运用，能发挥同样的效果，但应避免光照不均匀的现象，如图 3-56 所示。

图 3-56　室内照明综合

1. 窗帘照明

将荧光灯管安置在窗帘盒背后，内漆白色以利反光，光源的一部分朝向天棚，一部分向下照在窗帘或墙上，在窗帘顶和天棚之间至少应有 25cm 空间，窗帘盒把设备和窗帘顶部隐藏起来。

2. 花檐反光

用作整体照明，檐板设在墙和天棚的交接处，至少应有 15～24cm 深度，荧光灯板布置在檐板之后，常采用较冷的荧光灯管，这样可以避免任何墙的变色。为达到最好的反射光，面板应涂以无光白色，花檐反光对彰显引人注目的壁画、图画、墙面的质地是最有效的，在低天棚的房间中，特别建议采用，因为它可以给人天棚高度较高的印象。

3. 凹槽口照明

这种槽形装置，通常靠近天棚，使光向上照射，提供全部漫射光线，有时也称为环境照明。由于亮的漫射光引起天棚表面似乎有推远的感觉，使其能创造开敞的效果和平静的气氛，光线柔和。此外，从天棚射来的反射光，可以缓和房间内直接光源的热的集中辐射。

4. 发光墙架

由墙上伸出之悬架，它布置的位置要比窗帘照明低，并和窗无必然的联系。

5. 底面照明

任何建筑构件下部底面均可设置底面照明，某些构件下部空间为光源提供了一个遮蔽空间，这种照明方法常用于浴室、厨房、书架、镜子、壁龛和搁板。

6. 龛孔照明

将光源隐蔽在凹处，这种照明方式包括提供集中照明的嵌板固定装置，可为圆的、方的或矩形的金属盒，安装在顶棚或墙内。

7. 泛光照明

加强垂直墙面上照明的过程称为泛光照明，起到柔和质地和阴影的作用。泛光照明可以有其他许多方式。

8. 发光面板

发光面板可以用在墙上、地面、天棚或某一个独立装饰单元上，它将光源隐蔽在半透明的板后。发光天棚是常用的一种，广泛用于厨房、浴室或其他工作地区，为人们提供一个舒适的无眩光的照明。但是发光天棚有时会使人感觉好像处于有云层的阴暗天空之下。自然界的云是令人愉快的，因为它们经常流动变化，而发光天棚则是静态的，因此易造成阴暗和抑郁感。在教室、会议室或类似的地方，采用时更应小心，因为发光天棚迫使眼睛引向下方，这样就易使人进入睡眠状态。另外，均匀的照度所提供的是较差的立体感视觉条件。

9. 导轨照明

现代室内也常用导轨照明，它包括一个凹槽或装在面上的电缆槽，灯支架就附在上面，布置在轨道内的圆辊可以很自由地转动，轨道可以连接或分段处理，做成不同的形状。这种灯能用于强调或平化质地和色彩，这主要决定于灯的所在位置和角度。离墙远时，使光

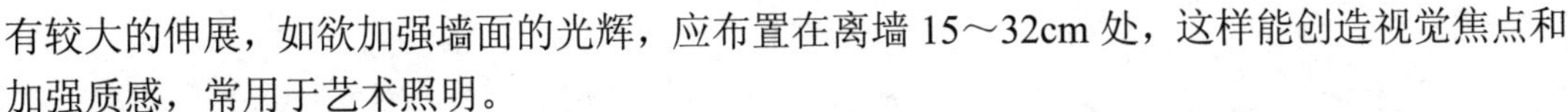

有较大的伸展，如欲加强墙面的光辉，应布置在离墙 15～32cm 处，这样能创造视觉焦点和加强质感，常用于艺术照明。

10. 环境照明

照明与家具陈设相结合，最近在办公系统中应用最广泛，其光源布置与完整的家具和活动隔断结合在一起。家具的无光光洁度面层，具有良好的反射光的性能，在满足工作照明的同时，适当增加环境照明的需要。家具照明也常用于卧室、图书馆的家具上。

评估练习

1. 试论述局部照明的特点和使用范围。
2. 不同功能的空间照明所营造气氛有何区别？

[illegible]

[illegible]

[illegible]

[illegible]

[illegible]

第四章
酒店空间布局与装饰手法

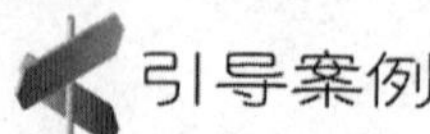

澳门威尼斯人(度假村)酒店是由美国拉斯维加斯金沙集团投资的，投资约200亿元，这个奉行多元经营理念的度假村设有3000间豪华客房及大规模的博彩、会展、购物、体育、综艺及休闲设施等，其中占地11万平方米的会展场地，势必成为香港的竞争对手。酒店位于澳门路氹城填地区金光大道地段，楼高39层，拥有世界一流的设施，其中包括超过60平方米的豪华客房、近10万平方米并汇集世界名牌的大运河购物中心、水疗中心，以及太阳马戏团等。主要区域包括大运河购物中心，零售及餐饮设施93 548平方米，在蓝天白云下漫步，一边陶醉于贡多拉船船夫的美妙歌声中，一边被别具特色的街头表演给吸引着。游走在约10万平方米的购物空间，提供超过352家国际名店，让您尽情购物。威尼斯人娱乐场，面积超过50 000平方米。澳门威尼斯人度假村拥有顶级豪华套房，把时尚标准推向更高境界。宽敞的套房面积超过70平方米，华丽浴室更以意大利大理石装饰。为客人提供一系列的套房选择，让宾客倍感亲切。酒店备有多家优质食府、面食馆和全日供应的客房用餐服务，随时满足客户的美食需要。此外，客户也可来到亲切轻松的酒吧及酒廊，随时品尝各式精美饮品和鸡尾酒。入住酒店，客户可以体验各种不同的休闲活动。主要休闲区位于酒店五楼，当中设有多个游泳池和水力按摩浴池，以及豪华舒适的水疗中心。而设备齐全的健身中心则位于酒店七楼。澳门威尼斯人度假村提供100 000平方米灵活的会议及展览设施，能轻易作出调整设置，充分配合不同规模活动的需要，确保澳门成为各大小企业举行各种会议及展览活动的最佳选择。

(资料来源：澳门威尼斯人度假村酒店官网，http://cn.venetianmacao.com)

辩证性思考：

1. 酒店空间布局如何划分？
2. 酒店如何实现功能和布局的融合？

第一节　酒店的功能分区

教学目标

- 认识酒店的功能分区。
- 了解各个分区之间的有机关系。

一、酒店功能分区

酒店内部的功能划分大致可分为前厅、大堂、办公、宴会、后场等区域部分。在酒店设计中，应围绕各区划的关系来展开规划和设计。各区域的关系要能相互关联和衔接，以方便管理和服务，如图4-1所示。

(一)面积的配比与规划

酒店的类型、等级、经营项目的不同，使酒店的各个功能项目的面积需要(各分区面积指标)不同，但总体上是客房面积随酒店等级的降低而增高，反之则降低。公共面积随等级的降低而降低，反之则增高。如经济型酒店的客房面积占酒店面积约 80%左右，中等档次的酒店约占 65%左右，高档酒店约占 50%左右。类型不同的酒店，其各个功能项目的面积指标也有所不同，如会议型、旅游度假型、娱乐型酒店的面积比例会有所不同。在酒店的经营项目中，餐饮、客房收入的比例也影响着经营面积的比例，美国酒店客房收入约占总收入的 1/2，餐饮、娱乐、康体等项目约占 1/2；日本酒店客房收入占总收入的 1/3，餐饮占 1/3，宴会和其他占 1/3。

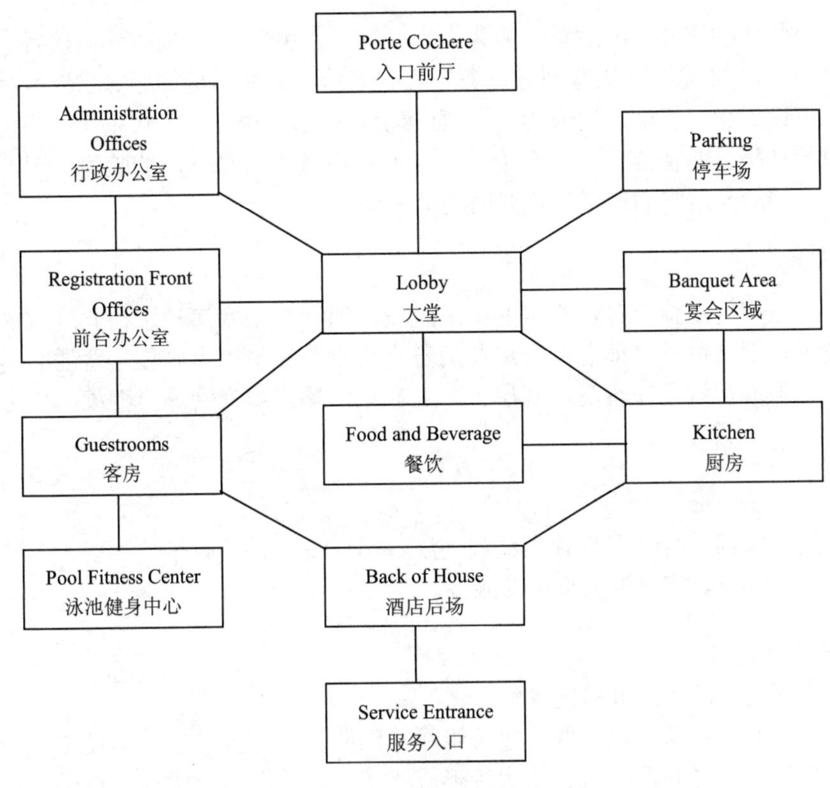

图 4-1　总的功能关系

国家对酒店综合面积指标有相应的评定标准，即平均每间客房的建筑面积不小于 150 平方米、120 平方米、100 平方米、80 平方米、分别为 5、4、2、1 分。其综合面积指标越大，得分越高。酒店主要是为宾客提供住宿服务的，因此不管是什么类型和档次的酒店，客房都应是经营主体。从规模效应来看，城市酒店的最优客房数量约为 300 间左右，以平均每间房 35 平方米计算，需要约 10500 平方米，公共经营区面积约为客房总面积的 50%，为 5250 平方米，其他设施、设备等占用面积约 5000 平方米，这样就形成了 2∶1∶1 的比例关系。另外，酒店客房面积和综合面积指标的制约因素很多，因此，在设计与策划中要进行综合考虑。

(二)功能区域的划分

城市中心的酒店因为地理环境的限制、土地资源的稀缺，大多为高层建筑，酒店功能区域竖向叠加，充分利用垂直空间分配功能区域。从区域之间的联系和干扰的角度以及宾客活动状况等因素考虑，城市高层酒店的功能区域通常分为地下层、低层(裙楼层)、主楼客房层、高层、顶层等。

1. 地下层

在城市酒店中，地下层通常是作为酒店的后勤和设备层，如设备机房、库房、停车场、员工用房等。如果地下层有多层，地下一层可作为酒店的公共活动部分，如康体、娱乐、餐饮等，其他设置于地下二层以及以下。办公室要靠近该部门区域设置以方便工作。

2. 低层(裙楼层)

通常为公共活动部分，一般首层多为大堂所在层，主要包括总服务台(接待、咨询、结算、外币兑换等)、休息区、大堂吧、商务中心、商店、餐厅、电梯厅等功能区域。其他公共功能区域可设置在二层至三层(裙楼)上，如宴会厅、多功能厅、会议室等。酒店大堂是接待宾客的第一环境，是酒店文化、身份、形象的集中体现，是酒店的脸面。因此，酒店大堂和底层公共活动区域是酒店最为重要的关键区域。

3. 主楼客房层

它是整个酒店的主体部分，客房的集中区域。通常高档客房设置在此区域的上方，低档次客房设置在下部位置。如总统套房和商务套房设置在最上方区域，普通客房设置在下层，残疾人客房通常设置在客房层底层上，并靠近电梯口或在交通方便处，以方便残疾人进出。

4. 高层

城市酒店可根据自身情况设置高层观光厅、高层餐厅、酒廊等功能层，不仅可以增添酒店的特色，还能为宾客提供多样化的服务。

5. 顶层

主要作为酒店的设备、电梯机房层。

旅游度假型酒店通常由多个低层建筑组成，因此其功能区域也分别设置在不同的建筑物内，各个功能区域之间用庭院、连廊等形式连接。在规划设计中要注意尽量集中相同功能的区域，构成一个功能块。

(三)动向流线的功能与区划

动向流线与功能区域之间是紧密联系和相辅相成的。可以说，功能区域规划设计是其位置、面积与各功能区之间的相互联系和动向流线的规划设计。在具体规划设计中必须将两者有机地结合在一起进行设计。

1. 宾客动向流线

它是酒店中的主要流线，包括住宿宾客、娱乐宾客、会议宾客、商务宾客等流线，在住宿宾客中又分为团队宾客和散客流线。 散客主要是由酒店大门进入大堂——服务台登记入住——乘电梯——客房。入住后再由客房——各个功能区域。退房，从客房——大堂——服务台(结算)——离店。 接待团队宾客较多的酒店，应专门设置团队宾客出入口和休息区，团队宾客由领队统一办理入住和离店手续。旅游团队宾客以住宿和用餐为主，活动简单，时间规律。以会议为主的团队宾客活动内容较多，除住宿、用餐外还有会议、宴会、康体娱乐等活动。

2. 服务动向流线

它包括员工活动流线和为宾客提供服务的流线。员工活动流线是员工在酒店内部为做好服务准备工作所进行的活动路线，主要包括进出酒店、更衣淋浴、化妆、用餐、进入工作岗位等。员工进出通道应设在酒店建筑不明显的位置，以区别和远离酒店的主入口，员工流线不能与宾客流线交叉。工作服务流线是为宾客服务的活动路线，包括布草、传菜、送餐、维修等，流线设计要方便连接各个服务部门，尽量简洁明了。

3. 物品流线

主要包括原材料、布草用品、办公用品等进入酒店的路线——回收物品——废弃物品。

二、登记区域的功能分区

登记区域是酒店业务活动和宾客集散中心，是酒店文化、身份的象征。大堂是酒店最为重要的部分之一，是酒店规划和设计的重点。

(一)登记区域的功能区域构成

登记区域(见图 4-2)主要由接待服务、公共活动、经营活动、后勤服务等几个方面构成。

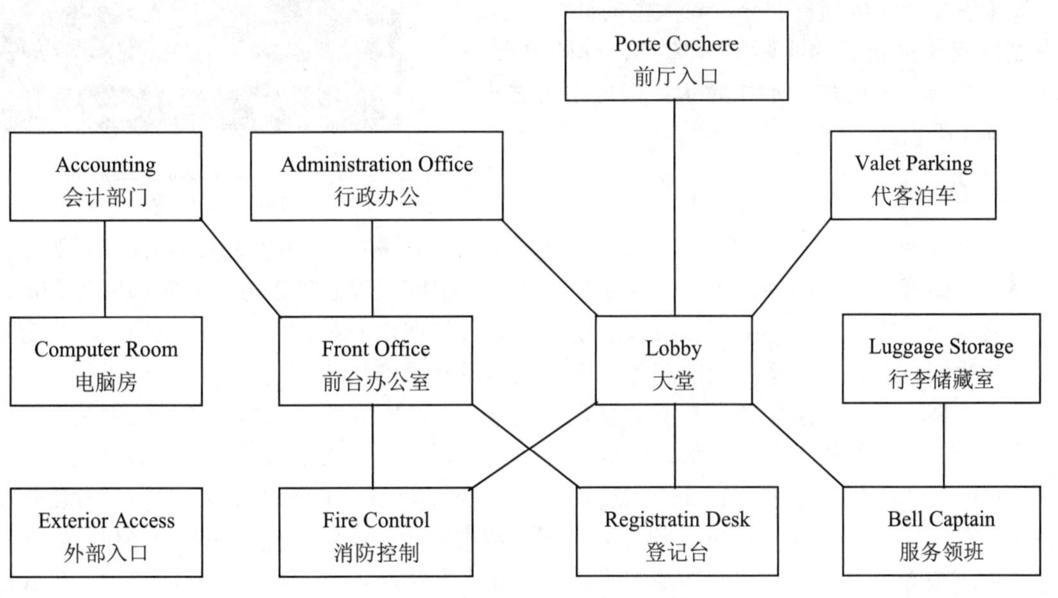

图 4-2　登记区域功能关系

(1) 接待服务：包括礼宾接待、行李寄存、贵重物品保管、前台接待(办理入住、结算、问询、外币兑换等)。

(2) 公共活动：主要包括大堂、门厅、休息区、公共洗手间、公共电话、电梯厅等活动空间。

(3) 经营活动：包括商务中心、精品商场、大堂吧等。

(4) 后勤服务：主要包括值班办公室、消防指挥中心、员工电梯和通道、PA 工作间等。

(二)功能区域规划与相关面积指标

国家标准《旅游饭店星级的划分与评定》在酒店功能项目中规定了必备的项目设置，在规划中除满足必备的功能项目设置外，可根据酒店的类型定位、规模档次、经营侧重点等自身情况来增加设置需要的项目，依据酒店相关面积指标来规划和确定各个功能区域的面积，并根据酒店的档次确定有收益面积和无收益面积的比。高星级酒店适当调高无收益面积，低星级酒店可降低无收益面积。在规划设计中，功能区域和流线规划要同时进行，做到主流线清晰，不受干扰，次流线隐蔽，方便服务。不同的酒店大堂，功能项目有所不同。酒店大堂内各个功能区域面积没有固定的标准，各酒店应根据自身情况酌情配置功能区域的面积。

1. 大堂

酒店大堂总面积依据酒店的类型、规模、档次而定。大堂面积通常用单项综合面积指标来衡量，即大堂面积与客房间数比。酒店规模越大，档次越高，其总面积越大，且单项综合面积指标就越高。可参见国家标准《旅游饭店星级的划分与评定》与《设施设备及服务项目评分》对大堂的评分标准。规划时应根据自身的实际情况选择合理的单项综合面积指标，不必刻意追求宽大，但也不可过小，如图 4-3 所示。

图 4-3　上海华尔道夫酒店大堂

2. 总服务台

总服务台(见图 4-4)包括信息咨询、收银结算、外币兑换、接待服务、物品保管等工作内容，有站式和坐式两种，无论采用哪种方式，其空间尺度必须以方便宾客和服务人员之间的交流为前提。国家标准《旅游饭店星级的划分与评定》对总服务台的空间尺度规定是“有与饭店规模、星级相适应的服务台”，虽然没有明确具体的空间尺度，但还是有一定的参考依据可循的。总服务台与酒店登记和规模有关，应与酒店客房间数成比例关系。站式服务台的柜台结构尺寸由三部分组成，即客人登记、工作服务书写、设备的摆放。客人登记高度尺寸常规在 1.05～1.10m，宽度尺寸为 0.4～0.6m。工作服务书写高度尺寸常规在 0.9m，宽度尺寸为不小于 0.3m。设备安置尺寸应根据设备实际情况、安装和操作方式来决定。总之服务台的规划设计要满足使用要求，操作方便，符合人机工程学的要求。坐式服务台除具备站式服务台的功能外，同时要增加宾客在办理手续时的座椅，并留有一定的面积区域，因此其占用面积要大些。总服务台通常设置在大堂醒目、视线较好的位置上，使得整个大堂的视觉畅通以便宾客的识别。从大门到总服务台的距离应小于到电梯厅的距离，总服务台的功能设置应按照接待、咨询、登记、收银、外币兑换等工作流程排序，总服务台的设备设施(电话、电脑、打印机、扫描仪、磁卡机、验钞机、信用卡授权机、资料抽屉和资料柜等)要满足工作的需要和使用方便、合理、尽量减少不必要的操作流程，提高工作效率，降低工作强度。

图 4-4 无锡君来洲际酒店总服务台

3. 酒店大门

不同类型的宾客在大堂活动的规律不同，因此，在规划设计中要考虑入口和大门的数量和位置。正门通常设置在大堂的中间位置，是散客和主要宾客的入口。对于团队宾客可设置专门的团队入口，对于本地用餐和娱乐消费宾客可设置专门入口进入餐厅或娱乐场所。邻街的餐厅、商店可单独开设大门，但要与正门保持一定距离。酒店大门是宾客进入酒店的主入口，也是酒店与外界的分隔界定，如图 4-5 所示。大门的尺度要能保障一定数量人员的正常通行，并与整个酒店建筑空间保持协调合理的比例关系和视觉关系。大门通常有三种形式，即平开手推门、红外线自动感应门、自动旋转门。平开手推门和红外线自动感应门的开启宽度必须保证双手携带行李以及行李车能正常通过。单人通过尺寸应大于 1.3m，侧门宽度为 1.0～1.8m。为了降低空调能耗，可采用双道门的组合形式，双道门的门厅深度要保证门扇开启后不影响客人行走和残疾人轮椅正常行驶，门扇开启后应留有不小于 1.2m 的轮椅通行正常距离，通常深度不小于 2.44m，旋转门的规格很多，不同厂家的规格不尽相同，要考虑旋转门与建筑的整体协调和大堂空间的大小，空间过小时不宜设置旋转门。

图 4-5 大门

4. 礼宾服务

包括礼宾台、行李车、雨伞储存架、行李寄存间等。礼宾台区域约占 6～10m^2，行李寄存间以酒店每间客房 0.05～0.06m^2 计算。礼宾服务是酒店接待宾客的第一环节。礼宾台设置在大门内侧边，便于及时提供服务，行李寄存间通常设置在礼宾台附近区域，如图 4-6 所示。

5. 贵重物品保管室

贵重物品保管室隶属于大堂总服务台，保管室面积和设施设备的配置根据酒店客房的数量来确定，国家标准规定了三星级以上酒店必须设置贵重物品保管室，并对其数量、规格有量化的规定。参见《旅游饭店星级的划分与评定》与《设施设备及服务项目评分》。通常贵重物品保管室面积按保管箱数量×0.3m^2 计算。贵重物品保管室应设置在总服务台旁边的隐蔽位置，避免设在大堂流动人员能直视的范围中。贵重物品保管室一般分设两个门，分别用于工作人员和宾客进入。

6. 大堂副理

大堂副理区域主要由一套大班台椅、两个客人座椅、台灯或落地灯、地面块形地毯、绿色植物等组成，约占面积为 6～12m^2。大堂副理区域应该设置在相对安静和醒目的角落，其位置应该既能全面观察到整个大堂的情况，又不影响大堂的正常活动。此位置不宜太靠近总服务台和休息区，避免影响总服务台的正常工作和对宾客造成心理压力，如图 4-7 所示。

图 4-6 礼宾

图 4-7 大堂副理

7. 值班经理办公室

通常在大堂经理非 24 小时值班的酒店，应设置值班经理，处理日常事务，值班经理办公室面积约 10m^2。

8. 大堂办公室

主要是大堂经理、前台服务等工作人员办公室。大堂办公室面积通常可按照每 50 间客房 6～8m^2 计算，超过 600 间客房的按照每 50 间客房 5～7m^2 计算。大堂办公室应设在靠近总服务台附近。

9. 宾客休息区

它是为宾客提供休息的区域，由沙发、茶几、台灯、绿色花草等组成。宾客休息区起着疏导、调节大堂人流的作用，其面积约占大堂面积 8%。宾客休息区可分为若干组，分别设于不同位置，每组面积 10～15m^2 不等。宾客休息区通常设置在不受干扰的区域。不宜太靠近总服务台和大堂副理的区域，这样可以保证一定的隐私性。从经营角度考虑，可将休息区靠近酒吧、咖啡厅等商业经营区域，引导宾客消费，如图 4-8 所示。

图 4-8 休息区

10. 公共卫生间

大堂公共卫生间的面积约占大堂总面积的 15%。卫生间洁具设置没有固定数量，可按客房床位数量的比较关系设置。男女卫生间参照 3∶2 或 2∶1 的比例设置。卫生间洁具约每 80 名男性和 40 名女性设置一个大便器，但最少设置 2 个；每 20 名男性设置一个小便器。洗啧可按照每 1～15 人设置一个、16～35 人设置 2 个、36～65 人设置 3 个、66 人以上设置 4 个为参考。每个大便器占用约 1m^2，小便器约占 0.7m×0.8m，卫生间内过道的宽度应不小于 1.2m。公共卫生间应设置在较隐蔽处。卫生间的门不能直接对大堂。公共卫生间按照相关规定和指标配置卫生洁具，条件允许的应设置单独的残疾人卫生间，没有条件的应在公共卫生间内设置残疾人专用厕位。卫生间内还应设置清洁工具储藏室。

11. 电梯厅

电梯厅的面积大小对宾客的活动影响很大，《民用建筑设计通则》规定单侧排列的电梯不超过 4 部，双侧排列不超过 8 部，电梯厅的深度尺寸要符合 3～8 的规定。残疾人(坐轮椅)可使用的电梯厅深度不小于 1.5m。根据各酒店的建筑空间形式不同以及电梯数量的不同，电梯厅的排列形式有多种。若电梯数量不超过 4 部，可采用并列布局形式，若超过 4 部可采用巷道形式排列。电梯厅的空间尺度要符合相关国家规定。电梯厅尽量设置在大门到总服务台延伸线的区域位置上，这样符合人的活动流向心理，同时减少宾客往返的距离。电梯到总服务台和大门之间应无台阶等障碍物，电梯厅不能与大堂的主要人流通道共用和交叉。员工通道和员工电梯厅的入口应设置在建筑物的边侧或后面和地下室，不能与宾客通道和流线发生任何交叉和冲突，如图 4-9 所示。

图 4-9　电梯厅

12. 经营性功能区域

包括大堂吧、酒吧、咖啡厅、精品商店、商务中心、书报亭、美容美发厅等经营区域。其设置情况和面积大小要以经济效益和为宾客服务为依据，根据酒店的实际需要来确定。经营项目的设置，应避免干扰大堂的正常活动秩序。不宜设置在宾客一进大堂就直接能看到的位置，应设置在大堂的边缘和较隐蔽处，同时经营项目应尽量集中。

13. 公共电话亭

酒店大堂的公共电话设置通常有敞开式和封闭式两种，其设置以每 50 间客房配置一部为参考，其中磁卡电话和内线电话各占一半。 公共电话的位置既要容易识别又要方便宾客找到，同时还要保持安静和私密性。不宜设置在靠近总服务台、大堂副理、宾客休息区等人员停留的区域和人群活动频繁的主流线上。

14. 消防控制中心

根据消防要求，消防指挥中心应设置在一楼与外界相邻的区域，并且有专门通往室外的消防门和通道。消防控制中心面积的大小，是由消防自动报警系统的设施设备尺度和工作活动尺度来确定的。

(三)大堂的装饰设计

大堂是酒店档次、文化、形象的集中展示区域，也是最能给宾客留下深刻印象的地方。因此，对酒店大堂的空间环境营造是酒店装饰设计中的重要内容。

1. 表现主题与文化

对任何一个空间来说，在进行规划和设计时都应该为其赋予一个文化和主题，特别是对于大型的空间更是如此，如果一个空间没有思想和文化，就如同一个人没有性格、没有精神、缺少灵气一样。因此，一个好的酒店大堂一定有其内在的文化内涵、精神气质，使空间富有灵魂和生命力，装饰设计就是为空间赋予这种文化特色的过程。 酒店的文化与主题，通常是以空间的形式与风格、质地和色彩、艺术品的陈设和应用等装饰手法并借助酒店大堂空间醒目的位置作载体来表现的，如大堂墙面的处理、总服务台背景墙的文化表现、柱子的界面利用、顶棚装饰、地面图案与拼花、空间视觉中心的设置等。在规划设计中要特别注意空间尺度的比例，太大或太小都不易达到效果，同时要注意保持大堂空间文化主题信息的统一性，如图 4-10 所示。

图 4-10　香港迪士尼酒店大堂

2. 创造空间视觉环境

酒店大堂是给宾客留下第一印象的地方，在空间处理上应能体现出气势恢弘、高雅独特的空间氛围，高星级和具有一定规模的酒店可以考虑设置中庭空间，中档次酒店可以根据具体情况规划设计裙楼围合式或单立式中庭。酒店中庭空间使人在视觉上和精神上得到享受和释放。高大的中庭空间将人从封闭的空间中释放出来，形成内外空间相连的共享空间和室内庭院，使人有更亲近自然的感受，中庭空间的平面面积没有明确的规定，可以根据酒店的自身情况和视觉艺术需要均衡考虑，通常情况下面积不宜太小。中庭的设置要考虑人们的生理和心理感受，要符合空间尺度关系，过高会使人产生压抑和自卑感。通常人的视觉合理感受高度为 21～24m，因此，在规划时应考虑这个规律和因素，通过装饰手法使空间的构成元素和构成比例相适应。中庭共享空间一般有以下三种形式：一是主题建筑围合形式；二是裙楼建筑围合式，此类中庭形式较多，特别常见于旅游度假型酒店中；三是建筑物前单面设立的形式。

3. 组织规划视觉导向

酒店大堂是宾客穿行、分流的主要空间，因此，在空间处理上要考虑视觉导向的作用，通过具有导向性的形体和线条、连续的图案或色彩等装饰设计手段来科学合理地组织空间的时序关系，使空间动向流线清晰明确，具有连续、渐变、转折、引申等导向功能，避免空间时序杂乱，方便宾客的正常活动。

案例 4-1

上海华尔道夫酒店大堂

走进华尔道夫酒店的大堂(见图 4-11)，只消看上几眼，就能感受到设计师对于华尔道夫品牌文化的尊重。高达 10 米的大堂中间六根圆形立柱与拱门相连，豪华气派犹如英国皇宫，拱门立柱的设计为整个大堂增添了立体感。阳光通过天顶的玻璃窗倾泻而下，照射在光滑的大理石地板上，让大堂更显明亮。白色墙壁配以精致的巴洛克式雕饰，细腻优雅。最引人注目的是天花板下华丽的枝形水晶吊灯。而室内各种仿古家具均采用优质红木精制而成，在璀璨灯光的映衬下，高雅浪漫的氛围令人沉醉。沿着大堂楼梯上至二楼，会经过酒店的一处别样风景——酒店的镇店之宝之百年老电梯。如今已经修复如初，每天有专门的电梯员为住客提供服务。酒店二楼大部分是公共区域，其中包括会议室、宴会厅及图书馆。图书馆精工细琢，规模虽然不大，却采用了上下两层的独特设计，据说这也是按照老楼的模样重新翻修的。酒店引以自豪的廊吧设在大堂的左手边(见图 4-12)。坐在长达 34 米的 L 形红木吧台前，望着彩色玻璃窗外浦江的美景，啜一杯华尔道夫招牌鸡尾酒，尝一口从法国空运而来的新鲜生蚝，且慢沉醉。而硬质牛皮沙发特有的香味，才是威士忌和高级雪茄的最佳伴侣。缓缓转动的吊顶风扇，将似有似无的复古香氛散播到每个角落， 墙上的黑白相片和拼贴画。在老旧的朱红里细诉往昔。正当你感叹一切皆完美独缺音乐时，现场的乐队奏响了一道绚丽的音符。仿佛时间并不曾带走什么，一切都还是老上海浮世绘。

图 4-11　上海华尔道夫酒店大堂

图 4-12　上海华尔道夫酒店的廊吧

廊吧对面是浦江汇，1911 年，这里曾是上海总会成员阅读报纸了解时事的阅览室，而今重建的浦江汇成为名流茶室。这里陈列着多组欧洲宫廷式红色天鹅绒沙发，以及古色古香的瓷器柜，复古的红和奢华的金在这里完美融合。耳畔缭绕着悠扬的竖琴声，手持精致银器的宾客们谈笑风生，享受下午茶带来的悠闲感受。作为纽约华尔道夫酒店的经典招牌甜点，红丝绒蛋糕味如其名。蛋糕以甜菜根汁及可可粉天然加色，呈现出诱人的深红色，各层之间则采用香草奶油覆盖。就连好莱坞明星杰西卡·辛普森也无法抵挡它的诱惑，将其指定为自己婚礼上的蛋糕。

1911 年，英国总领事瓦伦·佩尔汉姆(Warren Pelham)爵士为沪上名流绅士创立了高级私人俱乐部——上海总会。瓦伦餐厅(Pelham's)为纪念爵士而命名。这家纽约风格的餐厅，完美结合了经典和现代的元素。置身其中，食客可感受到优雅礼节与温馨私密和谐统一。定做的抛光人字形波纹拼木与马赛克地板、镶嵌皮革板材的豪华屋顶、精致的金属格架，以及装饰有上千枚美分硬币的吊顶，无不透出纽约式的高雅格调。现代风格的透明展示型厨房是主餐区的最大亮点，在此就餐可观赏到厨师们娴熟唯美的现场烹饪，让您大饱口福之余，也仿佛享受了一场精彩的晚间剧场演出。餐厅最大的特色在于根据纽约现代烹饪风格定制的精美菜单，其中包括具有创新性的菜式和新鲜海味。菜肴由曾在法国米其林餐厅工作多年的法籍大厨主理，独特的红酒陈列让宾客可以亲自选择，一系列上好香槟绝对让行家沉醉在欢腾的泡沫中，欲罢不能。

(资料来源：上海外滩华尔道夫酒店官网，http://www.waldorfastoriashanghai.com/home)

三、客房区域的功能分区

从功能的角度来看，客房是酒店最重要的分区。客房是酒店的主要功能区，所以它应被作为酒店规划的最重要的部分。客房的位置，尤其是卧室的设计应考虑到景色和方向。

客房类型主要包括：标准间、套房、单人间、三人间等多种，因各酒店的特色不同又有豪华标准间、豪华套房、总统套房等类别，拥有类型的多少因酒店的规模大小、经营方式而定。

客房的基本功能有：休息、办公、通信、休闲、娱乐、洗浴、化妆、行李存放、衣物存放、会客、早餐等。当然，由于酒店性质的不同，客房的基本功能的体现会有所增减。客房是酒店重要的私密性休息空间，是“宾至如归”的直接体现，旅客经过一天的参观旅游，非常劳顿，回到酒店最主要的任务就是休息睡觉，要有一个舒适放松静谧的休息环境，所以客房的设计定位应是最能体现休息功能为主要设计目的空间。

(一)客房的种类和面积标准

(1) 标准客房：放两张单人床的客房。

(2) 单人客房：放一张单人床的客房。

(3) 双人客房：放一张双人大床的客房。

(4) 套间客房：按不同等级和规模，有相连通的二套间、三套间、四套间不等，其中除卧室外，一般考虑餐室、酒吧、客厅、办公或娱乐等房间，也有带厨房的公寓式套间。

(5) 总统套房：包括布置大床的卧室、客厅、写字间、餐室或酒吧、会议室等。酒店的总统套房是星级酒店装饰最豪华的客房，价格昂贵，一般接待的是贵宾级客人。

(二)客房的设计要点

客房的室内设计应以在淡雅宁静中而不乏华丽性的装饰为原则，给予旅客一个温馨、安静而有别于家庭的舒适环境。设计一定避免烦琐，家具陈设除功能规定外不宜多设。主

要应着力于家具和织物的造型和色彩的选择，给顾客心理上和生理上带来审美愉悦。客房的空间分割一般应按国际通用标准，不需再随意处理。由于普通客房和一般套房的面积不大，三大界面的装饰处理也就较简洁，墙面、天棚一般进行整平处理后刷乳胶漆或贴环保型的墙纸，地面一般为铺设地毯或嵌木地板。客房的整体色调一般以浅暖色调为主，运用大统一小变化的规律加以对比色的调和，使之温馨亲切。

在酒店客房的建筑设计中有多种性质的平面选择经验，这里举几例供参考。

(1) 五星级城市商务酒店的空间要求是宽阔，而整体布置要求是生动、丰富而紧凑，平面设计尺寸是长 9.8m、宽 4.2m(轴线)、净高 2.9m，长方形面积 41.16m^2。现代大型城市的高档商务酒店客房一般不要小于 36m^2，能增加到 42m^2 就更好。而卫生间干、湿两区的全部面积不能少于 8m^2。

(2) 城市经济型酒店的客房只满足客人的基本生活需要。平面设计是以长 6.2m，宽 3.2m(轴线)，建筑面积 19.84m^2 来构成的，这差不多是中等级酒店客房面积的底线了。但尽管这么小，仍然可以做出很好的设计，满足基本的功能要求。但这种客房的卫生间设计最好有所创意，力争做到“小而不俗、小中有大”，比如利用虚实分割手法，利用镜面反射空间，利用色彩变化或者采用一些趣味设计，都可以起到不同凡响的作用，使小客房产生大效果。这样的榜样在欧美的“设计酒店”中屡见不鲜。

(3) 位于风景胜地的度假酒店的首要功能是要满足家庭或团体旅游、休假的入住需求和使用习惯，保证宽阔的面积和预留空间是最起码的平面设计要求。对钢筋混凝土框架结构的度假酒店来说，客房楼的横向柱网尺寸以不小于 8m 为好，能达到 8.4～8.6m 更好，这样可以使单间客房的宽度不会少于 4m。当然，如果建筑师对平面有所创造，使房间宽度达到 6m 以上，使房间形态成为“阔方型”，就更加理想了(如 9m×6.2m)。这就要让度假酒店的平面设计从城市酒店平面设计的模式中彻底脱离出来。

案例 4-2

上海半岛酒店客房

上海半岛酒店位于历史悠久的外滩，是外滩 60 年来唯一的新建筑，在酒店内可尽览外滩、黄浦江、浦东及前英国领事馆花园盛景。上海半岛酒店在装修设计方面重现了上海在 20 世纪二三十年代被誉为“东方巴黎”的黄金时期的风貌，拥有各类客房及套房，都位于上海的最大客房之列。酒店内所有客房均设有宽敞独立的衣帽间，内有可放置需要擦拭的鞋或洗烫衣物的服务箱以保证房间内的贵宾不会被打扰。

酒店 2009 年开业，楼高 15 层，客房 235 间。其突出特点大致为：①双洗手盆设计，浴室可以看电视、听音乐。②步入衣柜室，里面常备雨伞、手提袋等，不用再打电话向前台询要。③房间内有传真机、打印机、咖啡机，一切都可 DIY。④房间的电话有网络电话设置，且都是免费(包括国际)，声音很清晰。⑤每天都有新鲜的水果。⑥房间内有应急按钮，随时可以呼叫服务。⑦写字台的抽屉里有笔、订书器、针线包、曲别针、各种文具，很方便。⑧可以免费借阅 DVD。⑨地点交通很方便，紧邻外滩。总之，2000 多元人民币的房价是物有所值。

上海半岛酒店的 235 间客房(见图 4-13)都位于上海的最大客房之列。标准豪华客房面积为 55 平方米，大多坐拥浦东、黄浦江、外滩和前英国领事馆花园的美景。房间设计优雅，艺术装饰风格的内饰将半岛酒店传统的舒适标准及先进科技与中国元素完美糅合，为宾客带来极致奢华的舒适感受。异域风情的树木、进口石料、黑漆、雕花玻璃和抛光铬镶边相辅相成，创造出一种兼顾设计感与功能性、艺术装修与先进科技的奢华氛围。宽敞的衣帽间设施齐全，包括梳妆台、半岛传统的服务箱，可放置要擦拭的鞋和洗烫的衣服，大容量电子保险箱、可放置两个箱子的行李架、互联网广播、天气显示屏和指甲吹干机。标准客房配备了免费宽频无线互联网连接，而床边控制台具备遥控功能，各种环境调节仅需轻触按钮。影音娱乐方面，包括46寸的液晶电视，并配备众多的国际电视节目，宾客也可以通过5.1声道的扬声系统观赏CD/DVD节目和收听互联网广播。房间还备有多功能打印机，并集合传真/扫描/复印等功能，双伏电压电源插座，独立温度和湿度调节器。茶点间配备供应齐全的迷你酒吧，并可在看电视的过程中或畅爽在沐浴时，播放舒缓的音乐，让客人彻底放松身心。套间分别以上海半岛酒店的前身汇中、大华和礼查酒店命名的高级套间各具特质，势必成为上海魅力奢华住宿的首选。汇中套间拥有1000m^2的壮观环形露台，实为宴客会友的理想之选，而礼查套间的私人露台则配备了按摩浴缸，二者皆能一览黄浦江和浦东闹市的优美景色。酒店的顶级套间——半岛套间，则拥有时尚的双层楼高客厅和阳台，把历史悠久的外滩、黄浦江和浦东美景尽收眼底。

图4-13　上海半岛酒店客房

(资料来源：上海半岛酒店官网，http://www.peninsulashotel.com)

四、餐饮、宴会、酒吧区域的功能分区

一般酒店均设有供应酒水、咖啡等饮料，为旅客提供宜人的休息、消遣、放松的场所。酒吧一般常独立设置，也有在餐厅、休息厅等处设立吧台的小酒吧。

(一)酒吧的设计

酒店酒吧的设计除了满足酒店旅客的消费需求，更重要的一个消费热点是接待社会的消费者，酒店酒吧比起社会上的独立酒吧具有环境高雅安全的优点，颇受酒店内外的消费者欢迎。酒吧的消费功能，是给人一个放松、宣泄、忘我的环境，对于酒店的旅客，疲劳了一天需要喝酒聊天，放松一下身体；而对于都市中的消费者，更是在紧张工作了一天后去寻找一块卸去身心重担回归自我的休闲乐土。酒吧设计的理念就是用理性的设计思维来表现自由轻松的环境气氛。从整体空间的功能分割、色彩的处理到空间容纳人数的计算、静吧与闹吧的整体划分，酒吧导入的文化概念、三大界面的造型设计、材质的选择、灯光的变化、陈设的造型问题，设计者都应有一个非常理智的设计思维过程来科学地表达和阐

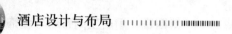

述出酒吧这个给人带来欢乐和喧闹的休闲环境。

(二)餐厅、宴会厅的室内设计

酒店中的餐厅，一般分为宴会厅、中西餐厅、雅座包厢等餐厅的服务内容，除正餐外，还增设早茶、晚茶、小吃、自助餐等项目。某些酒店餐厅内还设有钢琴、小型乐队、歌舞表演台，以供顾客在用餐时欣赏。

宴会厅与一般餐厅不同，常分宾主，讲礼仪，重布置，造气氛，一切按有序进行。因此，室内空间常作成对称规则的格局，有利于布置和装饰陈设，造成庄严隆重的气氛。宴会厅还应该考虑在宴会前陆续来客聚集、交往、休息和逗留的足够活动空间。餐厅或宴会厅都常为节日庆典活动和婚宴的需要由单位或个人包用，设计时应考虑举行仪式和宾主席位的安排的需要，面积较大的餐厅或各个餐厅之间常利用灵活隔断，可开可闭，以适应不同的要求，常名为多功能厅，可举行各种规模的宴会、冷餐会、国际会议、时装表演、商品展览、音乐会、舞会等各种活动。

因此，在设计和装饰时考虑的因素要多一些，如舞台、音响、活动展板的设置，主席台、观众席位布置，以及相应的服务房间、休息室等。在当今生活节奏加快、市场经济活跃、旅游业蓬勃发展的时期，餐饮的性质和内容也发生了极大的变化，它常是人际交往、感情交流、商贸洽谈、亲朋和家庭团聚的时刻和难得的机会，用餐时间比一般膳食延长不少，因此，人们不但希望有美味佳肴的享受，而且希望有相应的和谐、温馨的气氛和优雅宜人的环境。餐厅雅座为顾客提供了亲朋团聚、不受干扰的一方天地。

(三)餐厅宴会厅的设计原则

(1) 餐厅的面积一般以 1.85 平方米/座计算，面积过小，会造成拥挤，面积过大易浪费空间和增加服务员的劳作时间和精力。

(2) 顾客就餐活动路线和供应路线应避免交叉。送饭菜和收碗碟出入也宜分开。

(3) 中、西餐室或不同地区的餐室应有相应的装饰风格。

(4) 应有足够的绿化布置空间，尽可能利用绿化分隔空间，空间大小应多样化，并有利于保持不同餐区、餐位之间的不受干扰和私密性。

(5) 室内色彩应明净、典雅，使人处于从容、宁静、舒适的状态和具有欢快愉悦的心境，以增进食欲，并为餐饮创造良好的环境。

(6) 选择耐污、耐磨、防滑和易于清洁的材料。

(7) 室内空间应有人性化的尺度，良好的通风、采光，并考虑吸声的要求。

上海半岛酒店餐厅及宴会厅

上海半岛酒店拥有五间风格迥异的餐厅和酒吧，为客人带来多种特色美食与情调享受，包括大堂茶座、中餐厅、顶层餐厅、露台和酒吧、航海主题酒吧和玲珑酒廊。另外设有各类会议厅、主题场所和大宴会厅。整个酒店的设计以艺术装饰风格贯穿，各餐厅都体现了上海在 20 世纪二三十年代时所拥有的时尚和商业中心的杰出地位。其中，航海主题酒吧和航空酒廊突出了上海昔日作为交通运输中心的地位，而玲珑酒廊和大堂中餐厅则参照了旧时上海富豪名流的高雅社交场所的设计风格。象征半岛酒店独有特色的大堂茶座，坐落在整个酒店的中心，提供精美小食与饮品以及著名的半岛酒店下午茶，并在每天下午和晚间伴有现场乐队演奏。航海主题酒吧以曾在20世纪20年代遍布黄浦江沿岸，型号为“申王”的小船为主要装饰品，并陈列着大量收藏品，见证上海的海事发展史。以上海30年代贵族庭院设计为主题的中餐厅，提供纯正的广东菜系美食。餐厅共设有六间私人包厢和具有半岛特色的中餐厨师餐桌。玲珑酒廊的设计灵感来自30年代某上海私人大宅内的优雅客厅，客人在此可享用各种特色鸡尾酒、小食，并可在晚间翩翩起舞。半岛酒店集团共设有三间玲珑酒廊，分别位于纽约半岛酒店、香港半岛酒店以及上海半岛酒店。上海半岛酒店的顶层餐厅、酒吧和露台将为宾客带来国际化高级佳肴以及尊贵享受。两层楼高的餐厅(见图4-14)、宽敞的U形露台适合举办鸡尾酒会和晚宴，以及分设于两楼层的六间私人包厢，都能让宾客们饱览外滩和黄浦江的美景，势必成为上海顶级的社交场所。上海半岛酒店的航空酒廊是私人会晤的完美场所(见图4-15)，其充满航空灵感的装饰、摆设和迷人的上海景色，为宾客们展示了中国商业和民用航空的发展历史。

图4-14　餐厅

图4-15　酒吧

从晚宴、婚礼、会议到鸡尾酒会，无论什么类型的活动，也无论活动规模大小，上海半岛酒店都将为宾客竭诚安排并提供享有盛名的半岛式服务。酒店会务系统极尽尊贵完备，从可容纳 1000 人参加鸡尾酒会或是可容纳 450 人参加宴席的大宴会厅，到主题酒吧，配以精心烹饪的美食和专享私人化服务，这一切都将令宾客们流连忘返。上海半岛酒店的会议设施服务，正是定位于成为上海举行各类型会议的最佳场所。大宴会厅(教室式座席可容纳 390 人)和五间供客人选择的会议室将成为举办各类活动的理想场所。

半岛水疗中心占地 1250 平方米，在繁忙的都市里为客人提供一处忘却喧嚣的空间。水疗中心设有七间理疗室、两间私人水疗套间，配合热能设施房、技艺娴熟的理疗师，以及 ESPA 产品，为您的身心带来前所未有的舒畅体验。酒店内另有长 25 米的室内游泳池和健身中心，共同组成了呵护身心健康的舒适空间。

(资料来源：上海半岛酒店官网，http://www.peninsulashotel.com)

评估练习

1. 酒店分区与功能有何关系？
2. 酒店设计中如何进行合理分区？

第二节　酒店的空间规划与设计

教学目标

- 了解酒店空间规划。
- 了解酒店空间结构与功能的关系。

一、空间的类型、序列与分割

空间是由基础地面、垂直墙面、顶棚顶面构成的一个完整的围合空间，通过对空间基础面的规划设计和处理，赋予空间特定的文化内涵和某种理念，使空间富有活力、灵性和生命力，通过对空间的规划与设计使空间更趋于人性化、舒适、具有美感等。

1. 酒店室内空间类型

酒店建筑是一个综合性建筑，不仅规模庞大，而且建筑包含不同性质的空间类型，可以说是包含建筑类型和空间类型最全面的综合性建筑功能体。

(1) 动态空间和静态空间。动态空间是相对于静态空间的，是一种营造真实动态和心理动态的空间形式，包括客观动态空间和主观动态空间。客观动态空间往往是客观存在的具有动态的事物和采用不同的处理手法，使酒店空间产生动势和流动感。如在室内安装机械化、电气化、自动化的设施如电梯、自动扶梯、旋转地面、可调节的围护面、各种管线、活动雕塑以及各种信息展示等，这些物化的动态感在空间内形成一定的动势，加上人的各种活动表现出不同的动作行为，室内空间表现出动态化。客观动态空间通常有封闭和开敞两种形式。此外，在室内以具有动态韵律感的线条作酒店装修或装饰，使空间产生引导人流动的导向感，产生空间的序列感，有明显的强制表现，空间组织灵活，人的活动路线呈多向发展，这种手法常为开敞型空间和流动型空间所采用。还有，室内墙体界面多用具有转折动感的线条和充满变化和动态感的图案作装饰，有时还会用极为新奇、新鲜的装饰并配以生动、优美的音乐，或进行植物绿化及人工瀑布的设置，由此在酒店空间内形成光怪陆离的光影，制造让人激动的气氛。瀑布的水流及声响可自然地为酒店设计营造一种动态的气氛。充满活力和生命力的大自然景物使空间显得更为开敞。室内、外合一，扩大了空间感，而这些也只能在开敞型或流动型空间中才能实现。

主观动态空间是由人的意识所产生的动态感觉的动态空间。空间是建筑艺术特有的表现形式，建筑为人们提供了一个可进入内部参观并使用的空间艺术。它不同于绘画的二维空间艺术，也不与雕塑的三维空间艺术相同，它是一个包括时间在内的四维空间艺术。当人们进入酒店室内，可以随着位置的移动而产生不同的视觉效果和心理感受。因此，安置的机械化动态设施，如电梯、自动扶梯，是因为有人的使用才产生动势，而酒店设计能产生动态感的艺术手法，设置引起流动感和引导作用的线条，也只能是因为有人的存在和活动才能产生流动、引导的功能。再如酒店装修的物品壁画、利用匾额、楹联等能引起人的思维的活跃而产生对历史、典故的动态的联想，都是从人的主观的角度出发产生的动态的效果，并因此而扩大酒店室内空间，产生更为开阔的空间效果。当然，开敞型空间的动态设计也是要把握分寸的，该动则动，该静则静，根据酒店空间功能的需求和人的心理特征，时动时静，静动结合，使空间更加开敞，人的心理空间更加充实。静中显动，才更具动态感，否则就是一派乱哄哄，也根本不具备什么动态效果。

静态空间是一种安静、稳定的空间形式，空间的限定度较强，趋于封闭、私密，空间布置多为对称、平衡，有较强的向心力，空间陈设比例、尺度较为协调，色调统一和谐，光线柔和，如休息空间。

(2) 下沉空间和地台空间。局部空间下沉，在地面上形成明显的范围界限，这种空间的地面和周围地区形成落差，有较强的维护感，空间性格内向。室内地面局部抬高形成地台空间，与下沉空间相反，其空间性格外向，具有吸纳性和展示性。

(3) 虚拟空间和迷幻空间。虚拟空间是一种没有实质分隔、空间界定不明显、只能启发人们心理分隔的空间形式，是借助启示、联想、向心力和凝聚力等视觉完形性来虚拟划分空间，常通过局部的材质、绿化、颜色、照明、隔断以及家具陈设等营造心理上的一种想象空间，也称为心理空间，它具有一定的领域感而又不脱离大空间之中，在室内设计中是一种较常用的方法，也是空间中重点装饰设计的部位。迷幻空间是追求神秘、新奇、迷幻、动感和趣味的空间类型，通常用夸张、扭曲、错位、倒置等反常规设计方法使空间变幻莫测、动感趣味，照明追求五光十色、动感变换，色彩突出浓艳娇媚、装饰陈设不拘一格等。

案例 4-4

德国法拉克福的 Roomers 奇幻酒店

德国法拉克福的 Roomers 这个“古堡”没有唐古拉。古堡如果不是和王子公主的浪漫童话连接，就是和唐古拉伯爵的吸血迷情有着奇妙的蒙太奇。美因河缓缓流淌，将法兰克福一分为二。中世纪的教堂、塔楼，文艺复兴时期的宫厅、邸宅及长街古巷，比比皆是。而其中的一座就被匍匐墙上的常青藤、幽暗神秘的房间、刻着家徽的家具营造成了一个颇具怀旧哥特情调的现代酒店——Roomers，如图 4-16 所示。

图 4-16　Roomers 奇幻酒店

酒店在古堡原来的哥特风格中加入了现代简约设计，使改造后的酒店一半古典哥特风，一半后现代时尚风，颇有几分时光错乱之感(见图 4-17)。除了整体的黑白灰主色调之外，也有红、绿、紫闪烁其中。不过，Roomers 并不是将现代设计毫无痕迹地加入，其外墙依然保持原来的 art nouveau 特色，而室内则采用现代简约设计。虽然稍显突兀，但这也是设计者心思所在。酒店在自然光线下，静静栖息于湖畔，流转着新艺术感染下法兰克福城堡的感性和浪漫色彩，令怀旧和憧憬微妙碰撞。早早醒来，窗外的云已经染成玫瑰色。洗漱完毕来到餐厅，正好赶上日出，惬意地享受着清晨的空气和阳光。听着软软的一下子就让你心动的音乐，看邻家屋顶由暗红色转成橙红色，一天开始了。而到了夜晚，现代灯光设计似乎给酒店上了艳妆，充满了迷幻和力量。相比之下，客房则演绎出一种现代的理性和简约，甚至有几分冷的气质。

图 4-17　流动感木线

酒店设有 117 间客房，灯光让充满暗色旋涡的房间呈现出柔和的色调。套房配备的淋浴设施，高雅而简洁，彰显着品质生活。透过大落地窗，可以俯瞰城区，黑白主色调搭配柔和的灯光，大幅壁画让空间增添了一份灵气。吧台的设计人性化，独自喝上一杯，然后温暖入眠，多么惬意。门口的抽象图形，也出现在了磨砂的玻璃门上，起到装饰作用。酒红色的座椅上有花朵造型的图案，与窗帘上的图形、灰紫色的墙面相映成趣(见图 4-18)。室内没有饱和度很高的颜色，都是温暖妥帖的，试图营造家的感觉。

图 4-18　椅子设计

来到餐厅，哥特风格显露无遗，昏黄的灯光给客人以放松静谧的空间。如烛台一样的吊灯下，有咖啡色的沙发和木质椅子，可以选择亲密也可选择保持距离。圆形吧台的顶上是月牙形凹陷，灯光从悬挂着的金属条中照下来，凛冽性感。

桑拿室的设计也突破了传统，诱人的红色灯光从木板的缝隙中透出来，如梯田景观的房间极具喜剧感，充满创意。游泳池被灯光映成了荧光绿，真是对比的搭配呵。会客室里狭长的沙发能容纳很多人，茶几延续了酒红色风格，灰紫色薄纱透出浪漫的味道。藤条编织的灯具让灯光柔和许多，拥有翅膀形状靠背的沙发引人注目。德国建筑的最大特点，在 Roomers 体现得淋漓尽致，这家现代而迷人的酒店里，每一样东西都是考究的，从样式到色彩，从组合到摆放，都耐人寻味。在这片湖光山色相互映衬的诱人之地，忘却了时间。恬然自在的田园风光，使人流连忘返。镜头随便对着一个地方，都是一幅绝美的图画。

(资料来源：室内中国，http://www.idmen.cn/?action-viewthread-tid-12359)

(4) 共享空间。共享空间多处于大型酒店的公共建筑中，通常都是整个建筑空间的公共活动中心和交通枢纽，具备完整的功能设施，是一种综合性的多用途空间。如酒店的大堂空间，空间中有多个虚拟空间，它们大都相互交错、内中有外又外中有内，流动性较强。共享空间是酒店的形象空间和人流集散的地方，也是体现酒店文化内涵的主要空间。共享空间通常把室外空间特征引入室内和让室内空间向外释放，如酒店大堂的玻璃穹顶和宽大的玻璃幕墙是内外空间相容贯通，是建筑空间与环境和谐共生。 字母空间即大空间中的小空间，是对一个空间的二次限定，在大空间中用实体或象征性手法限定出的小空间，它们具有一定的独立感和私密性，又与大空间保持着一定的贯通，是一种满足群体和个体相容共处的空间形式，如大堂空间中采用细腻手法分隔出来的空间都具有字母空间特征。

(5) 凹入空间和突出空间。凹入空间是室内墙面的局部或墙边、墙角凹入的一种形式，通常只有一面或两面是开敞的，此类空间有收缩感，因此具有私密性和领域性，在酒店通常可作为需要相对安静的区域，如休息区、雅座区、服务台等空间区域。突出空间主要是指建筑空间向室外延续的空间形式，增强了室内空间和室外空间的亲近感，扩大了视野范围。此类空间丰富了空间的建筑结构形式，如空间外凸形成的阳台空间等。

(6) 开敞空间和封闭空间。开敞空间是指有一定的领域感但没有明显界定的空间形式，其开敞的程度取决于界定界面的围合分隔程度。开敞空间的性格外向、开朗、活跃、接纳性高、限定度和私密性较小。强调与周边环境的交流、渗透，讲究对景、借景，与周围环境融合，空间感大。开敞空间通常作为过渡空间，具有较强的流动性。封闭空间是用限定性较高的承重墙、隔墙等将空间围合起来，从而使视觉、听觉、环境、温度、气味等因素完全和周围空间环境隔断，使空间封闭起来。其空间性格内向、私密，是拒绝性的空间，与周围环境流动性较差。其封闭程度的高低是随着隔墙和围护实体的限定性高低决定的，酒店客房和餐厅的包房等就是典型的封闭式空间形式。

2. 酒店的空间序列

空间序列是指空间环境根据其功能性质，依据人们进出空间的先后活动次序关系来对空间进行合理的规划设置与布局排序，使空间具有开始序幕、中间展示、高潮和结束尾声四个部分，从而构成一个完整的空间序列关系，使空间具有和符合了人性化的情感，体现了建筑、空间和人的融合。建筑是空间的组织艺术，空间序列设计就是对空间的整体性、连续性、艺术性等进行科学合理的、符合人的活动规律的组织规划和有序排列。

(1) 导向性。它是通过建筑空间组织，去引导人们的行动方向。在规划设计中通常采用连续的建筑元素，如柱子、楼梯、有规律的形体、色彩、图案、材质、绿化、陈设等手法来达到引导和暗示的作用，使人们延续一定方向的流动。

(2) 章法性。它是指空间要具有一定的吸引力和凝聚力，空间要素的主次要分明，并相互衬托形成整体，既不能均等对待也不能各自为政。

(3) 对比与协调。空间序列是通过若干个相互关联的空间构成彼此之间有联系和前后连续的空间环境。通过空间对比和协调的关系来实现空间有机合理的排序，使空间舒适、协调和具有美感。对比与协调可通过空间大小、形体差异、颜色冷暖、材质不同、光影变幻、虚实关系等来实现空间有机合理的组织与排列，使空间和谐完美，既富有变化又协调统一，避免空间的支离破碎、排序混乱等情况。

3. 空间分隔

空间的分隔形式是根据空间的性质、特点和功能要求，以及艺术和心理需求等要素决定，其分隔方式主要有以下几种。

(1) 绝对分隔。它是用承重墙、到顶的实体或轻体隔墙等限定高度的墙体来分隔空间。这类分隔方式分隔出来的空间私密性较强、隔声较好，属于完全封闭型空间。

(2) 局部分隔。它是采用局部的墙体、隔断、屏风、家具等方式来分隔空间，其限定度的大小由分隔形式的界面大小、材质、形态等决定。这类方式分隔的空间特点介于绝对分隔与象征性分隔之间，空间性质属于开敞性，和周围空间相通。

(3) 象征性分隔。它是用片段、低矮的面、家具、绿化、水体、色彩、材料、高差等因素来分隔空间。此类空间的限定度极低，空间分隔模糊，偏重于心理分隔，通过人们的联想和视觉完形性而感知，追求似有似无的分隔效果，具有象征意义，对空间的划分隔而不断，流动性强。

(4) 弹性分隔。它是利用可活动的隔断、屏风、家具、陈设、窗幕、植物等形式分隔空间，此类空间可根据使用需要随意调整和关闭与开启其分隔形式，使空间自由变换组合成需要的空间形式。此类分割空间称为弹性空间或灵活空间。

空间的分隔方式决定了空间之间的相互关系和关联程度，而分隔方法则是在满足不同分隔要求的基础上创造出来的具有美感的艺术效果，因此，各种不同的分隔方法正是空间装饰处理的重要部分和载体。

二、酒店的空间结构

酒店的设计不但要新颖，有吸引力，更要有实用价值。除客房外，还要有足够的空间、即供客人活动的公共场所，使客人能在工作、旅游之余有休息、娱乐的地方。恰当的空间结构和合理的功能布局，既能给客人带来舒适愉悦的享受和体验，更能充分利用空间，节约酒店建设投资和运营费用，为酒店创造良好效益；也为酒店的“可持续发展”奠定了良好基础，特别是酒店运营多年后，只需要进行“面子工程”、“做足面子功夫”——必要的装饰性装修，而不用“伤筋动骨”或“动大手术”——砸得只剩下柱子了，即新建性装修。投资人、筹建人和设计师对酒店建筑物的抗损性和每一个结构部分的具体功能以及整体空间的定义都必须精心定夺。

1. 建筑、人与空间

空间感是建筑体面的虚实围合给人的心理感受。

人和空间环境有着奇妙的互动关系，人对空间与环境的感受和体验直接影响到人的心理状态。酒店是向离开家的客人提供住宿及其他辅助性产品的地方，酒店服务的无形性、不可分割性、易逝性、易变性，决定了服务产品的体验本质。因此，酒店从规划设计开始就要处理好建筑、空间与人的关系，最佳境界是天地人合一。客人购买的酒店产品，主要是对一定的空间(如客房、会议室、餐厅包房等)在一定的时间内拥有了相对所有权。客人在此空间活动的过程中，客人舒适的消费体验很大程度源于酒店空间的合理性，即符合人体工程学。建筑的舒适空间是通过对景物、声音、方向、表面、高度、光线和行走的地面有所变化所造成的，如过渡比径直通向户外空间的房屋要宁静得多，而且它具备私密的领域感。人通过建筑空间所产生的实体变化而产生了心理变化，“最重要的是景物的变化”，而达到了舒适的感觉体验。同时注意形成空间视觉观察的层次，外空间成为内空间的“天然背景”，而透过次天然的背景可看到更好的远景。如花园、露台、街道、公园、公共户外空间、庭院、绿荫街道都必须使其具备分明的层次，这样才能够使舒适生活的可能性得以形成。建筑的有效空间也在于建筑与空地之间进行的规划同构，而往往过多的建筑忽视空地与建筑的关系而导致空间失效。

土地有其区位价值，也有其自身价值以及组成价值的各种成分，其中生态价值是一个稀有的成分。这一点对于度假型酒店显得特别重要。

在建筑内部的有效空间必然接纳阳光，空间天然光是室内空间必不可少的。循环不已的阳光对维持人体生理节奏有着决定性的作用，太多的光线会扰乱人的生理机能。同时，建筑的形状有效性对于内部清净或拥挤起着相对很大的作用，对人们的舒适与安宁有着决定性的作用。建筑物室内方形形态彼此干扰使得室内空间模糊，舒适的室内空间是安静与喧嚣的结合体。而狭长形态却能够解决这个矛盾，其长条形状扩大了建筑内部点到点之间的距离(房与房之间的距离)，增加了人们在一定的区域内能获得相对安静的舒适性居住条件，人也只有逃离了某种限制方能追求这种对舒适空间的享受。

2. 酒店的空间结构

着手在酒店设计，着眼在环境整体。酒店的空间结构包括六个方面的因素：空间的形象因素、空间环境因素、空间尺度因素、空间风格因素、空间功能因素、空间应用相关规范因素。其中，形象因素包括建筑物外形、内部空间形象两方面；空间尺度因素主要指酒店建筑结构，如占地面积、长宽比例、楼高、层数与层高、进深、柱网等；空间功能因素主要指酒店的功能布局、空间分割组合、功能配套等。

理性与感性的完美结合状态应该是把酒店设计的建筑规划与室内空间融为一体。装修设计都是在已有建筑构架之上进行的，需要处理好空间的互融合性(室内与室外空间的融合、室内空间的融合)，建造空间结构和谐的酒店。和谐的酒店空间结构分两方面：一是酒店作为一个整体，与周边环境、景色、建筑物等之间的结构关系，即酒店建筑和周围环境的协调，这是大结构；二是酒店内部各功能区的设置、分布、面积、形状等之间的结构关系，即酒店建筑内外环境的和谐，这是小结构。通过预先设计和科学划分，力求功能与布局合理，材料与档次匹配，格调与色调吻合，立体与平面协调，酒店建设与环境保护平衡，节能、节约资源与节地结合，达到生态平衡和可持续发展。

此外，酒店的空间盈利率要占到总建筑面积的 85%，这是一个最佳状态。现在很多酒店因为规划和设计不合理，出现大堂过大、走道过宽、无效面积过多的现象，导致空间盈利率低于 60%，造成投资很大，但没有收到实际效果。

案例 4-5

北京香山饭店

贝聿铭说：“香山饭店在我的设计生涯中占有重要的位置。我下的功夫比在国外设计有的建筑高出十倍”。他还说：“从香山饭店的设计，我企图探索一条新的道路。”

香山饭店(见图 4-19)结合地形采用在水平方向延伸的、院落式的建筑，将体积约 15 万立方米的庞然大物切成许多小块，以达到“不与香山争高低”的目的，饭店只用了白、灰、黄褐三种颜色，室内室外都和谐高雅。因为重复运用了正方形和圆形两种图形，建筑产生了韵律。后花园内远山近水、叠石小径、高树铺草布置得非常得体，既有江南园林精巧的特点，又有北方园林开阔的空间。前庭和后院虽然在空间上是决然隔开的，但由于中间设有“常春四合院”，那里的水池、假山和青竹，使前庭后院具有连续性。

贝聿铭是最典型的第二代现代主义建筑大师。1982 年贝聿铭设计兴建北京香山饭店，他在设计这个饭店的时候，考虑到香山幽静典雅的自然环境，也考虑到这里众多的历史文物，因此刻意设计成能够和这种多元环境的文化因素融合起来的特别形式，在设计中他把握了几个关键因素：①建筑比较低矮，不破坏四周的景观，与中国传统建筑的形式相吻合。

②布局采取了多院相区分和联合方式，是从中国传统住宅建筑多单元分开和联系的方式表现出来的。③采用中国建筑传统的中轴线布局。④不强调现代建筑中玻璃、钢的结构，建筑采用钢筋混凝土结构，但客房部分依然采用承重砖的传统建筑结构，色彩配置上采用中国传统的灰白两色为基本色调。⑤重视园林和绿化在建筑中的作用，借景入室的手法比比皆是。⑥内部材料尽是采用自然材料，特别是木、竹等。色彩中性偏暖。⑦重复使用具有中国传统符号特征的形式：方和圆，无论建筑立面内部、大门、照明灯具，还是客房内部设计，这两个形式总是反复出现，简单而丰富。

图 4-19　香山饭店

北京香山饭店位于西山风景区的香山公园内，坐拥自然美景，四时景色各异(见图 4-20)。依傍皇家古迹，人文积淀厚重；此地为休闲旅游佳境。饭店周边路网交通发达，五环路擦肩而过，由市中心驾车顷刻而至。饭店建筑独具特色，1984 年曾获美国建筑学会荣誉奖，整座饭店凭借山势，高低错落，蜿蜒曲折，院落相见，内有十八景观，山石、湖水、花草、树木与白墙灰瓦式的主体建筑相映成趣，饭店大厅面积八百余平方米，阳光透过玻璃屋顶泻洒在绿树荫荫的大厅内，明媚而舒适。北京香山饭店建于 1982 年，建筑吸收中国园林建筑特点，对轴线、空间序列及庭园的处理都显示了建筑师贝聿铭良好的中国古典建筑修养。贝聿铭说，他要帮助中国建筑师寻找一条将传统与现代相结合的道路。北京香山饭店是贝聿铭第一次在祖国设计的作品，他想通过建筑来表达孕育自己的文化。不是迂腐的宫殿和寺庙的红墙黄瓦，而是寻常人家的白墙灰瓦。他说建筑必须源于人们的住宅，他相信这绝不是过去的遗迹，而是告知现在的力量。

在香山的日子里，贝聿铭通常把意念传达给设计师后，就去做别的工作，然后定时回来监督进度，再向客户报告。香山饭店是他个人对新中国的心意表达，因此他悉心照顾。人们很惊讶地看到他手里拿着铅笔，在公司绘图桌上搔首不已。这是数年来他唯一亲自主持的计划，每隔两个小时他就拿着蓝图、立面图和他的伙伴开一次会。

在西方，大型建筑常常是以一个正面呈现给人的，但这是在香山，香山在逶迤地展延。按照贝聿铭的构想，客人先走过插满五面红旗的牌楼，来到铺着灰色地砖的前庭，才看到开着传统八角和梅花型窗户的白色灰泥墙正面。人走进来以后，能看到环绕贝聿铭典型空间架构天窗的大厅。这种风格介于苏州园林和华盛顿国家艺术馆的中庭之间，是个在树影摇动中喝茶、欣赏绿竹和池鱼的地方。

图 4-20 香山饭店

贝聿铭说，在西方，窗户就是窗户，它放进光线和新鲜的空气。但对中国人来说，它是一个画框，花园永远在它外头。中国园林建筑的借景很重要。比如说像法国的大花园，就是那个凡尔赛宫，站在那儿一目了然，什么都看得清清楚楚；可是中国的园林弯弯曲曲很多景，你要这么一弯腰看是一个景，走几步再看又是另外一个景，这个巧妙得很。

精心规划的长排洁白楼房，高度都不超过四层，装饰着格子花样和八角窗，沿着中庭蜿蜒开来，据说这样安排可以驱邪。这栋虚幻、祥和的楼阁对中国人来说，既熟悉又陌生。因为这是贝聿铭参考苏州的平坦屋顶和白墙做的建筑，在北京看来很不合时宜。有的人对贝聿铭刻意营造的俭朴感到惊惶失措。“贝聿铭希望表达真正的美”，他的助手方佛瑞(Fred Fang)解释说，“它就像没有擦口红的少女一样”。

然而对贝聿铭本人来说，他认为自己设计最失败的一件作品是北京香山饭店。在这座饭店建成后一直没有去看过，认为这是他一生中最大的败笔。实际上，在香山饭店的建筑设计中，贝聿铭对宾馆里里外外每条水流的流向、水流大小、弯曲程度都有精确的规划，对每块石头的重量、体积的选择以及什么样的石头叠放在何处最合适等都有周详的安排，对饭店中不同类型鲜花的数量、摆放位置，随季节、天气变化需要调整不同颜色的鲜花等都有明确的说明，可谓匠心独具。

但是工人们在建筑施工的时候对这些“细节”毫不在乎，根本没有意识到正是这些“细节”方能体现出建筑大师的独到之处，随意“创新”，改变水流的线路和大小，搬运石头时不分轻重，在不经意中“调整”了石头的重量甚至形状，石头的摆放位置也是随随便便。看到自己的精心设计被无端演化成这个样子，难怪贝聿铭要痛心疾首了。

(资料来源：北京香山饭店官网，http://www.xsfd.com/index_cn.html)

3. 外部空间大结构

广东省番禺的长隆酒店是正确处理酒店大空间结构的一个成功的案例(见图 4-21)。酒店与整个野生动物园融为一体，气势磅礴，环境优美，坐拥 6000 亩热带植物翠景，酒店、客人、野生动物、热带丛林相得益彰，使得酒店具有深厚的自然生态特色文化。其设计更是把富有特色的自然景观与酒店建筑融为一体，体现了和谐共生。建筑外形没有在高度上做文章，也没有采取独立又互相连通的建筑组群，每个单体又有独特的设计风格，形成了一种磅礴的气势。

图 4-21　长隆酒店

需要强调一点：平面布局立体看。要正确处理平面和立体不同的视角效果关系，如酒店室外的景色、游泳池等，不能单看平面布局图，要多从楼顶去俯视以感受空间比例关系是否妥当。还有建筑物中间的中庭与自然采光的关系。

案例 4-6

Amangiri 酒店

艾德里安·泽查一向擅长发掘令世人惊叹的绝美之地，22 年前他拨开普吉岛参天的椰林，看到山崖一角的时候就展开了 Aman Resorts 的传奇。最近被他发现的是犹他州、科罗拉多、新墨西哥、亚利桑那交界处的 Four Corners，这里有着北美最惊人的地貌，著名的大峡谷、鲍威尔湖等都在近在咫尺，而 Amangiri 就隐蔽于一处山谷内。酒店占地面积 600 英亩，共 34 间套房，房间内家具均由生牛皮制成，透过房间的窗户，美国南部特有的陡峭荒山、石灰岩和鲍威尔湖畔的荒凉山谷都可以尽收眼底。2009 年 10 月，位于美国犹他州南部的 Amangiri 酒店(见图 4-22)正式开门迎客，成为沙漠之旅的另一理想选择。这家酒店是业界大亨艾德里安·泽查在美国的第二座酒店。Amangiri 总共提供了 34 套房：13 间沙漠景观套房，14 间地景观套房，1 间阳台套房，2 个泳池套房，2 个阳台泳池套房，1 间 Girijaala 套房和 1 间 Amangiri 套房。所有套房均提供可调控空调和地暖系统。酒店最值得称颂的是拥有无敌景观的浸泡浴缸，全玻璃透明设计，一边泡澡一边可欣赏沙漠绝美落日，真是无与伦比的极致享受。酒店还有面积达 2322m^2 的 SPA，为宾客奉献 Aman 备受赞誉的极致享受。这一次 Amangiri 的设计师让人摆脱室内空间，移居室外，一个超大的临沙漠而建的泳池，这是在沙漠干旱之地接近神话的享受，让人在享受的同时又能欣赏到沙漠美景。其中值得推荐的是 Floatation therapy，它是通过一种运用古代冥想技法通过感官的治疗让客人达到深度放松，极适合忙碌的都市人群，在抵达酒店后，用它让自己彻底放松下来，去享受这里极致的美景和无可挑剔的服务。Amangiri 还设有美容院、瑜伽馆和健身中心，美容院提供修指甲等美容疗程，瑜伽馆提供个人、团体服务，健身中心有个人培训课程，但需预约。

图 4-22　Amangiri 酒店

(资料来源：安缦吉吉度假村官网，http://www.amanresorts.com/amangiri/home.aspx)

4. 内部空间小结构

一个建筑、一个室内空间给人最直接的印象就是尺度感。

酒店建筑物部分与整体之间、局部与局部之间、主体与背景之间的搭配关系应能给客人一种美感，最关键的就是要注意选择最好的比例感。此外，还要考虑平衡(对称平衡、不对称平衡)、和谐等。

比例与美有着密切的联系。古希腊在公元前就知道把比例用在建筑上，来取得建筑造型的美。造型如果没有优美的比例，往往不易表现出匀称的形态。相等的比例没有主次，感觉平淡，过于悬殊的比例又产生不稳定感。比例是造型上的一大难题，不仅要追求美感，还要讲究实用。室内空间中，各种空间、高度与长度等都要注重比例问题。一般采用黄金法则 1∶1.618 或 0.618∶1。酒店大堂、中/西餐厅、宴会厅内应尽量控制柱网的数量，尽量缩小柱子尺寸，还要控制天花板高度，以扩大视觉空间效果。会议室、歌舞厅、多功能厅等应无柱网。

(1) 楼层高度。包括两方面内容：一是理论设计高度，即层高；二是实际应用高度，即天花板高度。客房标准楼层的高度，简称层高，受三个因素影响：一是天花板高度(各室内、公共走廊、电梯间等)的设定；二是结构体、梁高级设备系统(空调、配管、消防喷淋头、音响、感应器等)所需空间的高度；三是地板、耐火层(钢骨结构)等表面材料处理的尺寸及施工方法。楼层高低应介于 2.7～3.0m 之间。客房的天花板高度以 2.4m 为最低高度，太低了容易产生压迫感。也要防止出现房间狭小、天花板太高的空间，让人产生恐惧感。公共走廊的天花板高度最低以 2.1～2.2m 为限度。

(2) 面积比例。在酒店设计中，各类设施的面积是有一定的比例配套要求的，这个比例越科学，就能越符合经营需要。这个比例也要与酒店的定位、目标市场相匹配。酒店类型不同，比例差距明显。

酒店常用两组面积数据来描述规模和状况：一是占地面积和建筑面积，二是对客服务区面积(又被称为公共区面积)和后台工作区面积。第一组数据涉及建筑容积率、建筑密度等技术指标，也关系到酒店客人的舒适度。第二组数据涉及酒店的可经营面积、盈利能力等经济指标，既关系到酒店客人消费过程中的舒适度，更关系到酒店的收益与寿命。这两组数据也都关系到酒店建设成本的合理性和投资人的利益，因此需要认真对待。目前酒店设计中出现的过分豪华、好看但不实用的设计错误现象需要引起重视和纠正。

酒店的各类面积比例决定了将来酒店收入的比例。面积构成分为营业面积及非营业面积，非营业面积比例为：客房的动线、门厅、电梯、电扶梯间、客用厕所等占18%～23%；客务部门、布草间、洗衣房等占3%～5%；厨房、验收、仓库、冷冻室等占4%～7%；管理部门办公室等占3%～5%；员工餐厅、更衣室、休息室等占3%～5%；机电设备室、管道、工程工作室等占8%～12%；客房营业面积占34%～55%；客房公共空间占8%～15%；餐饮面积比例为每一席位1.5～3.0m^2；宴会厅面积比例为每一席位1.6～1.8m^2。

通常来说，客房的总面积占酒店总建筑面积的50%以上(其中，客房部门的净营业面积为客房总面积的65%～70%)，餐饮娱乐面积占20%～25%，走道、大堂等公共面积占15%～20%，酒店内部管理功能区(即后台工作区，供设备及内部使用)面积占10%～15%。各部分具体的比例数据后面有表述。

另外，还要考虑建筑容积率、建筑密度和绿化率。(建筑容积率是指项目规划建设用地范围内全部建筑面积与规划建设用地面积之比。附属建筑物也计算在内，但应注明不计算面积的附属建筑物除外。建筑密度即建筑覆盖率，指项目用地范围内所有基底面积之和与规划建设用地之比。绿化率是指规划建设用地范围内的绿地面积与规划建设用地面积之比。)

以上所提到的规划建设用地面积是指项目用地红线范围内的土地面积，一般包括建设区内的道路面积、绿地面积、建筑物(构筑物)所占面积、运动场地等。

(1) 经济型酒店可能进一步减少；

(2) 500间客房以上的酒店将适当减少；

(3) 根据公用设施功能及其烦琐程度而增加面积。

5. 室内区域布局

酒店内的所有区域，包括一小间房内或一小块区域的布局也要精心设计、合理布局。如客房卫生间靠窗还是靠门、家具的位置布局、客房的功能区域划分等，都要事先设计好，因为其涉及灯具、开关、插座、管道等的相应位置与分布。

6. 空间的专用属性

谈起酒店空间，还有一个属性概念，可根据其用途可分为专用空间和混用空间。专用空间的用途单一，空间的属性内涵小，如总统套房、VIP专用电梯、传菜电梯、消防电梯、机电设备用房等，混用空间的用途较多，空间的属性内涵大，如多功能厅、公共卫生间男女共用的洗手台、会议中心的休息区等。

7. 酒店筹建

根据酒店客房总数倒算公用设施面积参考标准(欧洲酒店)如表4-1所示。

表4-1 公用设施面积参考标准

经营区域	可延伸的，大型	中 型	小 型
大堂	1.0～1.2m^2	0.8～1.0m^2	0.4～0.8m^2
餐厅、咖啡厅	1.4～1.8位	0.8～1.2位	小于0.6位
酒廊/酒吧	0.8～1.0位	0.6～0.8位	小于0.4位

续表

经营区域	可延伸的，大型	中 型	小 型
多功能厅	3.0～4.0 位	1.0～2.0 位	小于 1 位
会议室			
行政及后勤区域	低(a)	一般(b)	高(c)
行政			
前区办公室	0.2	0.4	0.4
其他办公室	0.3	0.6	0.9
厨房及库房	1.0	1.5	2.0
洗衣房	0.6	0.8	0.9
仓库	0.4	0.5	0.6
储藏间	0.5	0.7	0.8
员工区	0.6	1.0	1.2
工程区	1.0	1.8	2.3
系数	×15%	×20%	×25%

8. 酒店公共区及服务区面积计算表

酒店公共区及服务区面积计算如表 4-2 所示。

表 4-2　酒店公共区及服务区面积计算表

位 置		m^2/每位	说 明
餐饮区			
主要餐厅		1.8	每台不少于 2 位
特色餐厅		2.0	包括主题式餐厅
咖啡厅、酒吧		1.6	包括喝水服务台
夜总会		2.1	包括舞池
公共式酒吧、大堂吧		1.5	主题式或常规酒吧
鸡尾酒廊		1.6	自助餐式
大堂休息区		2.0	有长沙发的
娱乐酒廊(有表演的)		1.6	封闭式座位，包括小舞台
员工餐厅		1.4	快餐式
多功能厅			
宴会厅	一般宴会	1.2	1.0～1.4m^2，依据设计调整
	自助餐	0.8	0.7～1.0，依据设计调整
	接待	0.6	站立式
	前区	0.3	准备区或休息区
	团体用餐	1.6	圆桌式
大型会议	剧场式	0.9	封闭式排列摆位
	课堂式	1.6	含有书写条桌
	宴会式	2.0	10～20 张圆桌

续表

位　置	m²/每位	说　明
服务区(按餐饮客人总数量)		
存衣间	0.04	
流通区	0.2	20%的调整量，依据设计
家具设备库房	0.14	
主厨房	0.8	0.5～1.0，依据设计调整
附属厨房	0.3	由主厨房供应
宴会厨房备餐室	0.2	主厨房的附加部分
客房送餐备餐室	0.2	每室为 30 间客房服务
餐饮食品库	0.2	依据全部餐饮座位计算

9. 酒店后台部分功能设施基本要求一览表

酒店后台部分功能设施基本要求如表 4-3 所示。

10. 新店区域面积规划参考表

新店区域面积规划参见表 4-4。

表 4-3　酒店后台部分功能设施基本要求一览表

类　别	部　位	要　求
酒店经营	厨房	由餐厅设计相应确定
	冷冻/粗加工间/收货平台及收货部	150m²
	垃圾间	40m²
	酒水库/文具库/工程部车间/仓库	800～1200m²
	酒店总库房	
酒店经营机房类	电话机房	60m²
	计算机机房	40m²
	洗衣机房	250m²
	消防控制中心	40m²(烟感/喷淋/CCTV/应急广播/背景音乐)
酒店机电用房	锅炉房	2×2 吨(油库-油箱)
	变(机)电室/应急发电机	300m²(油库-油箱)
	冷冻机房	
	泵房/水箱间	400m²
	水处理设施/冷却塔	
酒店员工用房	员工更衣室	350m²
	(更衣柜、淋浴、卫生间、洗区)	
	员工餐厅/厨房	150m²
	员工倒班宿舍	
	员工活动室	

续表

类 别	部 位	要 求
酒店办公用房	总经理办公室	4～6 人
	销售部：市场销售、公关、美工	6～10 人
	宴会销售	4～6 人
	客房部	6～8 人
	前台办公室	前台经理、预定部
		前台收款 8～10 人
	财务部	总监办 2～3 人
		计算机部 2～3 人
		财务部 10～12 人
	采购部	4～6 人
	工程部	4～6 人/工程部值班室
	人事部	人事部 3～4 人
		培训部 2～3 人，培训教室
	保安部	4～5 人
	餐饮部	2～3 人
	员工存车	
	司机值班用房	
	董事长办公室/业主办公室	

表 4-4 新店区域面积规划参考表

区 域	用 途	参考标准	备 注
餐厅	顾客使用区域	每餐位约 1.5～2.5 m^2	空间包括：通道、停车处、候餐区、大厅、雅间
	办公前厅区域	前厅 1/2，厨房 1/3 或 0.6～0.8m^2 个餐位； 办公室 1/50，库房 2/25， 员工更衣 1/25 等	
客房	三星级	18m^2，卫生间一般 4～5m^2	GB/T14308－2《旅游饭店星级的划分与评定》规定。计算方法为：除卫生间、通道外的净面积，为星级确认的标准面积
	四星级	20m^2，卫生间一般 6m^2	
	五星级	26～30m^2，卫生间一般为 10m^2，卫生间与浴室最好分开，浴盘可调节冷热水、可淋、可浴	

11. 土建设计

土建设计、结构设计主要由建筑设计师来牵头完成，解决新酒店建筑的布局、空间结构、造型、避难层、安全疏散等问题。

土建设计与机电设计、装修设计是息息相关的，三者的设计应在确定了酒店功能布局以及主要设备选定型后才能进行。比如，高层的酒店建筑必须设有设备转换层，而土建设计就须处理好转换层的层高；高层酒店一般要考虑裙楼的设计，没有裙楼的酒店很难合理地布局；厨房和设备用房空间需要多少面积；多功能厅是否可以减少立柱避免影响使用效果；又比如功能布局未敲定前，厨房和客房卫生间设计就不能排板，以免造成返工。别墅型酒店在选择空调主机时应区别于高层酒店，否则浪费能耗，管理麻烦，因而在土建设计时要充分考虑不同空调机房的设置和面积；还有，若墙体采用轻质材料，在土建结构上可考虑减少钢材和水泥用量，能大大节省土建造价，等等。具体情况如表 4-5 所示。

表 4-5　高星级酒店空间隔间名称参考一览表

<table>
<tr><td rowspan="9">主要用途部分</td><td>客房部分</td><td>单人房、双人房、半套房、套房、特别房、残障房、日本房、总统套房等</td></tr>
<tr><td>客房附属</td><td>总台、更衣室、行李房、门童房、商务中心、委托代办中心、经理室、服务台、保险室、兑换室、办公室、花果房、备品室、房务室、客房送餐服务、布草间、楼层洗消间</td></tr>
<tr><td>宴会部分</td><td>宴会厅、会议场、集会场、结婚场、新娘房</td></tr>
<tr><td>宴会附属</td><td>定席室、更衣室、办公室、厨房、员工室、隔屏室、监控室、调光室、仓库、备餐室、备品室、用品室</td></tr>
<tr><td>餐饮店铺</td><td>主酒吧、中餐厅、咖啡厅、西餐厅、高层餐厅、商店、店铺、桑拿房、游泳池、健身房、诊疗室、理发室、美容室、休闲室等</td></tr>
<tr><td>餐饮附属</td><td>事务室、主厨室、调理室、准备室、冷藏室、冷冻库、食品库、一般库、鱼肉室、酒库、食器库、银器库、制冰库、备餐间、点心房、水果室、面包房、洗碗间</td></tr>
<tr><td rowspan="2">共同部分</td><td>办公室、接待室、男更衣室、女更衣室、主管室、安全室、资料室、电脑室、电话室、总机室、厕所、浴室、休息室、训练室、医务室、值班室等</td></tr>
<tr><td>员工厨房、员工餐厅、物料室、食品室、临时室、印刷室、打字室、保管室、纸料室、储藏室、工作室、洗衣房、干燥室、管衣室、家具仓库、空瓶室、垃圾场、验收室</td></tr>
<tr></tr>
<tr><td rowspan="5">其他用途部分</td><td>共同部分</td><td>车道入口、玄关、除风室、大厅、电梯间、通用口、候客区、楼梯、厕所、走道</td></tr>
<tr><td>管理部分</td><td>管理室、工作间、消防中心、保安室、修护室、休息室、值班室、厕所、浴室、更衣室、仓库、走道、楼梯、茶水间、杂物间等</td></tr>
<tr><td>设备部分</td><td>变电室、蓄电室、MDF 室、VVCF 室、EVL 室、空调机械室、冷冻机室、抽水机室、锅炉室、油库、给排气室、消防水槽、烟囱、监视室、设备员室、水塔间、清水槽、污水槽等</td></tr>
<tr><td>停车部分</td><td>车道、回旋道、停车场、车库、司机室、配车室、收费室、从业员室、机械室、消防各室、仓库、升降室、停车塔、设备室、厕所等</td></tr>
<tr><td>其他部分</td><td>结构层、转换层等</td></tr>
</table>

评估练习

1. 简述酒店客人动线。
2. 空间对心理的作用关系？

第三节 酒店设计与布局发展趋势

教学目标

- 认识酒店设计发展趋势。
- 了解酒店业与环境社会的关系。

一、酒店设计发展趋势

许多设计师都面临这样一个划时代的问题，也都试图给出尽可能科学并获得普遍认同的答案。21 世纪前的百年设计史为后来的设计及设计师建立了雄厚的精神和物质基础。它们在设计原则、设计构思、材料革新、科技进步和设计文化诸多方面的努力和成就促使今天的设计及设计师对当今时代的酒店环境设计进行全面、审慎的思考。一个时代会形成一个时代的社会形态特征。过去的二十几年间，现代社会所经历的无数变化显然对我们的生活方式造成了巨大的影响。这不仅表现在日常生活的内容上，更表现在设计美学方面，也包括设计理念丰富多彩的变化。作为今天的设计师，对未来的酒店室内装饰设计应该具有一种敏锐的观察、思索和预测设计发展的能力。设计总是走在社会发展的前列，它应该肩负起推动社会向更加文明、更加进步的方向迈进的重任。鉴于此，在此对酒店室内装饰设计的未来发展趋势，从多个角度加以分析，以供思考探讨。

(1) “以人为本”的基本设计观。“为人服务，这是室内设计社会功能的基石。”酒店室内装饰设计的目的是创造酒店室内空间，进而优化室内酒店环境。设计者应始终把人对室内环境的要求，包括物质和精神两方面，放在设计思考的首位。由于设计的过程中矛盾错综复杂，设计者需要清醒地认识到“以人为本”的重要性。从“以人为本”这一根本目的出发，通过对人体工程学、环境心理学、审美心理学等方面给予充分地重视，用于科学地、深入地了解人们的生理特点、行为心理和视觉感受等方面对酒店室内环境的要求。针对不同的人、不同的使用对象，相应地应该考虑不同的要求。例如，幼儿活动区域内的窗台，考虑到适应幼儿的尺度，窗台高度应降至 450～550mm，楼梯踏步的高度也在 120mm 左右，并设置适应儿童和成人尺度的二档扶手；一些公共空间考虑残疾人的通行和活动，在室内外高差、垂直交通、厕所盥洗等许多方面应作无障碍设计。在酒店室内空间的组织、色彩和照明的选用方面，以及对相应使用性质室内环境氛围的烘托等方面，更需要研究人们的行为心理、视觉感受方面的要求。例如，酒店内要求客房室内空间的安静、具有亲切感，会议厅规范的室内空间具有庄严感，而娱乐场所绚丽的色彩和缤纷闪烁的照明给人以兴奋、愉悦的心理感受等。

(2) 整体、和谐的自然设计观影响现代酒店室内设计的立意、构思，室内风格和环境氛围的创造。酒店室内装饰设计，从整体观念上来理解，应该看成是酒店环境设计系列链中的重要一环。酒店室内装饰设计的“里”和室外环境的“外”，可以说是一对相辅相成、辩证统一的矛盾体，正是为了更深入地做好室内设计，就更加需要对环境整体有足够的了解和分析，着手于室内，但着眼于“室外”。环境整体意识薄弱，就容易就事论事，“关起门来做设计”，使创作的酒店室内设计缺乏深度，没有内涵。当然，使用性质不同，功能特点各异的设计任务，相应地对环境系列中各项内容联系的紧密程度也有所不同。但是从人们对酒店室内环境室内的物质和精神两方面的综合感受来说，仍然应该强调对环境整体给予充分重视。

(3) 注重科学性与艺术性的结合观是现代酒店室内设计的又一个基本发展趋势。其是在创造室内环境中高度重视科学性和艺术性，并使之相互结合。从建筑和室内发展的历史来看，具有创新精神的新的酒店设计风格的兴起，总是和社会生产力的发展相适应的。社会生活和科学技术的进步，人们价值观和审美观的改变，促使酒店室内设计必须充分重视并积极运用当代科学技术的成果，包括新型的材料、结构构成和施工工艺，以及为创造良好声、光、热环境的设施设备。现代酒店室内设计的科学性，除了在设计观念上需要进一步确立外，在设计方法和表现手段等方面，也越来越被重视。一方面需要充分重视艺术性，在重视物质技术手段的同时，高度重视建筑美学原理，创造具有表现力和感染力的室内空间和形象，创造具有视觉愉悦感和文化内涵的酒店室内环境；另一方面使酒店室内设计的科学性与艺术性、生理要求与心理要求、物质因素与精神因素达到高度平衡和综合。随着科学技术的发展，酒店室内现代化、智能化的高新信息设备应用日益频繁，形成信息多元化的历史潮流。室内环境设计师虽然不需要去掌握与科技有关的艰深理论，但必须对它的发展要有基本的概念，并能将它应用在室内环境设计中，如此才会产生丰富的创作灵感和实用方案。而就酒店室内环境设计整体观而言，设计师应认识到科技只是一种工具，大量智慧型的信息设备也只是空间中一种新的构成元素，它们不是最主要的方面，人才是空间的主角，未来的室内环境设计还是以人为主的设计，并且会让人性更加彰显。因此，科技多元化的设计也应是更重视人性尊严和情感诉求的设计，这也是未来的设计观。科技将会对世界产生越来越大的影响，因此，设计师应以宏观的态度去吸收各种科技的新观念，利用科技将人文艺术、自然、形态元素等空间内涵结合在一起，并应用在人们的生活环境中，这是未来酒店室内环境设计前进的一大方向。

案例 4-7

高科技酒店

走进位于多伦多市的 Hazelton 酒店，你会奇怪于来来往往的服务员不停地对着胸卡喃喃自语，这是什么新鲜玩意儿？原来 Hazelton 酒店给员工配备了 Vocera 通信系统。当客人提出服务员无法独立解决的需求时，服务员只需按下胸卡，说出可以协助他的其他员工的姓名、职务或部门，系统便会立即与其他员工一对一接通——而这只是在最小处体现了 Hazelton 酒店的新科技含量。

不夸张地说，高科技和智能化已经成为衡量五星或五星级以上高级酒店的一个标准。全球的高端酒店各显神通，竭尽可能地将科技融入酒店服务和管理的方方面面。在曼谷开业的瑞士 Golden Tulip Hospitality Group 集团旗下的 Tulip Inn，酒店的每间房间里，有会根

据心情、声音调节的灯光和音乐，你甚至可以自选墙纸的颜色和花样。英国曼彻斯特的City Inn hotel 每一个房间都有一台苹果电脑，作为为顾客提供娱乐的系统，集收音机、电视、DVD、CD 播放器、网页浏览器于一体，堪称只有想不到，没有做不到。置身高科技酒店中的客人，常常惊叹于细微处流露出的智能性，不得不折服于这些最有趣、最聪明的酒店客房，如图 4-23 所示。

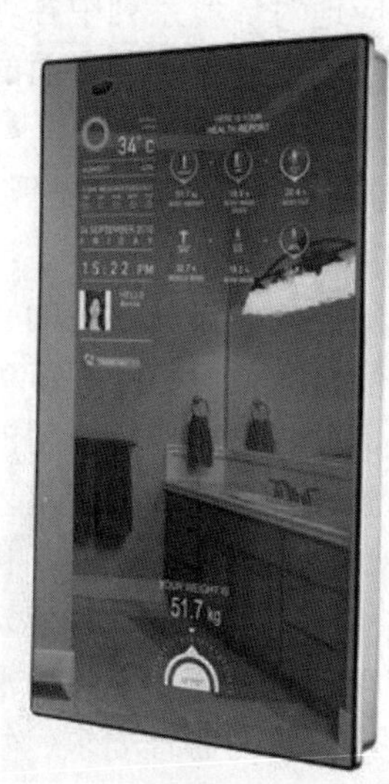

图 4-23　科技镜子

你是否会偶尔马大哈忘记带钥匙？或者心系房间的安全？一些酒店已经做到了“去钥匙化”。

巴黎 Murano 度假村的指纹锁系统，房间甚至保险箱的安全都系于你的轻轻一按。你是不是每次都要提醒自己在进房门后顺手要把纸质的“请勿打扰”标牌悬挂在门把手处？你是不是每次躺在了床上才想起没挂上“请勿打扰”标牌，要强忍着倦意，亲自去门口挂上标牌？这就太落伍了！虽然纸质标牌历史悠久，也恰如其分地表达了当下最为时尚的环保概念，不过也该升级换代了。Hazelton 酒店用的是更新换代后的 ReadyMaid 电子控制系统，客房内的触摸式面板开关直接能连接客房外过道处的状态显示面板，酒店员工通过 LED 灯光指示即可识别客房状态。这下，若是你业已躺到了床上，也不用起身，只需按下床边的控制面板，就能搞定。在房间的任意一处墙上也都有控制面板，轻松一按，整个房间顿时成了私密性十足的私人空间，谁都无法打扰。

Hazelton 酒店的电话也力推个人私密化服务。在房间里，你会看见双线彩屏 VoIP 电话，除去免费接听本地和长途电话的服务之外，更恰当的名字应该被称为智能帮手，按下预先编程好的一键式快速拨号按钮，就能快速接通酒店各处。由此，你能轻而易举地获取大量信息，包括航班详情、天气预报、股票指数播报、周边餐饮和娱乐设施推介，等等，相当便捷。更让人目瞪口呆的是，颇为前卫的 Cisco 视频电话也在 Hazelton 隆重登场，你能通过实时影像与来电者实现可视画面的交流。在 Hazelton 酒店，你仿佛就能化身《未来派报告》里的尖锋战士，在一众新式武器里驰骋一番，找到高人一等的快感。

说到实处，高端酒店最强劲的科技含量大多都用在了娱乐设施上。英国剑桥 Charles 酒店的“镜中电视”只要你一动按钮，原本映照自己面容的镜中，缓缓映现出银幕，这不仅起到节约空间的作用，依稀还有那么点“魔幻”的味道呢。Hazelton 酒店的每间客房都有 47 英寸高清液晶电视和数码 5.1 环绕音响系统，想象一下，躺在 king size 的床上，耳膜被音乐的轰鸣声不停地震荡，视野跟随着超大屏幕每分每秒都似身临其境，入住前，你不曾想到暂时留驻的酒店客房也能满足极致视听享受体验。

进入房间，你可以很随意地将 iPod 或笔记本电脑插入房内的多媒体设备连接器，从而成功连接上电视，实现信息同步。酒店的电视频道早已事先被标注一些特定端口，当你将 iPod 接入电视并按下连接器上的 iPod 按键后，电视机中的特定频道将会自动显示 iPod 中的相关内容，你可以自我地享受自己喜欢的音乐和节目。当然不得不提的是免费的网络连接，无线的，BID Lan 10BT-10Mbps 光纤提供了 10 兆的带宽，几乎不会出现拥堵状况。在这里，你能搬着笔记本到处跑，甚至于泳池旁都覆盖了网络。

无独有偶，位于阿联酋首都阿布扎比西北海岸边的酋长国宫殿酒店以奢华著称，堪称“简直是为国王而建”，客房内的高科技设备令人咋舌，刚入住，就能领到一个价值 2500 美元的掌上电脑，拿着这个有着 8 英寸小屏幕的超级智能掌上手机，你可以用来设定 morning call，还能下载电影、录像，更绝的是还能召唤服务生。房间里的电视机是 50 英寸或 61 英寸的交互式等离子电视，你可以足不出户买酒店商场里的东西，退房结账已能一并在房内完成。

(资料来源：网易财经，http://money.163.com/08/0823/02/4K0DLIUV002524SC.html)

(4) 提倡绿色环保、节约型的设计观。生态、环境和可持续发展已成为 21 世纪室内环境设计师面临的最迫切的研究课题。高科技的发展带来了人类社会的长足进步，同时也造成了全球环境的恶化。一方面，现代室内环境设计广泛运用各种建筑装饰材料、手法，在创造悦目、舒适的人工环境方面做出了很大贡献。另一方面，这一进步是以地球资源与能源的高消耗为代价的，它对地球生态环境的破坏与日俱增。于是，如何保护人类赖以生存的环境，维持生态系统的平衡，便成为全球关注的现实问题，也成为现代设计师们的责任。生态学的观念在当今乃至未来的设计中将占有越来越重要的位置，并将逐渐发展成为室内环境设计的主流。把生态思想引入酒店室内环境设计，扩展其内涵，有助于酒店室内装饰设计向更高层次和境界发展。酒店室内环境生态设计有别于以往形形色色的各种设计思潮，主要体现为以下三方面内容。

① 适度消费。通过室内环境设计而创造的人工环境是人类居住消费中的重要内容。尽管室内生态设计也把“创造舒适优美的人居环境”作为目标，但与其不同的是，生态学设计理念倡导适度消费思想，倡导节约型的生活方式，反对酒店室内环境的豪华和奢侈铺张，强调把生产和消费维持在资源和环境的承受能力范围内，保证发展的持续性，以体现一种崭新的生态文化价值观。

② 注重生态美学是在传统审美内容中增加生态因素，强调和谐有机的美。它是美学的一个新发展，强调自然生态美，欣赏质朴、简洁，而不刻意雕琢；同时，又强调人类在遵循生态规律和美的法则下，运用科技手段加工创造出的室内绿色景观与自然的融合。因此，生态美学带给人们的不是一时的视觉震惊而是持久的精神愉悦，是一种更高层次、更高境界、更具生命力的美。

③ 倡导节约和循环利用。室内生态设计强调在酒店室内的建造、使用和更新过程中，对常规能源与不可再生资源的节约和回收利用，即是对可再生资源也要尽量低消耗使用。在室内生态设计中实行资源的循环利用，是现代酒店室内环境生态设计的基本特征，也是

未来设计体现可持续发展的基本手段与理念。

案例 4-8

绿色酒店(电谷锦江国际酒店)

“绿色酒店”可以简单地翻译为“green hotel”，但国际上又把“绿色酒店”翻译为“ecology-efficient hotel”，意为“生态效益型酒店”。由于“eco”也是“economy”的前缀，这个单词也隐含着“经济效益”的含义，意思是充分发挥资源的经济效益。应该说 green hotel 只是一种比喻的说法，是用来指导饭店在环境管理方面的发展方向。它可以理解为与可持续发展类似的概念，即指能为社会提供舒适、安全、有利于人体健康的产品，并且在整个经营过程中，以一种对社会、对环境负责的态度，坚持合理利用资源，保护生态环境的同时为自身创造经济利益的酒店。简而言之，就是环境效益和经济效益双赢的结晶。

绿色酒店是指那些为旅客提供的产品与服务符合既充分利用资源、又保护生态环境的要求和有益于顾客身体健康的酒店。从可持续发展理论的角度考虑，“绿色酒店”就是指酒店业发展必须建立在生态环境的承受能力之上，符合当地的经济发展状况和道德规范，即一是通过节能、节电、节水，合理利用自然资源，减缓资源的耗竭；二是减少废料和污染物的生成和排放，促进酒店产品的生产、消费过程与环境相容，降低整个酒店对环境危害的风险。

坐落于河北保定高新区核心地带的电谷锦江国际酒店(见图 4-24)，远观像立体的“蓝精灵”。被定义为“金属与玻璃的时装”的这座太阳能大厦是我国首座多角度应用太阳能玻璃幕墙发电的示范项目。形象点说是一座“呼吸吐纳”阳光与电力的“活”的建筑。由于采用了不同的结构方式实现太阳能全玻组件与建筑一体化完美结合，电谷锦江已经成为世界上将不同太阳能组件应用方式与建筑结合的标志性建筑。在酒店内外随处可见建筑节能和可再生能源技术的应用。在外围护结构方面，大厦屋顶采用了 5 厘米挤塑聚苯板保温，外墙采用 5 厘米厚挤塑聚苯板抹灰系统，外窗则采用低能耗中空玻璃铝合金窗。大厦外墙的五个不同方位安装了 4500 平方米太阳能玻璃幕墙，它不仅具有遮阳、环保、节能、隔音、美化建筑、结构牢固等特点，而且具有良好的透光性、可产生电能、降低工作及管理成本的优点。据介绍，整个酒店的光伏发电总装机容量 0.3 兆瓦，年发电量 26 万千瓦时，全年可节约 104 吨标准煤，减少二氧化碳排放量 270 吨，减少二氧化硫排放 2.3 吨，减少氮氧化合物排放 1 吨。而实际运营 2 年多来，酒店累计发电量达到 57 万度，实现二氧化碳减排 533.5 吨，相当于节省标准煤 228 吨。这种光电幕墙与建筑一体化的尝试、创新在国内外尚属首例，不仅解决了制造、安装、技术等难题，而且突破了多项科研难题并取得国家专利。值得一提的是太阳能发电将并入地方电网，是国内光伏发电的样板工程。人们的注意力往往集中在传统能源的节约利用与新能源的开拓上。实际上我们身边静默矗立的建筑更应该受到关注。在发达国家，建筑用能已占全国总能耗的 30%～40%。因此如果能够将建筑与太阳能利用相结合，即光伏建筑一体化，对于钢筋水泥搭筑的人类社会实现可持续发展显然有着重大的意义。

图 4-24　锦江国际酒店

光伏建筑一体化即将太阳能光伏发电方阵安装在建筑的围护结构外表面来提供电力。根据光伏方阵与建筑结合的方式不同，光伏建筑一体化可分为两大类：一类是光伏方阵与建筑的结合。光伏方阵依附于建筑物上，建筑物作为光伏方阵载体，起支承作用。另一类是光伏方阵与建筑的集成。光伏组件以一种建筑材料的形式出现，光伏方阵成为建筑不可分割的一部分。 光伏建筑一体化的优势与好处首先在于节省了空间，不需要占地兴建光伏电站，其次是可自发自用，减少电力输送过程的能耗和费用。同时，还能够节约成本，适用新型建筑维护材料，替代了昂贵的外装饰材料、玻璃幕墙等减少建筑物的整体造价，并且在用电高峰期可以向电网供电，解决电网峰谷供需矛盾。而最重要的是杜绝了由一般化石燃料发电带来的空气污染。另一方面，太阳能发出来的电力是直流电力，它的使用也分为两种：离网、并网。离网系统一般需要用蓄电池将太阳能发出的电进行储存。而并网发电则是将太阳能电力用设备直接并入电网使用。这是一种经济、便捷的应用方式，代表着太阳能电力的应用主流，堪称光伏发电的“生命意义”。所谓太阳能并网工程就是通过专用的设备，将太阳能电池板发出的直流电转换成符合电网要求的交流电，实现太阳能发电的并网使用，经过升压后的太阳能电力可以达到与常规电力一样的要求，满足生产和生活需要。 由此可以看出，电谷锦江国际酒店的光伏并网工程既是光伏与建筑一体化的成功结合，又将所发电力并入当地电网服务于民，真正实现了光伏发电的实用目的。

(资料来源：电谷国际酒店官网，http://www.pvhotel.cn/introduce_zh-cn.php)

(5) 简洁的室内环境设计观。简洁就是设计思想高度的精练，使设计简化到它的本质，强调它内在的魅力，追求一种形式和内容的简洁化。在现代酒店室内装饰设计中，线条及造型趋向简洁是一种非常重要的趋势。究其产生的缘由有三方面：其一是由于早期现代设计运动中功能主义的持久影响。建筑设计大师密斯·凡德·罗的名言“少就是多”至今仍然有极强的生命力，且不断被后代设计师进行新的诠释。其二是受到东方设计传统，尤其是日本设计艺术的影响。日本第二次世界大战后在建筑与设计领域异军突起，形成影响很大的一个设计流派，更加剧了这种简洁的设计风格。其三是由于受目前或相当长一段时间备受重视的生态设计观的影响。生态学设计观强调的是环境保护意识，其中一项重要内容就是对原材料的最少使用而达到最完善的功能。简洁明快的直线和简洁优雅的曲线空间环境，产生的很多简洁的酒店设计作品，更多地体现在对自然界万物的直接或间接的模仿升

华，这种升华的设计又辅以对现代材料的灵活运用。

(6) 动态的可持续发展观。“与时变化，就地权宜”、“幽斋陈设，妙在日异月新”，即所谓“贵活变”的论点是我国清代文人李渔在他室内装修的专著中提到的。李渔“活变”的论点，虽然还只是从室内装修的构件和陈设等方面去考虑，但是它已经涉及了因时因地的变化，把室内设计作为动态的发展过程来对待。现代酒店室内设计的一个显著的特点，是它对由于时间的推移，从而引起酒店室内功能相应的变化和改变，显得特别敏感。当今社会生活节奏日益加快，酒店建筑室内的功能复杂而又多变，室内装饰材料、设施设备，甚至门窗等构件的更新换代也日新月异。总之，室内设计和建筑装修的“无形折旧”更趋突出，更新周期日益缩短，而且人们对室内环境艺术风格和气氛的欣赏和追求，也是随着时间的推移而在改变。“可持续发展”一词最早是在20世纪80年代中期欧洲的一些发达国家提出来的，提出“可持续发展系指满足当前需要而不损害子孙后代满足其需要之能力的发展”。1993年联合国教科文组织和国际建筑师协会共同召开了“为可持续未来进行设计”的世界大会，其主题为各种人为活动应重视有利于今后在生态、环境、能源、土地利用等方面的可持续发展，联系到现代室内环境的设计和创造，设计者必须不能急功近利、只顾眼前，而要确立节能、充分节约与利用室内空间、力求运用无污染的“绿色装饰材料”以及创造人与环境、人工环境与自然环境相协调的观点。动态和可持续的发展观，即要求室内设计者既考虑发展有更新可变的一面，又考虑到发展在能源、环境、土地、生态等方面的可持续性。综上所述，未来现代酒店室内装饰设计的发展趋势及基本观点可以归纳为以人为本、和谐自然，科学性、艺术性的结合，绿色环保的节约型、简洁环境、可持续发展等几个重点。

二、中国酒店设计的回顾

中国室内设计在新中国成立后慢慢起步并发展起来。中国的酒店业设计同样如此，20世纪50年代至70年代几乎没有自己的室外内设计，寥寥无几的如北京饭店也只不过是50年代俄罗斯古典主义与中国古典建筑风格的结合。 80年代实行全面改革开放，经济高速增长，国内酒店也开始繁荣，但是在此之前，中国室内设计尚未经历以现代主义风格为特征的发展阶段，后现代主义的多元思潮又接踵而至，设计界一时找不到方向，处于迷茫期。中国的酒店设计从借鉴模仿中艰难起步，呈现出五花八门、鱼龙混杂的局面。就结果而言，在不到二十年的时间内，中国高端酒店设计迅速接近西方国家酒店室内设计的水准，也是值得称赞的。目前我国酒店设计存在的问题大致包括以下几个方面。

(1) 大批酒店设计千篇一律，缺乏特色和创意。在中国各大城市众多的星级酒店，无论是酒店规划、建筑设计、功能布局到室内风格、手法、材料乃至客房的样式都惊人地相似，导致经营疲软，竞争无力，给国家和投资方造成大量的损失。这其中的原因，有的是建筑设计单位缺乏经验，如交通流线组织不合理；或者重视前台，轻后台；也有的是室内设计师不负责任的“拿来主义”。其实，每个酒店因为所处的城市、地区以及相邻建筑、当地人文及生态环境的不同，业主投资以及酒店经营或管理公司不同，市场定位的不同，酒店完全应有不同的气质和特色。在发达国家，一个酒店从立项到建成一般要3～5年，通常一开始业主就会和建筑设计、酒店设计专业公司、酒店管理公司作市场的分析和定位，而设计师必须深刻了解该酒店的市场定位，深刻地研究如何创造酒店的形象并使其功能全面合理化。最终才能成功造就一个酒店。因此，室内设计要坚决反对抄袭之风，真正地根据每个酒店不同的要素，创造出各自的特色和形象来。

(2) 室内设计重视墙面装饰，而灯具、家具、艺术陈设却苍白无力。这个问题在国内众多酒店中是个普遍现象。酒店这个特定建筑围合的空间，它不仅要满足人们住宿、餐饮的要求，还要满足会议、商务、娱乐、健身诸多方面的需求。它不仅是功能上的，还是精神上的，要让客人在入住酒店的同时，经历文化的感染和艺术的熏陶，无论商务活动还是度假，都有一种惊喜的体验，而这种经历的来源除空间的装饰处理外，就是酒店中精致的灯具，时尚的家具和丰富的艺术陈设了。酒店空间不同于其他公共建筑，它一定是有个特定氛围的：从色彩、灯光到水杯的款式都要求十分考究。国内大多数中档酒店从大堂到客房甚至次要的消防通道一律用大量石材装饰，满墙的高档材料，装修界面极为奢华，但是家具、灯具和工艺品都极为低劣，这样的酒店谈何“氛围”，客人哪里还能宾至如归。因此，设计师们一定要合理地控制造价，突出重点，帮助业主在硬装饰和软装饰方面合理调配，有的放矢，用有限的资金创造最佳的艺术效果。

(3) 国内很多设计师不重视客房设计。其实客人入住酒店，大部分时间均在客房度过，面对生活水准和鉴赏力都日渐提高的客人，国内大多数酒店客房无论从功能、面积、户型到客房中家具的款式、布艺、地毯的颜色，甚至在酒吧、衣柜的做法上都惊人地相似，不同的客人有不同的需求，首先商务客人有技术需求：宽带网、电子邮件、移动电话、手提电脑，这些都需要设计师把这些功能加以布置；再者，床是至关重要的，这是客人在房间里使用时间最长的地方，一定要大而且质量要高；其次，浴室、淋浴、浴缸、洗脸盆和坐便器，而且最好做到干湿分区，这样，一个双人标间里，两人就不会有同时上卫生间的尴尬了。客房是酒店创造效益的主要部分，客房设计不是一件容易的事，其设计要最大限度体现对客人的关怀，因为客人对客房的要求远比对大堂、餐厅的要求更细。客房设计不好、不精、不方便，不仅对客人不好，也会降低酒店的档次。客人入住酒店支付了许多钱，设计师一定要有创意，客房里的颜色、款式、灯具、家具、艺术陈设最好使用客人未曾见过的。努力带给客人一个惊喜。比如，一个意想不到的别致的电视柜，一个软软的舒适的沙发，一组精美的大枕头，甚至一组插花，一个精巧的小书架。因此让客人感到惊喜的，富于异国情调或是某种历史、地域文化的创意，以及那些细致的，使用新材料、新工艺、新技术的设计，无论是空间造型，色彩组织，还是灯具、家私和艺术小品、五金制品，只要是打破常规、富于创新的，客房的魅力和价值就会极大地提升，酒店也就会富有特色和备受赞誉。

(4) 时至今日，中国最大型最高档次的酒店被国外著名设计公司垄断，这些世界级的大师以及大批留学归国的学子带来了先进的思想、方法和技术，为中国酒店设计做出了贡献，也使我们看到了努力和前进的方向。

(5) 中国本土设计师从 20 世纪 90 年代开始从模仿和抄袭阶段成熟起来，开始引用创新理念，不断探索和创作出主题新颖、文化内涵丰富、风格手法独特，带有明显地域特点和东方文化的优秀作品。尤其是近年，一些有思想的设计师开始研究自己的本土文化，探索着一条有中国特色的新中国风的设计道路。比如西安的唐城宾馆改造工程、常州大酒店的设计，设计师均有较为独特的见解和创新；同时，我们还应该清醒地认识到，中国的设计水平与世界发达国家的设计水平还有很大差距，我们很多设计师设计时还缺乏创新意识，缺乏文化底蕴。

三、中国酒店设计的发展趋势

中国酒店设计表现出了以下几个发展趋势。

(1) 从单一商务酒店向会议酒店、公寓酒店、主题酒店和休闲度假酒店多元发展，随着综合国力的增强以及华夏大地东西南北丰富的民俗和旅游资源，在近 20 年城市商务酒店发展的高峰期后，在今后的数十年中，势必迎来会议酒店、主题酒店尤其是休闲度假酒店的发展良机，这些酒店无论是选址规划还是功能分布均与城市商务酒店不尽相同。客人们不仅要求此类酒店要有健身、休闲娱乐活动等设施，还关心对食物的选择及各种旅游项目的安排，他们要求酒店所处的景区应有鲜明的特色，丰富的历史文化内涵。

(2) 环保、绿色，可持续的具有民族和地域特色的设计，将是未来中国酒店设计发展的方向。酒店设计应高举环保、绿色和可持续发展的大旗，坚持吸收本地、本民族和民俗的母体文化。使酒店体现出一种独特的文化个性，从而确定每个酒店各自的形象。因此，酒店设计师要研究项目所在地的文化，包括地域文化、民族文化、历史文脉，在最初方案设计中如能准确、合理地定位好酒店的文化内涵，酒店就具有了深厚的文化底蕴和无穷的魅力，从而带给客人的享受不仅仅是生理上、情绪上的，并且是心灵上的。

在经历了 20 多年的发展以后，我国的酒店界终于认可了这样一个道理：一家成功的、高品位的酒店不是“管理”出来的，而是“设计”出来的。当然这里的设计不仅包括建筑设计和室内设计，还包括文化设计和服务设计。这主要是针对 20 世纪八九十年代酒店业普遍流传的“硬件不足软件补”理论的一种理性的思考：当硬件设计中存在许多问题的时候，通过管理是很难弥补的。

比如排风系统设计。许多老酒店没有充分考虑各区域的排风设计，或者设计了但是在设备配置方面“偷工减料”，最终导致室内空气质量差，客人感觉不舒适。笔者曾经去暗访一家酒店，因为房间有异味，换房；但换了一间还是有异味，于是不好意思再换：多次换房会被发现，暗访也就“露馅”了。客人感受一家酒店的优劣，最直接的就是酒店的气味，可以称之为“嗅觉的舒适度”。如果客人进入大堂就闻到异味，或者能够用鼻子辨别卫生间的方向，那么这家酒店无论如何要好好反省一下自己的管理——气味的管理，当然也要检查和改进设施设备，尤其是排风系统。室内空气质量将会成为今后酒店品质的一个重要标准，也是酒店绿色设计的一项重要内容。

在绿色酒店创建活动的初始阶段，专家们也认为现在制定的标准都还只是“浅绿色”，是在现有设施条件的基础上开展绿色和环保；真正的“深绿色”需要从设计阶段就有充分考虑。比如建筑节能、新能源的利用，还有中水系统，等等，这些都是需要在建筑设计阶段就已经考虑进去的。

笔者曾经就酒店绿色设计征询专家的意见，他们认为建筑材料的选择非常重要，现在许多酒店对建筑节能和材料本身对环境的影响考虑不足，这是很有道理的。欧洲的酒店设计者很强调酒店的质地，同时也强调使用当地生产的材料，因为材料的长途运输也会产生能源的大量消耗，而且对某一地区的材料的不断采伐，将导致该地区生态环境的破坏。早些年，我国的酒店设计较多地强调西班牙、意大利的石材，加拿大的木材，其实如果加工到位，我国也不乏上好的石材和木材。后来业内把那些用进口材料堆砌出来的酒店称为“暴发户酒店”。这种状况已有所改观，但还是有许多酒店为了炫耀其豪华程度，不惜使用很多进口原材料。如果我们从绿色环保的角度，强调酒店建筑和装修材料的节能效果、隔音隔热效果，把眼光更多地关注到酒店的内在质地和地域文化特色，那么对酒店投资者和设计者的价值取向也是有好处的。

对一家建设在城市外或者名胜区的度假型酒店来说，对当地的自然景观的保护就显得十分重要了。在那些风景名胜区，常常会看到一些很不协调的建筑物，往往就是酒店或者疗养院、招待所。一家好的度假酒店，应该是在自然景观中“不露声色”地给人以“曲径通幽”的美感，过于张扬会让人觉得破坏了原有的宁静与和谐，显得“触目惊心”。有些景区酒店错误地以为城市化的建筑会得到城里人的认同，其实恰恰相反，城里人需要的是一种与“钢筋水泥丛林”完全不同的感受，喜欢踩着落叶，与野草和小动物“亲密接触”。尊重酒店所在地的自然和人文景观，保护生物多样性，也是客人所需要的——客人的需要就是酒店产品设计的依据。

酒店的中水系统，许多人不理解。其实中水系统是介于上水(自来水)和下水(污水)之间的管道系统，主要是把卫生间洗脸台和浴缸的水经过简单处理后，用于坐便器水箱，或者用于浇灌、冲洗。这是一个节水的系统，对水资源的保护有很大意义。运行中的酒店无法改造，但新建的酒店需要考虑。国外生态学家预测，50 年后地球上的水将与石油一样的紧缺。如果说 50 年太远，那么部分地区供水情况紧张导致的“限水”和许多城市水价上涨就离我们很近、很现实了。在水资源节约方面适当地投入，还是值得的。

(3) 在注重本土文化的同时，风格日趋现代、简约和时尚。建筑与室内设计走到今天有太多的风格和主义。世界酒店设计的潮流经过剧烈的震荡或超越后，再次赢得了新的平衡。酒店设计师也将新古典和欧陆风琐碎的装饰抛在一边。去繁从简，以清洁现代的手法隐含复杂精巧的结构，在简约明快干净的建筑空间里发展精美绝伦的家私、灯具和艺术陈设。要让酒店保持时尚，酒店设计师要独立创新和标新立异。这是一个长期而永不间断的工作。设计师要有新思想、新创意，这种对新技术和时尚的追求才会使酒店生命之树常青。

中式简约酒店——安缦法云

在 Aman 的官网上有这样一段话：If you measure success in room numbers, Amanresorts hasn’t achieved all that much. We have never focused on being the biggest. We prefer to think small. Intimate. Involving. It’s not that we are better than big hotels because we are small. We are different, that’s all. Amanresorts responds to a contemporary lifestyle. That’s what we offer – a lifestyle experience, without limitations.——如果你将房间数作为衡量一个酒店成功与否的标准，那么阿缦酒店集团所属的度假村一定不是你心目中完美的酒店。我们从未想过要成为最大的酒店集团，恰恰相反，我们更希望让它们成为小规模的、私密的、让人感觉亲切的。并不是说因为我们规模小，就比那些大型酒店好。我们的全部优势，就是我们的与众不同。阿缦酒店集团会顺应时代倡导的生活方式，这既是我们提供给客人的——不受任何限制的生活方式体验。

接下来，就让我们一起来全面体验 Aman 在杭州全新推出的安缦法云酒店(见图 4-25)。

安缦法云是 Aman 集团在中国的第二家度假酒店，“藏匿”于杭州一个风景如画的山谷中，四周围绕有静谧的茶园、天然林、别具风格的小村庄和五大佛教朝圣地之一的法云寺，

拥有无可比拟的自然风景和独特的地理位置。是迄今为止安缦世界客房数最大的度假村，有 99 幢(间)。到访的客人在享受 Aman 度假酒店提供的多种富有特色的餐饮服务、水疗和休闲设施的同时，还可以领略到 Aman 具有江南特色和山地民居特色的建筑风格。

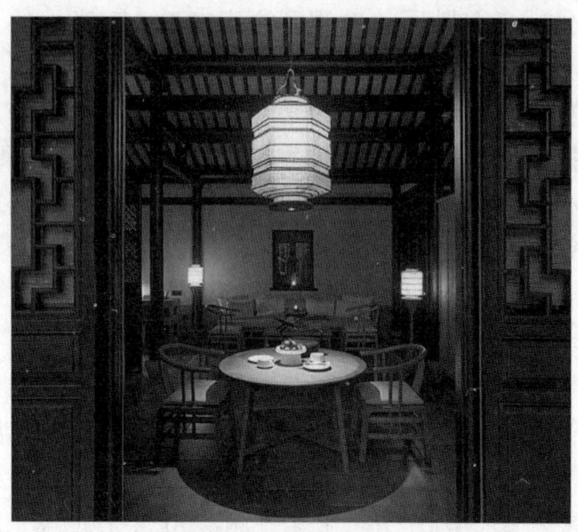

图 4-25　酒店客房一

安缦法云共有房间 44 个，都以不同形式的 Villa 遍布于整个小村庄中。没有电子门禁系统，也没有门卡，取而代之的是用竹节钥匙圈+门牌号+钥匙，如图 4-26 所示。

图 4-26　酒店客房二

房间里几乎所有的家具都是木头的，床架、写字台、茶几、衣橱、椅子、字画框、房梁、立柱。每个 Villa 都有自己独立的无线宽带信号，入住者可以免费使用。不过，相信我，你和你的他/她住在这样的房间和村落里，你应该更多地去享受自然，也享受聊天的乐趣。如果只是一个人，那么修身、静心便是最好的选择了。需要特别提醒的是：几乎所有的房间里都是不会特别准备电视，那 44 台电视都在酒店的仓库里，如果你有需要，请在预定房间时提出。酒店会在你入住前帮你安排好。

房间内整体的灯光都比较暗，只在必须要用到照明的地方才会使用灯。那时因为整个安缦法云的设计概念为“18 世纪的中国村落”，18 世纪的中国村落还是用蜡烛的呢，所以在这里，灯的功用被退回到蜡烛的年代。能有机会生活在回忆和历史里是很有意思的事情，不是吗？安缦法云好比一个时空穿梭机，让你回到了几百年前，在那个人人都住在山谷里的年代，左邻右舍的关系一定很好。白天一起耕种，晚上也许会随着篝火共同起舞。

全球最奢华酒店之一的安缦就藏在杭州西湖西侧的山谷之间。黄土作墙，石头堆砌房基，木窗木门黑瓦，散落在山水之间的44幢客房就是白云深处的人家，即便是天天路过安缦的香客，也不清楚这里就是全球最奢华的酒店。和茶馆安缦店就处在世外桃源般的村落深处。茶馆里深谙茶道的尊贵宾客很享受生活品质，这也是将当地风情与人文生活形态高度契合的“源文化奢侈设计酒店”安缦所追求的。分享中国茶是安缦需要的方式，有杭州文化特色的和茶馆就这样进驻安缦，而安缦也为和茶馆营造了自然的大气和兼容并蓄，端得十分养人之气。极致低调的顶级奢华，安缦很低调，低调得连酒店名都只放在一块小小的木板上。一不留神，你就会走过头。从法云路往永福寺方向，沿着半山坡向深处缓缓行进，便看到右手一个不大的安缦法云酒店的木牌，转弯进去就是毗邻灵隐寺与永福寺的法云村落。虽然是下雨，但雨天的安缦也别有一番风味，小石桥、深流水、数百年的古木。这个古村落的世界里，天人融合。耳朵里听到的就只有小桥流水与鸟儿啼叫。忽闻两个慕名过来的游客正在问保安：“请问，那个贵得要命的安缦往哪里走？”保安答：“这里就是。”本以为误入民居的游客顿时恍然大悟，再一次感叹其极致的低调。原来，安缦法云所在地早前是个自然村，酒店用 5 年时间设计规划，投资数亿元人民币，保留原有村庄所有的布局建筑。路还是那条路，树还是那些树，桥还是那座桥，房子还是那个民居，但这里已是世界顶级度假酒店。修旧如旧就是对当地文化最大的保护和尊重。行走在青石板的小路上，偶尔可以邂逅几个金发碧眼的外宾。酒店的保安告诉记者，这些人很多都是“安缦痴”，只要安缦在全球任何一个角落开连锁，“安缦痴”都会不远千里追寻过去，对他们而言，“不是因为杭州而住安缦，而是因为安缦而来杭州”。

(资料来源：杭州安缦法云官网，http://www.amanresorts.com/amanfayun/home.aspx)

(4) 中国酒店设计师的未来及责任。随着中国经济的高速发展，国内丰富多元的旅游资源和逐渐形成的审美需求，国外设计事务所的涌入和项目制作，为本土酒店设计师带来了挑战与希望。国内的酒店设计专业人才，只有通过不断吸取新理念、新技术，不断继承和发展传统文化，让中与外、古与今在不同层次、不同环境中共生、互利、融合、转化，让新的理念和方法及时、不断地发挥作用，本土酒店设计才会更理性、更全面、更健康的发展。

总之，经过 20 多年的发展，我们的酒店业已开始走向成熟和理性，现今的酒店规划设计方面，也开始将酒店功能文化、建筑环境与酒店的经营目标完美地结合，并互相促进，形成酒店经营特色和竞争优势的可持续发展战略已在全世界确立。全球一体化的趋势是物质和文化的共享，我们要加强保护人类文化遗产和人居环境的传统风貌。我们还要正确面对外来文化的影响，拿出新的朝气、原创及远见，开创多元化的具有自己民族地域文化特色的现代酒店室内设计新局面。

评估练习

1. 什么是绿色设计？
2. 酒店设计发展趋势有哪些？

第五章
酒店设计的创意思维

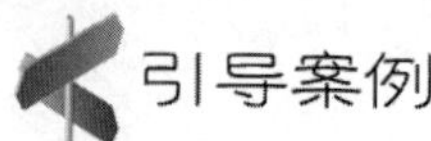

有一天，全世界最大的钻石行收到了一颗他们见过的世界上最大的钻石。钻石行里的所有人都兴奋极了，尤其是那些工匠徒弟。他们想，这样一颗大钻石真是太美了，该怎么去装饰它呢？趁师傅没回来，他们一个一个都兴奋地说，自己来设计，然后加在一起，希望给还没有回来的师傅一个惊喜。

有一个徒弟说："来吧，让我去给它做一个黄金托"。于是他去做了。另外一个徒弟说："我要给它加两片翠绿的翡翠叶子"。他也去雕刻了。另外一个说："我要用一个很漂亮的项链，珠宝类的项链，玛瑙、珍珠串在一起，来装饰这颗最大的钻石。"还有一个徒弟说："既然你们都想到了，我也想到了一个，我觉得它应该来装饰伟大的女王，所以应该是一个皇冠。"于是他去准备皇冠了。徒弟们把它用黄金托加了翡翠叶，然后又加了很多垫圈，又加了一个皇冠，放了一个珍珠项链；这样的一个皇冠成了之后，他们又觉得这样的一个皇冠应该配上一个漂亮的丝巾，然后又买了一件上面装有金叶子的衣服。啊，太美了。他们把这样一件衣服、靴子、挂链、丝巾、丝带、皇冠甚至拐杖都做好了，摆在橱窗里，等待着老师傅回来给他们奖赏，赞扬他们多才多艺。老师傅回来了一看，这是什么？徒弟们争前恐后挤上前来说，老师，你知道吗？我们收了一颗非常大的钻石。你看，就是这个，我们就把它加上了这么多的东西。老师傅一看气坏了，他立刻把所有那些漂亮的服饰、丝巾、皇冠全部都扔了，甚至把那两片翡翠叶子也剥掉，然后把黄金做的托也给撬掉，就让那颗钻石放在手里，对着阳光，让大家仔细地看。

这时候所有的人才发现，什么都没有装饰的钻石，其实是这世界上最美丽的。一颗最昂贵的钻石根本不需要任何装饰，其实这世界上只有一颗最大、最贵重的钻石。对这颗最大、最贵重的钻石来说，没有什么需要去装饰的。

(资料来源：当和尚遇到钻石. 和讯论坛，http://bbs.hexun.com/futures/post_46_572092_1_d.html)

辩证性思考：

1. 思维与创造之间存在什么样的联系？
2. 设计师如何学会锻炼自己的创意思维？

通过上面的小故事可以看出，拥有什么样的思维决定了我们采取什么方式去做事情。对设计师来说，我们需要一种能够正确启迪自己思维力量的方式。我们不应局限自己的思维，更多时候应让其天马行空。有的时候我们不妨放心地把自己的思维交给自己的潜意识，甚至学会在梦中找寻设计创意中的灵感。让潜意识带领自己进行创意思维，这一点在进行创意设计的时候往往会收到意想不到的效果。

第一节 思维与创造

教学目标

- 理解人脑结构与思维之间的物质联系。
- 掌握模拟空间训练与物化空间训练的方法。

一、思维的概念具有双重意义

思维意味着成功，思维即创造。思维是指“理性认识的过程，是人脑对客观事物能动的、间接的和概括的反映，包括逻辑思维与形象思维，通常指逻辑思维。它是在社会实践的基础上进行的。认识的真正任务在于经过感觉而达到思维”(《辞海》1999 年版 2027 页)。人脑是思维的器官，思维靠大脑来完成，所以人类的进化是思维产生和发展、完善的前提。同样，思维促进了语言的发展、认识的发展，也促进了人类社会的发展和完善。

(一)思维的模式与人脑的生理构成有着直接的联系

科学研究表明，人的大脑皮层中有若干个功能相对集中的区域，并分为结构上不对称的左、右两半球，人们称其为左右脑。左右脑的功能不对称，思维方式也不同。左半球主管抽象思维，具有语言、书写、计算、分析等能力；右半球主管形象思维，具有知觉、情感、音乐、图形、情绪、模仿等鉴别能力。人的思维过程是抽象思维与形象思维有机结合的过程，如图 5-1 所示。

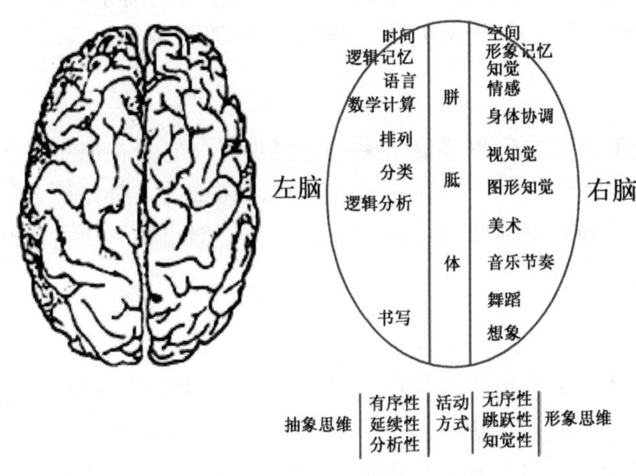

图 5-1　大脑结构与思维模式关系图

(二)“语言”是人类形成思想、表达思想的重要手段

艺术表达的语言“来自于生活又高于生活”，而艺术思维是指体现在艺术家头脑中的与艺术有关的一切思维活动。艺术家通过对生活的体验、观察、分析，再经过选择、提炼和加工，逐渐形成一个艺术形象，再用艺术的语言表现出来，这就是进行艺术思维的过程。

(三)视觉艺术“是通过人的视觉感受而将客观内容纳入主观心灵并寓以对象化呈现的艺术形态”

从审美主体的角度来看，它离不开创造者和欣赏者两个方面。视觉艺术涵盖造型艺术，从层次上讲高于造型艺术，更偏重于审美主体来展示艺术类型。视觉艺术思维是将视觉艺术与思维两方面的因素综合在一起研究而形成的一个完整的概念。酒店的室内设计思维属于视觉艺术思维范围。

(四)视觉思维是建立在思维科学基础上的综合思维形式

视觉艺术思维方式按其特点分为感性思维和理性思维。感性思维分为四种思维方式：发散性思维、形象思维、直觉思维、创造性思维。理性思维也有四种方式：收敛性思维、形象思维、逻辑思维、常规思维。思维的形式是概念、判断、推理等，思维的方法是抽象、归纳、演绎、分析和综合等。

1. 概念

概念是反映事物本质属性的思维形式。概念是抽象的普遍的想法、观念或充当指明实体、事件或关系的范畴实体。在外延中忽略事物的差异，把这些外延中的实体作为同一体而去处理它们，所以概念是抽象的。它们等同地适用于在外延中的所有事物。概念也是命题的基本元素，如同词是句子的基本语义元素一样。

概念具有两个基本特征，即概念的内涵和外延。概念的内涵就是指这个概念的含义，即该概念所反映的事物对象所特有的属性。例如："商品是用来交换的劳动产品。"其中，"用来交换的劳动产品"就是概念"商品"的内涵。概念的外延就是指这个概念所反映的事物对象的范围。即具有概念所反映的属性的事物或对象。概念的内涵和外延具有反比关系，即一个概念的内涵越多，外延就越小；反之亦然。

2. 判断

判断是人脑反映事物之间联系和关系的思维形式。它是在概括基础上形成的对事物有所断定的思维形式之一。任何一个判断都是由概念组成的，都是概念的展开。单个概念无法进行思维和表达思维，必须把多个概念联系起来，对事物有所肯定或否定，这就构成了判断。

3. 推理

推理是由一个或几个已知的判断(前提)推导出一个未知结论的思维过程。推理是形式逻辑，是研究人们思维形式及其规律和一些简单逻辑方法的科学。其作用是从已知的知识得到未知的知识，特别是可以得到不可能通过感觉、经验掌握的未知知识。推理主要有演绎推理和归纳推理。演绎推理是从一般规律出发，运用逻辑证明或数学运算，得出特殊事实应遵循的规律，即从一般到特殊；归纳推理是从许多个别的事物中概括出一般性概念、原则或结论，即从特殊到一般。

推理是由一个或几个已知的判断推出一个新的判断的思维形式。任何一个推理都包含已知判断、新的判断和一定的推理形式。作为推理基础的已知判断叫前提，根据前提推出新的判断叫结论。前提与结论的关系是理由与推断、原因与结果的关系。 推理与概念、判断一样，同语言密切联系在一起，推理的语言形式为表示因果关系的复句或具有因果关系的句群。常用"因为……所以……"、"由于……因而……"、"因此"、"由此可见"、"之所以……是因为……"等作为推理的系词。

4. 抽象

抽象是从众多的事物中抽取出共同的、本质性的特征，而舍弃其非本质的特征。例如苹果、香蕉、生梨、葡萄、桃子等，它们共同的特性就是水果。得出水果概念的过程，就是一个抽象的过程。要抽象，就必须进行比较，没有比较就无法找到在本质上共同的部分。共同特征是指那些能把一类事物与他类事物区分开来的特征，这些具有区分作用的特征又称本质特征。因此抽取事物的共同特征就是抽取事物的本质特征，舍弃非本质的特征。所以抽象的过程也是一个裁剪的过程。在抽象时，同与不同，决定于从什么角度上来抽象。抽象的角度取决于分析问题的目的。抽象是哲学的根本特点，抽象不能脱离具体而独自存在。我们所看到的大自然景象就是大自然的实物在我们脑海中的抽象。抽象就是我们对某类事物共性的描述。具体来说，抽象是指：

① 将复杂物体的一个或几个特性抽出去，而只注意其他特性的行动或过程(如头脑只思考树本身的形状或只考虑树叶的颜色，不受它们的大小和形状的限制)；

② 将几个有区别的物体的共同性质或特性，形象地抽取出来或孤立地进行考虑的行动或过程。抽象是认识复杂现象过程中使用的思维工具，即抽出事物本质的共同的特性而暂不考虑它的细节，不考虑其他因素。抽象化主要是为了使复杂度降低，以得到较简单的概念，好让人们能够控制其过程或以纵观的角度来了解许多特定的事态。

5. 归纳

所谓归纳，是指从许多个别的事物中概括出一般性概念、原则或结论的思维方法。归纳可分为完全归纳法和不完全归纳法。完全归纳法是前提包含该类对象的全体，从而对该类对象作出一般性结论的方法；不完全归纳法又称简单枚举归纳法，是通过观察和研究，发现某类事物中固有的某种属性，并且不断重复而没遇到相反的事例，从而判断出所有该类对象都有这一属性的推理方法，数学上的穷举法就是完全归结法。简单枚举归纳法的结论带有或然性，可能为真也可能为假。在实践中，人们总是跟一个个具体的事物打交道，首先获得这些个别事物的知识，然后在这些特殊性认识的基础上，概括出同类事物的普遍性知识。比如，人们从宏观世界万物都可分为若干层次，微观世界的原子可再分为基本粒子等事实，得出“物质是无限可分的”的一般原理。这个认识过程就包含着归纳推理。

6. 演绎

演绎是从普遍性的理论知识出发，去认识个别的、特殊现象的一种逻辑推理方法。演绎的基本形式是三段论式。包括：

① 大前提，是已知的一般原理或一般性假设；

② 小前提，是关于所研究的特殊场合或个别事实的判断，小前提应与大前提有关；

③ 结论，是从一般已知的原理(或假设)推出的，对于特殊场合或个别事实作出的新判断。比如，大前提：我国规定，60 岁算老年人；小前提：朝晖夕映 60 岁了；结论： 朝晖夕映是老年人。

7. 分析和综合

分析和综合是指在认识中把整体分解为部分和把部分重新结合为整体的过程和方法。分析是把事物分解为各个部分、侧面、属性，分别加以研究。它是认识事物整体的必要阶段。综合是把事物各个部分、侧面、属性按内在联系有机地统一为整体，以掌握事物的本质和规律。分析与综合是互相渗透和转化的，在分析的基础上综合，在综合的指导下分析。分析与综合，循环往复，推动认识的深化和发展。一切论断都是分析与综合的结果。

二、创造是自然物质的重新显现

在思维过程中，再现思维本质上不产生新的东西。创造就是做出前所未有的事情。创造本身在于想出新的方法，建立新的理论，做出新的成绩。

(一)艺术设计本身就是一种创造

创造是人的创造力的反映，创造力是对已积累的知识和经验进行科学的加工和创造，产生新概念、新知识、新思想的能力，大体分为感知力、记忆力、思考力、想象力四种能力。心理学家泰勒将其分为几个不同内容及不同复杂程度的层次：一个是具有基础性的即兴式的创造，如即席赋诗、即兴歌舞等，它并不强调即兴所为的高下，而力求情感的宣泄、情景的交融和人们心境的表现；另一个是革新式的创造，如画家在遍学百家后吸取其精华为己所用，并在此基础上开拓、创新，产生新的技法和概念，形成新的风格和意境。

(二)艺术创作是一种需极大地发挥主体创造力的复杂的精神劳动

创造者依靠大量的信息积累，来构思成熟的形象体系，将其内心世界投射到现实空间中，是实践艺术能力的表现。感知和记忆是人类在创造中信息生成和积累的反映。艺术设计的本质就是创造，每个人都有创新意识，并存在创造的潜能。

(三)创造力的基础是建立在全面的艺术素质和充实的生活经验之上的

艺术设计的创造力是在认识产品的过程中步步积累与深化的。创造力的培养必须经过客观外在的空间语言表达训练并积累到一定的量，才能达到质的变化。主要有以下两种方式。

1. 模拟空间训练

它是一种用平面图形模拟立体空间的纸面二维训练方式(见图 5-2)。训练者需具备一定的绘画基础，能将视觉感应的空间实体转化为二维平面图形，如素描、工程制图，以及用画法几何的透视原理作图等。今天计算机技术的发展已基本取代了传统的模拟空间训练。

2. 物化空间训练

它是一种在实际的空间氛围中直接感受的实体思维训练方式。这种方式对受训者的要求更高，需具备一定的绘画、摄影、测绘等知识。它能迅速缩短纸面操作与实体感觉间的距离，从而确定完整的空间概念，为创造力的外延提供更大的发展空间。

如图 5-3 所示的毛坯空间，当人走进这样的居住空间之中，自然会对此空间产生一定的设计想法。如层高很高，女性则偏爱于设置一个从顶层悬挂而下的水晶大吊灯，或想象设置一个象牙白的环形内楼梯，或在圆弧阳台处设置一个竹制吊椅，等等。其实这些想法本身就是在做一种设计，它是以自身对实际空间的感受作为设计来源，比从图纸当中进行布局和想象无疑要真实许多。

图 5-2　模拟空间训练

图 5-3　物化空间训练

评估练习

1. 试分析归纳思维与演绎思维的异同。
2. 试运用物化空间训练对某一实体空间进行方案设计。

第二节　酒店设计思维

教学目标

- 理解酒店设计师在整个酒店建设中所处的地位和作用。
- 掌握酒店设计思维的过程及其内容。

设计是一个转化理念的过程，酒店设计尤其如此。在设计概念向实际产品的转化过程中，从设计者的创造理论基础来讲，确立文化、社会、经济、艺术、科学的理念尤为重要。酒店设计是四维时空造型设计，以视觉、触觉、听觉、嗅觉、温度感觉传达为综合感觉的特征，以对空间整体形象的氛围体现进行创作。因此，酒店设计成为人体感官全方位综合接受美感的设计项目。

一、酒店设计思维的范围及特征

酒店设计思维作为视觉艺术思维的一部分，它主要以图形语言表达思维。酒店设计是一个相当复杂的设计系统，本身具有科学、艺术、功能、审美等多元化要素。以今天我们对酒店设计的认识，它的空间艺术表现已不是传统的二维或三维，也不是简单的时间艺术或者空间艺术表现，而是两者综合的时空艺术整体表现形式。酒店设计的精髓在于空间总体艺术氛围的塑造。从概念到方案，从方案到施工，从平面到空间，从装修到陈设，每个环节都有不同的专业内容，只有将这些内容高度地统一，才能在空间中完成一个符合功能与审美的设计。协调各种矛盾成为酒店设计最基本的特点。

(一)艺术与技术

艺术设计是处于艺术与科学的边缘学科，科学技术是设计成功的保证。它体现在两个层面上：表达层面和技术层面。

1. 表达层面

(1) 语言文字的表达(设计意念)：艺术设计的创意和最终确立的主导概念，只有最后转化为产品才具有价值。而要将设计概念准确地用语言传达出来，文字的表达尤为重要。

(2) 图形的表达：指可视化图形(见图 5-4)。即二维图形(平面图、立面图、剖面图、节点样图等)和三维图形(透视图、外观效果图、轴测图等)。就酒店设计而言，选择思维过程体现于多元图形的对比优选。对比优选的思维过程是建立在综合多元的思维渠道以及图形分析的思维方式之上的。众多的信息必须经过层层过滤，才能筛选出我们所需的。对比优选的思维，在设计领域主要依靠可视形象的作用。

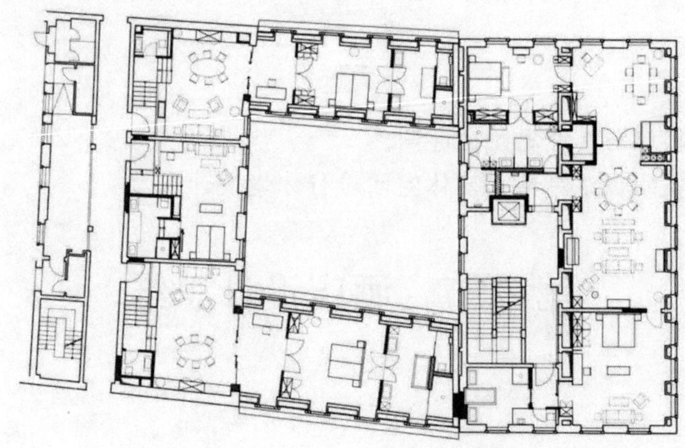

图 5-4　可视化二维平面图

2. 技术层面

白俄罗斯设计师任·巴诺玛列娃认为，“酒店设计是设计具有视觉限定的人工环境，也是功能空间形体、工程技术与艺术的相互依存和紧密结合”。现代酒店设计既要有很高的艺术要求，且其涉及的设计内容又有很高的技术含量，如各类装饰材料、设备设施等，它还与一些新兴学科紧密相连，如人体工程学、环境心理学、环境物理学等。

(1) 功能：室内空间的功能包括物质功能和精神功能。物质功能包括使用要求，如空间的面积、大小、形状，适合的家具、设备布置。要使用方便，节约空间，要有交通组织和疏散、消防、安全等措施，并要创造良好的采光、照明、通风、隔声、隔热等物理环境。酒店设计的物质功能体现于人的体位运动尺度系统和物理的环境系统。精神功能是在物质功能的基础上，在满足物质需要的同时，从人的文化、心理需求出发，特别是建筑空间形象的美感。就设计对象的内容而言，形式与功能是不可或缺的两个方面，形式作为设计对象外在的空间形态，必须具备相应的美学价值；功能作为设计对象内在的物质系统，必须

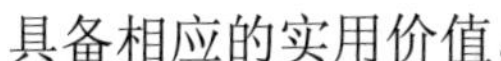

具备相应的实用价值。

(2) 技术：设计师对技术的思考体现在酒店设计的每一个环节中，包括功能与功能分区、交通动线组织、结构体系、材料选择、配套设置以及各项经济技术指标的反映等。

(3) 艺术：赏心悦目的空间氛围是酒店设计艺术处理所追求的理想标准，如形式美与意境美。造就一个理想的空间氛围是酒店设计空间形态美感以及美感传达的基础。室内审美总体形象是单位空间中的所有实体与虚体，人们通过视、听、嗅、触感官来感受，其中视觉的作用最大。酒店设计更是整合艺术，它强调以人体工程学原理为依据，构成人与空间、人与物以及空间与空间、物与物的相互关联。

(4) 空间：功能空间的分区是室内空间形态的基础。它所涉及的内容与建筑的类型、人的日常生活方式有着最直接的关系。按人的生活行为方式，室内空间可分为居住空间、工作空间、公共空间三个大方面，每个空间都有明确的使用功能，这些不同的使用功能所体现的内容构成了空间的基本特征。这些特征决定了酒店设计的审美趋向、设计概念构思的确立。

(5) 社会、历史、人文：设计是从一个侧面反映当代社会物质生活和精神生活的特征，铭刻着时代的印记，在现代酒店中，更强调设计中的时尚元素，要求具有明显的时代价值观和审美观。在设计中需充分考虑民族特点、地方风格、乡土风味以及历史文化的延续和发展。

(二)协作与沟通

协调各种矛盾成为酒店设计最基本的特点。体现在：与业主的相互协调关系，与技术工种之间的协调关系，与施工单位各工种之间的关系(见图 5-5)。以上的各方面在实际设计过程中往往相互交叉、重叠，呈现出无序的状态。整体意识是艺术创作最基本的原则。面对诸多的因素，设计上整体意识的思维方式往往是决定设计成败的关键。

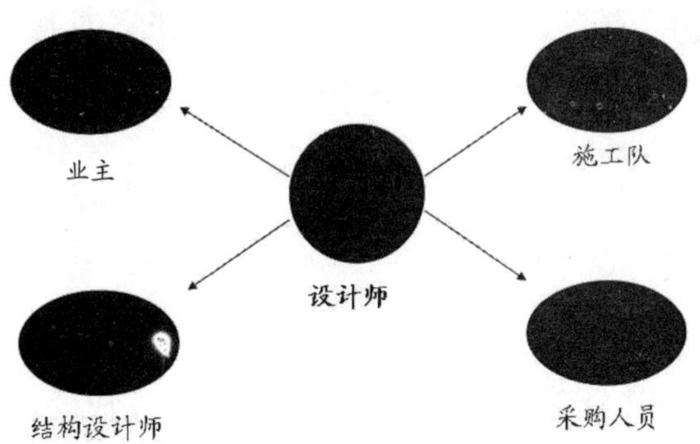

图 5-5　设计师所处的位置

二、酒店设计思维的过程及其内容

设计是一个从客观到主观再从主观到客观的必然过程，就是一个转化理念的过程。设计理念的转化有一个从头脑中的虚拟形象朝着物化实体转变的过程，这个转变不仅表现在设计从概念方案到工程施工的全过程，同时更多的是设计者自身思维外向化的过程。这个过程是：从抽象到表象、从平面到空间、从纸面图形到材质构造，成为设计意念转化的三个

中心环节，它遵循着循序渐进的原则，由表及里逐步进行。而思维过程则有以下四个阶段。

(一)材料搜集

设计意念从概念向方案转化，起初在设计者的思维中只是一个不定型的发展意向，可能是一种风格、一种时尚、一种韵味。为寻找“设计意念”而需要大量搜集素材。尽可能地获得相关信息，力求做到详尽而全面。

设计者可从项目任务书(与业主进行沟通)，环境资料(历史人文、地形地貌、四周景观)，城市规划及市政环境(道路交通、给排水、电力供应)，原有建筑的技术资料(现场勘察资料及相关技术图纸)等方面获得所需要的信息。

此阶段设计者要善于发现问题，是以发散性思维为主要方式的“无序”思维阶段。

(二)信息处理阶段

经过材料搜集后，若干个“思路”在头脑中相互斗争，设计者要选取一个能够准确表达概念的物化形象，逐步形成“构想”，即设计定位。

(1) 分析加工信息内容：对功能与目的的分析，业主需求的分析，使用者的分析，使用功能的分析，环境现状的分析。

(2) 确定“设计定位”，即方向与思路：确定核心问题，寻找解决问题的方法。

在此阶段，思维以抽象思维、逻辑思维与收敛思维方式为主。

(三)设计构思阶段

经过以上两个阶段，“设计意念”已经确定。这一阶段设计师需充分运用所具备的专业知识(绘画、工程制图语言、建筑学等)，把设计理念用形式语言和技术语言表达出来。

(1) 空间环境的目的：形象与风格，气氛与情调，光与色，舒适与安全；

(2) 基本要素：形体、颜色、质地、光线、比例、尺度、韵律与节奏；

(3) 技术：功能分区，交通动线组织，结构体系，材料选择，配套设施，相关的法规文件。

此阶段是思维进行全面、综合的分析归纳阶段，以收敛思维、逻辑思维为主。

(四)构思完善阶段

它是构想达到成型和完善的阶段，是对“细节”的优化处理，是最终形成一个完善技术支持方案的关键环节。选择合适的材料与构造结构成为完成设计意念的关键。

(1) 完善结构体系；

(2) 量化空间尺度；

(3) 完成和使用功能相关的配套设施设计；

(4) 照明设计；

(5) 公共艺术装饰设计。

评估练习

1. 如图 5-5 所示，酒店设计师与不同工种之间是如何进行具体协作的？

2. 酒店设计思维的过程及其内容有哪些？
3. 构思完善阶段需要对酒店的哪几个方面进行细节的优化处理？

第三节　创意思维的获取

教学目标

- 理解共享空间的含义。
- 学习并掌握创意思维的获取方法。
- 能用具体的训练方法解决实际工作中出现的问题。

思维训练是有计划、有目的、有系统的教育活动，在人正常发育的情况下，人脑除受遗传因素影响本身有着一定的思维差异外，在各种不同环境下人的思维也各有不同。酒店设计思维的训练方法可借助于思维训练的基本方法。

一、想象与联想训练

爱因斯坦曾说："想象比知识更重要，因为知识是有限的，而想象力概括世界上的一切……"在创作中，可针对主题、类型、手法、思想内涵、形式美感和色彩等方面，进行充分的想象与联想。通过类比、隐喻、修辞、符号、图画、讲故事等一切能联想到的方法，进行丰富的想象。如在建筑设计中长盛不衰的"共享空间"就是在不同事物之间产生想象的例子。

共享空间

一般来说，共享空间是指建筑中的部分空间或者垂直贯穿整个建筑的室内空间，兼有各种交通和交往等综合功能，一般还具备休息、展示、休闲、集会等其他多种功能。共享空间不仅是一种空间形式，同时它还是一种精神空间。共享空间所"共享"的从空间形态上看是指几层空间实现共享，从更深层次来说是指其中不同位置的人的共享。

共享空间是建筑空间里最有活力的部分：功能空间和辅助空间在这里相遇，室内外空间在这里发生碰撞。正因为有共享空间的存在，内部的空间也不再相互孤立，共享空间将这些各自分散的空间整合起来，建筑的生命机体因此通畅起来，也变得健康舒适了。我们在注意空间统一性的同时，还要注意整个建筑空间的多样性，没有这样一种多样性，任何有机的整体都会成为让人感觉乏味的东西。因此，我们不仅要研究整个空间结构的完整性，还要进一步研究各个空间单元之间的相互作用。不同的空间单元给人不同的感受，从而表现出丰富的多样性。

共享空间的空间多样原则就是要求根据整体，在统一的前提下，尽可能满足共享空间功能多样的要求，表现出空间划分丰富、联系灵活紧凑的空间形态。

共享空间在一个建筑中不是凭空出现的，它必须符合整个建筑的空间关系。统一与变化是艺术创作的基本原则，在注意空间统一性的同时还要注意整个空间的多样性，应注意共享空间与其余空间的灵活联系以及共享空间内部的灵活多样。空间的模糊性和流动性是当代建筑设计的追求目标之一，共享空间的设计应该注意室内空间与室外空间的融合渗透。

(资料来源：(美)道格拉斯·凯尔博. 共享空间：关于邻里与区域设计. 吕斌，覃宁宁，黄翊译. 北京：中国建筑工业出版社，2007)

二、标新立异与独创性训练

标新立异是思维中一个非常独特的方法。当创造者在创作中看到、听到、接触到某个事物时，尽可能让思维向外拓展，让思维超越常规，找出与众不同的看法和思路，赋予其最新的性质和内涵，使作品从形式到内在的意境都表现出设计者独特的见地。它强调个性的表现，常通过视觉与矛盾空间造型训练的方法获得。

标新立异的思维方式在设计中是非常重要的，往往能起到出奇制胜的效果。如江苏省某艺术院校某年硕士研究生招考专业基础课(业务一)考题为“流动与飘逸”，绘画工具不限、技法不限，考试时间为 2 小时。几乎所有的考生都按照考题的要求，用水粉、彩铅、马克笔等作画工具在画纸上画设计构成，有的考生还觉得考试时间不够，没有画完。而当时有一名考生却一笔未画，突发奇想地用自带的洗笔水桶打了一桶水，然后用毛笔蘸了几滴墨汁滴入水中。墨汁随着水的流动，慢慢出现了晕染飘逸的效果，考生用自带的手机拍下了效果最好的一幕，连水桶一起作为考卷提交。这样的一幕在当时引起了其他考生和监考老师的不解。然而当考试成绩公布的时候，这名考生却出人意料地取得该项考试的第一名。主考官同时也是该院设计学院的院长后来解释道：“业务一考试重点是考查考生的创意思维能力而非手绘表现能力。作为一名即将被录取的硕士研究生，以后是要在某个专业领域提出自己独到见解的，所以我们看中的是该生是否具备自己独特的艺术视角和思维，这才是选拔硕士生的核心。而论手绘表现，也许本科生比研究生画得好，二者只有技法掌握水平高低之分。该生能交出这样的一份考卷实属难得，无论是工具还是最终的效果都充分说明了该生事先做了十分充分的准备，这本身已经就是一种思维的设计，比一般人的视角要广。”

由此可见，正是该生思维的标新立异打动了主考官，从设计思维的角度来说，的确比其他人更胜一筹。

三、广度与深度的训练

思维的广度是指善于全面地看问题，能围绕问题多角度、多途径、多层次、跨学科地进行全方位研究，又称为“立体思维”。思维的广度表现在取材、创意、造型、组合等各方面的广泛性上。思维的深度指考虑问题时要深入客观事物的内部，抓住问题的关键、核心，即对事物的本质部分进行由远及近、由表及里、层层递进、步步深入的思考。作品中的“表现力”就是思维深度的体现。

四、流畅性与敏捷性的训练

它是指在一定时间内向外发射出来的思维数量和对外界刺激物做出反应的速度。如美国曾在大学生中进行过“头脑风暴”的联想训练，其实质就是激发学生快速、新颖、独特的构思。经过训练以后可使思维的敏捷性大大提高，让思维更加活跃。

知识链接 5-2

头脑风暴

头脑风暴法又称智力激励法，是现代创造学奠基者美国人奥斯本提出的，是一种创造能力的集体训练法，如图 5-6 所示。

图 5-6　头脑风暴的宣传海报

头脑风暴法力图通过一定的讨论程序与规则来保证创造性讨论的有效性，由此，讨论程序构成了头脑风暴法能否有效实施的关键因素。从程序来说，组织头脑风暴法的关键在于以下几个环节。①确定议题：一个好的头脑风暴法从对问题的准确阐明开始。因此，必须在会前确定一个目标，使与会者明确通过这次会议需要解决什么问题，同时不要限制可能的解决方案的范围。一般而言，比较具体的议题能使与会者较快产生设想，主持人也较容易掌握；比较抽象和宏观的议题引发设想的时间较长，但设想的创造性也可能较强。②会前准备：为了使头脑风暴畅谈会的效率较高，效果较好，可在会前做一点准备工作。如收集一些资料预先给大家参考，以便与会者了解与议题有关的背景材料和外界动态。就参与者而言，在开会之前，对于待解决的问题一定要有所了解。会场可作适当布置，座位排成圆环形的环境往往比教室式的环境更为有利。此外，在头脑风暴会正式开始前还可以出一些创造力测验题供大家思考，以便活跃气氛，促进思维。③确定人选：一般以 8～12 人为宜，也可略有增减(5～15 人)。与会者人数太少不利于交流信息，激发思维，而人数太多则不容易掌控，并且每个人发言的机会相对减少，也会影响会场气氛。只有在特殊情况下，与会者的人数可不受上述限制。④明确分工：要推定一名主持人，1～2 名记录员(秘书)。主持人的作用是在头脑风暴畅谈会开始时重申讨论的议题和纪律，在会议进程中启发引导，掌握进程。如通报会议进展情况，归纳某些发言的核心内容，提出自己的设想，活跃会场气氛，或者让大家静下来认真思索片刻再组织下一个发言高潮等。记录员应将与会者的所有设想都及时编号，简要记录，最好写在黑板等醒目处，让与会者能够看清。记录员也应随时提出自己的设想，切忌持旁观态度。⑤规定纪律：根据头脑风暴法的原则，可规定几条纪律，要求与会者遵守。如要集中注意力积极投入，不消极旁观；不要私下议论，以免影响他人的思考；发言要针对目标，开门见山，不要客套，也不必做过多的解释；与会者之间要相互尊重，平等相待，切忌相互褒贬，等等。⑥掌握时间：会议时间由主持人掌握，不宜在会前定死。一般来说，以几十分钟为宜。时间太短与会者难以畅所欲言，太长则容易产生疲劳感，影响会议效果。经验表明，创造性较强的设想一般要在会议开始 10～15 分

钟后逐渐产生。美国创造学家帕内斯指出，会议时间最好安排在30～45分钟之间。倘若需要更长时间，就应把议题分解成几个小问题分别进行专题讨论。

一次成功的头脑风暴除了在程序上有一定的要求之外，更为关键的是探讨方式、心态上的转变，概言之即充分、非评价性的、无偏见的交流。具体而言，则可归纳为以下几点。①自由畅谈：参加者不应该受任何条条框框限制，放松思想，让思维自由驰骋。从不同角度、不同层次、不同方位，大胆地展开想象，尽可能地标新立异，与众不同，提出独创性的想法。②延迟评判：头脑风暴，必须坚持当场不对任何设想作出评价的原则。既不能肯定某个设想，又不能否定某个设想，也不能对某个设想发表评论性的意见。一切评价和判断都要延迟到会议结束以后才能进行。这样做一方面是为了防止评判约束与会者的积极思维；另一方面是为了集中精力先开发设想，避免把应该在后阶段做的工作提前进行，影响创造性设想的大量产生。③禁止批评：绝对禁止批评是头脑风暴法应该遵循的一个重要原则。参加头脑风暴会议的每个人都不得对别人的设想提出批评意见，因为批评对创造性思维无疑会产生抑制作用。有些人习惯于用一些自谦之词，这些自我批评性质的说法同样会破坏会场气氛，影响自由畅想。④追求数量：头脑风暴会议的目标是获得尽可能多的设想，追求数量是它的首要任务。参加会议的每个人都要抓紧时间多思考，多提设想。至于设想的质量问题，自可留到会后的设想处理阶段去解决。在某种意义上，设想的质量和数量密切相关，产生的设想越多，其中的创造性设想就可能越多。

(资料来源：百度百科，http://baike.baidu.com/view/47029.htm)

五、求同与求异思维训练

艺术的求同、求异思维即思维的定向性、侧向性、逆向性发展。艺术创作常常是多次反复，求异—求同—再求异—再求同，二者相互联系，相互渗透，相互转化，从而产生新的认知和创作思路。

六、侧向与逆向思维训练

“左思右想”、“旁敲侧击”说的是侧向思维的形式之一。在思维过程中如果只顺着一个思路，常常找不到最佳的感觉，这时可让思维向左右发散，或作逆向推理，有时能获得意外的收获。如达·芬奇的《最后的晚餐》(见图5-7)就是侧向思维与逆向思维的代表。

图5-7　最后的晚餐(达·芬奇)

知识链接 5-3

《最后的晚餐》这幅画为意大利伟大的艺术家列奥纳多·达·芬奇所创作，是所有以这个题材创作的作品中最著名的一幅，现藏于米兰圣玛利亚德尔格契修道院。

这幅画是达·芬奇直接画在米兰一座修道院餐厅墙上的。沿着餐桌坐着十二个门徒，形成四组，耶稣坐在餐桌的中央。他在一种悲伤的姿势中摊开了双手，示意门徒中有人要出卖他。该画尺寸为421cm×903cm，利用透视原理，使观众感觉房间随画面作了自然延伸。为了构图，使图做得比正常就餐的距离更近，并且分成四组，在耶稣周围形成波浪状的层次。越靠近耶稣的门徒越显得激动。耶稣坐在正中间，他摊开双手，镇定自若，和周围紧张的门徒形成鲜明的对比。耶稣背后的门外是祥和的外景，明亮的天空在他头上仿佛一道光环。他的双眼注视画外，仿佛看穿了世间的一切炎凉。

在众多同类题材的绘画作品里，此画被公认为空前之作，尤其以构思巧妙、布局卓越、细部写实和严格的体面关系而引人入胜。构图时，作者将画面展现于饭厅一端的整块墙面，厅堂的透视构图与饭厅建筑结构相联结，使观者有身临其境之感。画面中的人物，其惊恐、愤怒、怀疑、剖白等神态，以及手势、眼神和行为，都刻画得精细入微、惟妙惟肖。这些典型性格的描绘与画题主旨密切配合，与构图的多样统一效果互为补充，使此画无可争议地成为世界美术宝库中最完美的作品。

要追溯"这幅永不安宁的杰作"(布克哈特语)的制作过程，我们首先要看一下温莎皇家图书馆收藏的一页笔记，笔记上有一幅早期用钢笔作的构图习作。这张习作仍然以传统的《最后的晚餐》的构图法为基础。犹大没有与众人坐在一起，他坐在桌子的左侧，头扭向后面；而圣约翰则坐在耶稣旁边，已经睡着了，旨在表示在耶稣宣布他被出卖的消息的时候，他"斜靠在耶稣的怀里"。这两种形象在最后的版本里都被弃置不用。

这页纸上还有两幅相对独立的素描。左边那幅素描里出现了十个人物，也许这页纸已被人剪过，把三个人的形象剪掉了。这群人后面轻淡地画了些拱形结构，这是关于图画背景的最早想法，即"最后的晚餐"发生的"顶楼"。右边的素描中出现了四个人物，但画面重心主要放在耶稣和犹大这两个人物身上。作者在这里集中表现明确叛徒身份那戏剧性的一刻："与我共用一个碟子的那个人将要背叛我。"画中的犹大从他的凳子上起身，正把手向那个碟子伸去。作者试着给耶稣的双手画出两种姿势。一种是手抬起来好像要伸向前方；另一种是手已经碰到了碟子，与叛徒的手发生短暂的接触。这幅小一些的素描突出了故事的焦点，找到了戏剧性的支点——两手相触的动人心魄那一刻。为了突出表现这一瞬间，达·芬奇把传统的"最后的晚餐"的故事追溯到《圣经》之前的一个场景，即圣餐仪式。

不久之后，达·芬奇又用红粉笔画了一幅草图，后来这幅红粉笔画又被其他人用墨水描了一遍，该图现存放在威尼斯学院美术馆(见图 5-8)。该草图显得比较粗糙，很大程度上应归咎于墨汁的影响，不过《最后的晚餐》均匀的布局在这幅草图上已初现端倪。众门徒被分成了几组，画面更注重人物的个性特征。为了明确人物身份，人物形象下面出现了匆忙写就的说明文字(其中菲利普被提到了两次)。但犹大仍然在桌子的靠近观者的一侧，约翰依然睡得很沉。

图 5-8 最后的晚餐手稿(达·芬奇)

(资料来源：最后的晚餐. 维基百科，
http://zh.wikipedia.org/wiki/%E6%9C%80%E5%90%8E%E7%9A%84%E6%99%9A%E9%A4%90)

七、灵感捕捉训练

灵感，是在创造活动中，人们深藏于心灵深处的想法经过反复思考而突然闪现出来，或因某种偶然因素激发突然有所领悟，达到认识上的飞跃。各种新概念、新形象、新思路、新发现突然而至，犹如进入“山穷水复疑无路，柳暗花明又一村”的境地。

八、诱导创意训练

在思维中对艺术题材的选择进行有目标的诱导，对形象的构成用不同的方法进行重新处理，形成新的形象；对相同或相近的对象用类比的方法加以诱导，我们可以提出许多问题逐一进行考虑。

(1) 从题材方面：选什么题材—从什么角度—反映什么风格—展现什么情感；

(2) 从形象处理方面：组合—渐变—添加—简化—打散重组—颠倒；

(3) 从各种因素类比方面：综合类比、直接类比、拟人类比、象征类比、因果类比。

评估练习

1. 什么是共享空间？试举例说明酒店中的共享空间。
2. 如何锻炼自己独特的艺术视角和设计思路？

第六章
酒店的主题性设计

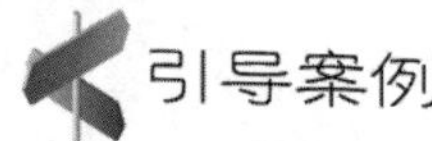

全球最权威的《酒店》(*Hotels*)杂志，于1998年对主题酒店(theme hotel，或 themed hotel)作了专题报道，并在封面上用图片和文字进行了重点渲染。从发展过程来看，旅游业对主题公园和主题餐厅早已耳熟能详，而主题酒店则是对这一形式的借鉴和移植，它的多彩多姿在酒店之林中形成一个耀眼的亮点，引起了世界和市场的关注。把五光十色、瑰丽蕴秀的主题酒店比作现代的“美人”，“翩若惊鸿，婉若游龙”，最是恰当不过了。

(资料来源：中国主题酒店网，http://www.ith.com.cn/Index.html)

辩证性思考：

1. “主题”一词的核心意义是什么？
2. 在一般的酒店设计中，如何确立相应的主题？

随着中国酒店行业发展的日趋成熟，主题酒店作为国内酒店行业的一种新的形态开始产生和发展，在国内城市努力探索地域文化，积极创建城市名片的今天，已经成为了酒店业与旅游业研究的重点。随着酒店行业的不断细分，酒店的主题不断得到开发，一批带有主题意味的酒店逐渐被人们所关注，如何运用室内设计手法实现对酒店的主题性设计，则应成为设计师研究的重要课题。

第一节　主题酒店设计的内涵

教学目标

- 理解“主题”一词的含义。
- 掌握主题酒店的一般类型。

一、主题的含义

“主题”一词源于文学作品，原意是指文学、艺术作品中所表现的中心思想，是作品思想内容的核心。世界文学巨匠高尔基就曾将“主题”一词理解为：从作者的经验中产生，当它要求用形象来体现时会在作者心中唤起一种欲望，赋予它一个形式。在目前出现的很多酒店设计案例中，主题性设计较为明显。这种主题性设计主要是体现在酒店以自身所在地特有的某种文脉或元素，如城市文化、历史故事、人文生活、自然资源等作为酒店设计的核心。酒店设计确立相关的主题性，其实是为了形成酒店的一种附加值，是为了增强自身的文化属性，通过对主题文化的展示吸引一批对主题内容高度认可并乐于体验的特殊消费人群，从而实现自身的差异性发展，形成独特品牌。这是它们与一般酒店的重要区别所在。对主题酒店来说，主题成为其设计的精神内涵，是一种象征文化和意义的反映。

二、主题酒店的定义与分类

“中国国际主题酒店研究会”通过的《主题酒店开发、运营与服务标准》中，将主题酒店定义为："以自身所把握的文化中最具代表性的素材为核心，形成独特性设计、建造、装饰、生产和提供服务的酒店。"以上是行业内对主题酒店的一般定义。站在设计师的角度，我们认为：主题酒店是以所在地最有影响力的地域特征或文化特质为素材进行设计、建造、装饰并提供生产服务的酒店。它以人的产品体验为基础，始终围绕自身的主题，从建筑外观、装饰风格等有形方面深入室内设计，创设出与主题内容一致的具有文脉特点与叙事情节的酒店。

关于主题酒店，目前业内所认可的分类方式主要有两种：一种是以酒店自身的类型为分类标准，另一种是以酒店的主题内容为分类标准。

(一)以酒店类型分类的主题酒店

根据酒店自身的类型，主题酒店可以分为以下几种。

1. 商务型主题酒店

该类型主题酒店是以一定的文化作为酒店的主题，以接待商务人士为主要对象的酒店。商务型主题酒店的地理位置、建筑装饰风格、服务项目、设施设备等与商务旅客的消费需求特征相符合。这一类型的主题酒店有广州白天鹅宾馆(见图 6-1)、济南玉泉森信酒店(见图 6-2)、上海鸿酒店(见图 6-3)等。

图 6-1　广州白天鹅宾馆

图 6-2　济南玉泉森信酒店

图 6-3　上海鸿酒店

2. 景区型主题酒店

这类型主题酒店主要位于风景名胜区之中，通常选取某种特有资源或文化作为酒店的主题。该主题酒店的存在丰富了景区的内涵和顾客的感受，是目前数量较多的主题酒店。这一类型的主题酒店有九寨沟景区的九寨天堂州际酒店(见图 6-4)、青城山景区的鹤翔山庄(见图 6-5)等。

3. 度假型主题酒店

该类型主题酒店是指拥有一定的主题，能够提供丰富而有意义的度假服务的酒店，如位于广州的长隆酒店、海南众多的海滨度假型酒店等。

图 6-4　九寨天堂洲际酒店

图 6-5　成都鹤翔山庄

(二)以酒店内容分类的主题酒店

根据酒店主题内容的不同，主题酒店又可以分为以下几种。

1. 自然风光主题酒店

这类酒店超越了以自然景观作为装饰背景的基础设计阶段，而是把富有特色的自然景观直接引进酒店内部，营造某种身临其境的真实场景。如位于野象谷热带原始雨林深处的西双版纳树上旅馆(见图 6-6)，其主题的创意来源科学考察队更深入地观察野生象的生活习性的方式。

2. 历史文化主题酒店

在这类主题酒店中设计者在酒店内部通常构建某种古代世界或旧式环境，以时光倒流般的心理感受作为吸引游客的主要卖点，人们一走进酒店就能切身感受到历史文化的浓郁氛围。如土耳其的洞穴酒店(见图 6-7)就紧紧抓住“石”的表现，利用天然的岩石做成地板、墙壁和天花板，房间内还挂有瀑布，就连沐浴喷洒和浴缸也是由岩石制成的。

3. 城市特色主题酒店

这类酒店通常以历史悠久、具有浓厚文化特点的城市为蓝本，以局部模拟或微缩仿造的方法再现城市的风采。如澳门的威尼斯人酒店(见图 6-8)就属于这一类，它以著名水城威尼斯的文化进行包装，参照美国拉斯维加斯的威尼斯酒店进行设计，利用众多可反映威尼斯文化的建筑元素充分展现地中海风情以及威尼斯的水城文化。

4. 名人文化主题酒店

名人文化主题酒店是以人们熟悉的政治或文艺界名人的经历为主题特色，这些酒店很多是由名人、作家生活过的地方改造而成的。如西子宾馆就是由于毛泽东、陈云、巴金曾多次在这里休养而闻名，房间里至今还保留着他们最爱的物品和摆设；再如天津利顺德大饭店(见图 6-9)也以当年孙中山、梅兰芳曾经数次下榻于此而闻名。

图 6-6 西双版纳树上旅馆

图 6-7 土耳其洞穴酒店客房

图 6-8 澳门威尼斯人酒店

图 6-9 天津利顺德大饭店

5. 艺术特色主题酒店

凡属艺术领域的音乐、电影、美术、建筑特色等都可成为这类酒店的主题所在。位于八达岭长城脚下的长城公社(见图 6-10)就以独特的建筑形制取胜，它由亚洲 12 名建筑师设计的 11 幢别墅和 1 个俱乐部组成的建筑群构成。公社每栋房子均配有设计独特的家具，训练有素的管家随时可以为客人提供高度个性化的服务，住客可以在此充分体验亚洲一流建筑师所展现的非同寻常的建筑美学和全新的生活方式。

图 6-10 北京长城公社

评估练习

1. 什么是主题酒店？它与一般酒店有哪些主要区别？
2. 针对本节所介绍的主题酒店的类型，试再举出1～2个酒店实例。

第二节　主题酒店的设计特点

教学目标

- 明确酒店的主题与功能之间的关系。
- 理解形象的识别性对烘托酒店主题的作用。

一、主题与功能的完美结合

主题酒店通常是一种处于消费前沿的体验产品，它的服务人群主要以中青年、高学历人士、企业商务人员以及专业技术人员为主。这些人成为主题酒店消费的主力军主要是因为这些人群对新兴事物具有高度的渴求和接受度。主题酒店的设计需要紧密围绕主题的内容以迎合这部分特殊的消费人群的文化体验。酒店的主题一旦确立，酒店的一切设计就都将以这个主题为中心展开。

对主题酒店的总体设计来说，首先应是对功能性的满足。酒店按服务区域划分一般分为客房区、餐饮区、公共活动区以及行政后勤区等，这些功能区域既要划分明确又要有机联系。同时，对功能流线的关系也应有明确的划分，它们是制约酒店功能空间关系的关键因素。在主题酒店中，按照使用者的不同，可以把功能流线分为：酒店住宿客人流线、酒店参观客人流线以及服务人员流线等，而在具体的流线设计上，应当尽量使不同人流之间互不干扰，从而在功能性上提高产品使用的舒适性和服务的高效率。

其次，酒店建筑与室内的结构设计应体现主题的特征。主题酒店设计在满足功能性的基础之上，需要通过结构设计对主题的审美功能予以体现，如美国拉斯维加斯的主题酒店在建筑结构上就具有非常典型的特点。

案例 6-1

卢克索酒店

美国拉斯维加斯的卢克索酒店(Luxor)是以古埃及金字塔为原型的超大型主题酒店。整个卢克索酒店的建筑外形突出采用了巨大的狮身人面像的形式，而酒店的主体建筑则为巨大的金字塔，共有4407间客房，是世界上第三大度假酒店、第四大金字塔。卢克索酒店将大体量的埃及金字塔以及尼罗河流域等真实环境在室内空间中进行了缩微化展示，同时砂岩墙壁上刻有全彩色的埃及壁画以及国王和王后的浅浮雕，令人感觉身处于真实的金字塔之中，如图6-11所示。

图 6-11　美国拉斯维加斯卢克索酒店

(资料来源：卢克索酒店. 维基百科，
http://zh.wikipedia.org/wiki/%E7%9B%A7%E5%85%8B%E7%B4%A2%E9%85%92%E5%BA%97)

最后是主题表现的手法，对不同的主题内容，采取的设计手法也应趋于多样化。比如可以通过缩微仿制的设计手法将具有标志性的大型建筑或景观水景引入酒店的室内空间，也可以将某个抽象的主题形象通过夸张、放大的设计手法予以具体化。

案例 6-2

金银岛大酒店

《金银岛》是 19 世纪英国著名作家史蒂文生的小说，而拉斯维加斯的金银岛大酒店(见图 6-12)就以一个完整的中世纪战船的形制向世人展示其加勒比海盗的主题。60 英尺高的骷髅头像和交叉的骷髅骨骼是酒店最醒目的标志。室外海盗船主题演出是酒店最引人入胜之处，它涉及了充满原始意境的海上村落和两艘全尺寸战船——海盗驾驶的大型帆船和英国三帆战舰。酒店每晚都会上演海盗激战的场面，船上炮火轰鸣、桅杆倾倒、海盗船沉没，活脱脱一幅加勒比海战的景象。

图 6-12　美国拉斯维加斯金银岛大酒店

(资料来源：魏小安，赵准旺. 主题酒店. 广州：广东旅游出版社，2005)

二、主题形象的识别性

主题既定，用来表现主题的文化符号则需要由抽象形态转变为具象形态，酒店需要对主题形象进行提炼、选取和概括。主题酒店通常都建立一个主题文化标识系统，这包括主题符号、主题文字等。其中主题符号代表着主题的内涵，应始终贯穿于酒店的各个功能区，尤其应该在大厅中充分体现出来。

例如，借鉴南非著名酒店的长隆酒店(见图 6-13)是一家以回归大自然为主题的酒店，殿堂内部设计始终以自然界中的各种动物形象作为一种主题符号，加之酒店自身与长隆动物园互相呼应的地理优势，令其一直客流如梭。

图 6-13　广州长隆酒店

又如瑞典的“冰酒店”(见图 6-14)，利用北欧冬季较长的特点，用“冰”制作冰室、冰床、冰椅、冰酒吧等独具特色的体验性酒店，环保又新颖。此外，主题酒店通常还会根据主题的概念设计出酒店的主题形象，形成一种怪诞的喜剧效果，如美国的狗屋旅馆、水下旅馆，日本的下水道旅馆等。

图 6-14　冰酒店的主题形象

案例 6-3

狗 屋 旅 馆

狗屋旅馆(见图 6-15)位于美国爱达荷州的三叶杨小镇，曾被评为全球最怪异的九大旅馆之一，是“世界上最大的狗屋”，足有四层楼高。“狗”的“肚子”是间卧室，里面的床大而舒适。“狗”的“脑袋”是间小阁楼，客人们还可以在“狗”的“鼻子”里看书。旅馆的主人是沙利文夫妇。他们最初是做木雕生意，主要雕刻大小和品种各异的狗。如果客户能提供爱犬的照片，他们就可以迅速雕刻出一条栩栩如生的木质小狗。此旅馆实乃是爱狗人士的必去之处。

图 6-15　狗屋旅馆

(资料来源：网易新闻，http://bbs.news.163.com/bbs/photo/42503122.html)

三、主题表现的戏剧化与商业化

除了功能性与形象的识别性以外，国外大型主题酒店的设计通常还具有舞台戏剧的特点，在拉斯维加斯的若干主题酒店中就可以亲身领略主题强烈的戏剧化表现，例如金银岛大酒店每晚都会上演海盗激战的主题表演。帆船撞击、船员坠海、火药桶爆炸等场面使人感受到大型舞台戏剧的魅力(见图 6-16)；再如金殿大饭店(The Mirage)门前 50 英尺的人造火山每 30 分钟喷发一次(特殊天气除外)，加之身着土著服饰的表演者纵横其间，令人叹为观止(见图 6-17)。

图 6-16　戏剧化的主题表现

图 6-17　金殿大饭店人造火山表现

此外，主题表现的商业化也应成为主题酒店设计的重要特点之一。尽管拉斯维加斯主题酒店的设计可以将舞台及场景布置发挥极致，足以以假乱真，但是给人的感觉仍然是身处于拉斯维加斯的酒店而不是在世界的其他地区。主题酒店的设计以商业为直接目的，因此运用一些商业化的展示方式可以更好地突出主题，例如凯撒宫殿(Caesars Palace)的室内设计采用大型的建筑构件与动态雕塑同灯光照明产生的立体空间相结合，表现出凯撒宫殿的雄伟气势，而大厅中身着古装的服务员往返于酒店之中，又巧妙揭示出酒店的商业化特点，如图 6-18 所示。

图 6-18　极具商业性设计的凯撒宫殿大堂

知识链接 6-1

戏剧化与商业化

戏剧化，是为使不同的技艺互相融合，在艺术上达到和谐统一。戏曲表演要改变各种技艺原有的属性以适应刻画人物性格和表现戏剧情节的需要。例如，无论是舞蹈，还是唱念都不过是剧情的一部分，因此它的音乐性、舞蹈性、节奏性是统一于戏剧性的。如戏曲表演中的舞蹈与纯舞蹈不同，其不同之处在于舞蹈的抒情、造型和描绘的功能，统统必须服从戏剧性的要求。戏剧动作被夸张而舞蹈化，以符合音乐歌唱的韵律，且舞蹈的动作力求符合戏剧剧情的需要。这就是戏剧动作歌舞化、歌舞表演戏剧化。这样，就使得戏曲可以把细腻的抒情、严密的说理、情节的铺叙，激烈的交锋等各种戏剧场面统统纳入音乐和舞蹈的世界。戏剧化的音乐舞蹈，要求表现出人物的性格和特定情况下的感情。因为凡是戏，总是发生在一个特定的情境中间，戏剧表演不论是舞，还是唱，都是在抒发剧中人物在特定情境下的思想感情。

商业化，指的是以生产某种产品为手段，以营利为主要目的的行为。商业化是相对于艺术化而言的，艺术可以是非常有个性、自由地表达个人情感的东西，而商业是有明确目的地表现被设计对象的主体。不管是艺术化还是商业化，前提是要符合最基本的大众审美观——版式、颜色、元素。艺术化的东西可以有非常独特的表现方式，可以不被大众所接受而仅仅表现出一种独特的个性特征，而商业化就一定是让大众能接受并明白的一种产品。

(资料来源：中国知网)

评估练习

1. 酒店按功能区域进行划分，设计时需要注意什么？
2. 总体来看，主题酒店的设计具有哪些特点？

第三节　酒店主题性设计的手法

教学目标

- 了解空间叙事序列的类型。
- 掌握酒店主题性设计常用几种手法。

“酒店主题性设计”是指酒店室内环境中为表达某种主题意义或突出某个形态要素所进行的设计。酒店主题性设计中主题的内容十分广泛，有些酒店以当地的风土人情、自然历史、文化传统、名人逸事、神话故事等方面的题材作为设计表现的核心，也有一些酒店以地域性的材料、色彩或视觉、听觉、感觉、幻觉艺术为主题。

本节主要基于上一节中对主题酒店设计特点的概括，以国内外优秀酒店设计实例为内容，分析介绍酒店主题性设计的常用手法。

一、地域性特点与文脉精神相结合

所谓地域性是强调建筑(这里也包括建筑内部的空间环境)亲近于周边人文历史环境，追求个体建筑与城市整体文化与环境的联系；“文脉精神”原是文学领域中的名词，主要指文章的上下文关系，在设计领域中多指设计应注重对历史文化的传承，处理好设计与现代文化之间的关系。设计的文脉精神贯穿于历史环境中，新建筑设计的相关实践，是后现代主义要恢复旧有的精神和秩序的努力而最先运用到建筑上面来的。将地域特点与设计文脉相结合，这样的设计手法会使酒店的主题得到进一步明确，从而形成主题鲜明的特点。目前众多的酒店设计都具有地域性的特征，总体是为了突出酒店的地域性主题。然而设计的表现方法不外乎以下几类。

(一)运用空间形态与建造技术表现地域性主题

在酒店的主题性设计中，空间形态与建造技术对地域性主题的表现具有较宏观的影响。不同的空间形式以及形态的比例、大小变化都会给人造成不同的感受。酒店的室内空间不论以什么内容作为设计主题，前提都必须是满足酒店的实用功能。其次才是将空间设计与设计师的主题创意相结合，利用当地特有的形式创造出具有主题地域性特点的酒店空间形态。最后还要考虑空间的形态特征带给在其中活动的人的不同的心理感受，如可以通过调整层高来增强空间的舒适感和神秘感，通过弧形空间、波浪空间可以营造轻松、活泼、富于浪漫和幻想的主题。在酒店空间形态的设计方面，巴厘岛的旅馆设计值得学习和借鉴。巴厘岛上的旅馆设计在空间形态的表达上巧妙借用了巴厘岛传统的建筑形式——巴厘亭，在酒店设计中将“亭”的功能与形式加以转化，营造巴厘岛的地域性特点，如图 6-19 所示。

不同地区和民族由于历史文化、气候条件、资源环境和人们生活习惯的不同，也造就了各自独特风格的地域建筑形式，如陕北的窑洞、北京的四合院、云南一颗印以及杆栏式住宅等。这些不同的建筑对于酒店室内的空间形态、造型艺术以及建造技术都有十分重要的借鉴意义。

建造技术在酒店的主题性设计中的运用主要可以分为两个层面，一是建筑形态方面的技术处理，二是体现室内构造细节方面的技巧。建造技术对地理和气候环境的适应等方面也有一定的要求。比如西双版纳的树上旅馆就是利用广西特有的百年大榕树作为建筑支撑，把整个旅馆都建在了树上，这样不仅可以有效阻隔当地的湿气，而且也对主题表现起到强有力的支撑作用(见图 6-20)；再如马来西亚的丹绒加拉(Tanjongjara)度假酒店也采用当地“架空”的构造技术，这样不仅利于热带气候条件下室内的通风散热，同时也是利用建造技术表现主题的典型之一。

图 6-19　巴厘岛旅馆室内

图 6-20　西双版纳树上旅馆

(二)运用色彩关系表现地域性主题

色彩由于地域性的差异形成了不同的文化内涵，进而体现出色彩的地域性。对此，法国著名色彩学家让·菲力普·朗科罗提出了“色彩地理学”的概念。他强调：“色彩是个丰富而生动的主体，它是一种符号，一种形式，一种象征，也是一种文化。”应该指出，色彩关系在营造酒店室内的地域性主题过程中具有举足轻重的作用，在酒店设计的各要素中具有比空间形态和材料更强的视觉感染力。抓住色彩的地域性特征，可以对酒店的地域性特点表现起到事半功倍的效果。酒店的色彩对人的视觉冲击力是直接而强烈的，不同色彩以及色彩的不同组合会对酒店室内的空间感度、舒适度、人的心理和生理甚至对酒店的主题氛围产生直接影响。

针对主题酒店而言，主题酒店的色彩可以根据色彩面积的大小分为主体色彩、背景色彩和点缀色彩三个部分。主体色彩是指大件家具及织物所构成的总体色彩，它构成了酒店主题氛围的主要基调，对主题具有烘托作用(见图 6-21)。例如上海新天地的一些小型酒店为了表达旧上海民居朴素、雅静的怀旧气息，在主体色彩上就采用了一种怀旧的灰色调为主题，给人统一的、完整的、具有强烈感染力的印象。背景色彩是指室内固有的天花板、墙壁、地板等设施的大面积色彩(见图 6-22)。主题酒店采用的背景色彩是与主题内容的表达相一致的，而主体色彩和点缀色彩都是在其基础上的进一步深化。一般来说，酒店的背景色彩宜采用低彩度的沉静色，这样可以使它发挥作为背景色的衬托作用；酒店的点缀色彩是指酒店室内最易变化的小面积色彩，如主题装饰物、小型展示道具等的色彩。点缀色彩往往与背景色彩和主体色彩并置和对比，从而形成突出而强烈的视觉形象。需要指出的是，点缀色彩若使用得当，可以对主题起到画龙点睛的作用，丰富酒店室内的色彩并赋予主题以鲜活的形象，但若过多采用点缀色会使得室内的主题表现趋于零碎和散乱，反而不利于主题的整体表达。因此，通常只在主题色调既定的基础上适当合理地采用点缀色，与背景色彩和主体色彩形成对立统一关系。

图 6-21　西藏饭店室内色彩

图 6-22　阿拉伯伊斯兰教酒店客房

另外，在主题酒店的设计中，应以民族、地区和宗教等内容为考量。譬如对不同的民族、地区和宗教来说，由于生活习惯、文化传统和历史沿革的不同，其审美要求通常与传统色彩相一致，以代表各自不同的习俗和理念。如藏族对红、白、绿、黄色均十分喜爱，尤其对红色更是崇尚有加，它代表着尊严和一种威慑的力量，在宗教礼仪上也被赋予了驱邪的内涵。在西藏饭店的酒店设计中，设计师就以大块的红色与黄色作为主体色，以白色和青色为点缀色，通过主题色彩的设计，对饭店的藏文化主题起到了良好的诠释作用。因此，在对具有民族性和地域性特点的酒店进行设计时，既要掌握色彩布置的一般规律，又要以尊重民族和地域文化为前提，通过色彩合理营造酒店的主题。

(三)运用材料与肌理表现地域性主题

酒店设计的地域性表现手法很重要的一点是在于对地方材料的质感、色彩、肌理等方面的表现。地方材料所产生的视觉感受是从多方位体现出来的，包括材料本身所具有的光泽、色彩、纹理、质感等特性。为了创造酒店地域性特色的室内空间，在主题酒店的设计取材时必须将材料的特性与室内空间的功能以及主题的地域特征紧密联系起来。地方材料可分为天然材料和人工材料，当人们对现代酒店所采用的玻璃、水泥、瓷砖等标准化人工材料望而生厌时，传统的地方材料便逐渐获得人们的青睐。

根据气候、纬度、水文等自然因素以及人文、经济、风俗等社会条件的不同，各地区所特有的天然材料也不尽相同，并体现出浓郁的地域性特征。例如，我国西南少数民族地区由于具有土壤肥沃、干湿季节分明的特点而盛产竹材，当地人就用竹、藤、干草等天然材料建造居所、美化环境。主题酒店的建造也是如此，如西双版纳树上旅馆就建造在巨大的榕树上，连旅馆室内设施都采用广西的竹藤制成，具有典型的少数民族风格。再如我国西北黄土高原的窑洞酒店就是利用丰厚的黄土开洞凿室，用土坯石块等材料垒成拱式空间。由于天然材料的使用，使其内部的土桌、土台、土壁龛等与大自然融为一体，鲜明地反映

出大西北的地质地貌特征。

主题酒店的人工材料又可分为两类，一类是较通俗的现代材料如钢筋、混凝土、玻璃、陶瓷等，一类是传统材料经过现代加工而成的环保材料。一般来说，前者较难表现地域特色，只能是对现代功能需求的满足，而后者却具有典型的地域文化特征。目前在主题酒店的设计中，较多运用的人工材料就是后者。如四川雅安是茶叶的发源地，而西康大酒店就是利用当地特有的资源优势，用具有三百多年历史的雅安茶做砖砌成了世上独一无二的茶屋(见图 6-23)。此外，西康大酒店还运用古老的实物和历史资料，将茶文化的主题融入整个酒店。同时，主题酒店设计材料的使用不应仅仅局限于地域传统材料，也应当在现代设计所提倡的 3R 原则即减少使用(reduce)、再使用(reuse)、循环使用(recycle)的基础上，结合自然材料的属性对新材料的地域性设计表现进行探索，拓展地方材料表现的手法。如 URBN 上海酒店以上海本地的青砖、木料、纸板等为原材料设计制成各种椅榻，实现了材料表现的可持续设计，如图 6-24 和图 6-25 所示。

图 6-23　西康大酒店茶屋

图 6-24　URBN 上海酒店大堂一

图 6-25　URBN 上海酒店大堂二

案例 6-4

URBN 上海酒店

URBN 上海酒店是 URBN 国际集团在中国开设的第一家分店，坐落于静安区胶州路上。静安区以古刹静安寺而得名，位于上海的中心区域，许多国际高端酒店都驻扎在此。URBN 上海酒店邻近沿街的商铺、本地饭店以及一批老式里弄房，在上海法租界区的南京路北面。

URBN 上海酒店(见图 6-26)是由一座 20 世纪 70 年代的邮局演变而来，改造后的 URBN 上海酒店共 5 层，一层为酒店大堂和餐厅，以上均为客房，共 26 间。URBN 上海酒店是中国首家碳中和酒店。所谓碳中和其实是一种理念，是指企业、团体或个人计算其在一定时间内直接或间接产生的温室气体排放总量，通常以吨二氧化碳当量(tCO_2)为单位，然后通过购买碳积分(carbon credits)的形式，资助符合国际规定的节能减排项目，以抵消自身产生的二氧化碳排放量，从而达到环保的目的。具体到酒店来说，就是 URBN 上海酒店将记录酒店的能源消耗量，其中包括每一位员工交通、饮食输送以及宾客使用的能源，以计算碳足迹。随后 URBN 将透过此方式购买碳配额以消除碳足迹，而酒店宾客也可选择直接购买碳配额以消除其旅程所产生的废气，所有配额均获联合国验证及认可。

图 6-26　URBN 上海酒店大门

走进 URBN 上海酒店体会到最朴实的感觉就是：自然、淳朴，几乎看不见一点污染源和矫揉造作的影子。这与酒店设计所采用的环保材料有关。URBN 上海酒店内部的墙面和地板绝大部分来自上海本地的可循环回收材料，如拆自老房子的青砖和硬木。房间内的椅榻由硬纸板压成，这些元素都被 A00 设计公司巧妙地隐藏了起来，以简约派现代设计的面目低调呈现。硬木地板，亚麻窗帘，奶油色、咖啡色及浅褐色的乡村丝绸是酒店客房内较多使用的材料，使人视觉和身心得到放松。URBN 上海酒店还通过改建现有的建筑，引进了太阳能窗和水系统空调等措施对环境加以保护。同时，酒店的每个房间都仔细地融入了现代化具有国际性的特殊家具、卫浴等，给人以十足的现代感。

从酒店的主题建设来看，URBN 上海酒店与其他的主题酒店略有不同。它强调的是一种大众意识，而碳中和的概念并非最先由国内提出，它是直接从国外移植到中国的，而国人显然需要对此有一个逐渐熟悉并且接受的过程。同时，意识本身是不能构成酒店的主题的，但酒店主题的定位与创造逐渐往某种意识上靠拢会是未来主题酒店的发展方向之一，而绿色环保才是 URBN 上海酒店的真正主题。越来越多的上海本土酒店对绿色环保的主题推广，也正是对上海世博会主题“better city，better life”的积极响应。URBN 上海酒店致力于宣传碳中和的概念，当入住的宾客开始熟悉 URBN 上海酒店与众不同的运作流程时，已经自觉地为自己造成的环境污染埋单了。可以说，URBN 上海酒店是以上海地区的高科技为基础，以碳中和的绿色环保概念为支撑，以上海本地区可回收环保材料作为设计材料的绿色环保主题酒店。不论酒店入住的客人是为商务活动还是休闲旅游，都会对 URBN 上海酒店乃至上海这个城市有一个难忘的回忆。

(资料来源：上海雅悦酒店 urbn hotels 官网，http://www.urbnhotels.com/)

材质的运用作为酒店设计的重要方法之一，不仅能够传达设计师的理念，而且更是使用者与地域环境相互联系的重要媒介。无论是天然材料还是人工材料，在设计主题酒店时只要根据具体环境进行合理的选取、组合和变换，都可以使地域性的主题得以体现。

二、场所的表现与再现

场所是指空间从社会环境、历史文化以及活动与事件的特定条件中获得文脉意义。诺伯格·舒尔兹认为场所是“建筑与特定地点的结合，将隐匿在地点中的潜在精神提炼出来，将松散、自在的环境结合起来共同构成一个具有特性的、内在同一的整体”。场所本身可以指代某个抽象的地点，场所环境则是由具有材质、形状、质感和色彩的具体事物组成的一个整体环境氛围。每一个场所都是独特的，具有各自的特征。每一个主题酒店的建设也应该有其自身的文化、地理及历史环境背景。一个以城市文化为缩影的主题酒店往往通过对主题的设计与表达就可以反映出一座城市鲜明的特色，这类主题酒店已经成为了城市历史文化的缩影，从某种程度上说俨然成为了一座城市的文化博物馆，其酒店的建筑本身就是一个最大的展品。

酒店设计与场所相结合，实际上也是一种整体性的设计原则。在表现酒店的地域性时要考虑室内和室外环境的过渡与衔接，应将酒店的建筑和酒店设计紧密联系，给予整体考虑。在酒店的设计中，设计师首先应该理性地分析建筑室内环境与室外环境之间的关系，然后通过深入地分析和研究找寻二者之间和谐均衡的关系。此外，技术的发展和新型材料的使用成就了大跨度、超高度的建筑空间，同时也使室外环境与景观大量地引入室内，使得室内外环境融为一体成为现实。

同时，对酒店的设计来说，设计场所的表现与再现是酒店故事情节赖以展开的构架，也是主题展开的重要组成部分，具有强烈的表意功能。美国著名剧作家罗伯特·麦基认为：“一个场所即是一个缩微故事在一个统一或连续的时空中通过冲突而表现出来……”酒店主题性设计中的场所与文学、影视艺术中的“场所”有相似之处，但酒店主题性设计中的场所是对现实生活的反映，是通过具体的形象以及主题思想创造具有一定真实性的环境氛围，使身处这一环境中的人感到真实可信，仿佛有一种置身于其间之感。场所在表现形式和再现形式上也应多样化，不拘泥于一格。

场所的表现与再现，在酒店设计中最常用的是形象法，它是指通过具体实物形象的展示来营造室内的场所效果，具有真实性和直观性。真实性是场所表现的前提，如果没有一定的主题思想作为支撑，也就无法达到直观性，而直观性又是对真实性的升华。例如，广州白天鹅宾馆的中庭就以“故乡水”为主题，创造出一个具有亭桥流水的极具真实感的室外景色(见图 6-27)，这使英国设计师汤姆逊感概道:“凡到过白天鹅宾馆的游客(指外国人)都大可不必去中国南方一带旅游。”

场所的表现与再现的另一个常用手法是叙事法。叙事法运用在主题酒店的设计之中可以使主题的叙事情节更加直观、生动，如同剧目一样成为情节发展的构成单位。一个场所之所以可以成为场所并相对独立于其他空间而存在，就是因为它有着相对独立的人物和事件。因此，在进行场所设计时，应有区别地表现出场所的完整性和独立性，即使是对特定人物或时间的描述刻画也应有一定的独立体现，这是主题酒店的场所空间表达叙事情节的必要条件。在主题酒店中，场所的叙事应遵循一般叙事情节中开端、发展、高潮、结尾的过程特征，同时应将各个场所的主题串联起来，使情节更加引人入胜，从而具有明确的序列性和节奏感。上海首席公馆酒店的设计就属于这一类型。

图 6-27 白天鹅宾馆“故乡水”

案例 6-5

上海首席公馆酒店

上海首席公馆酒店位于上海历史名区新乐路 82 号(原法租界)，原址为中国近现代史中最富有传奇色彩的人物之一杜月笙的公馆。该酒店建筑建于 1932 年，由法国建筑师拉法尔设计，采用具有法国装饰主义特色的折中主义装饰风格，酒店外形中西合璧，室内设计则紧紧抓住了老上海的精髓，体现出当时拥有社会地位的历史名人气派。酒店蕴含丰富的历史文化气息，共收藏了 300 余件货真价实的百年历史珍藏品在酒店内进行实物展示，具有一般酒店所不具备的博物馆性质，因而又被誉为“中国首家城市历史文化遗产精品酒店”。

上海首席公馆的主题性设计就采用了典型的场所再现手法，它结合具体的情节编排来达到“移步易景”的效果。首先，在大堂的公共流线周围巧妙地放置旧上海的一些较大型的珍贵古董，如三角相机、留声机等，从走进酒店的一开始就使叙事情节具有强烈的说服力和感染力；其次，通过展示普通市民的日常生活百态将整个公馆的叙事情节引入发展阶段，培养、酝酿人们的感情，增强人们的期待。通过以上两个阶段的铺垫，人们必然会进一步产生对旧上海人家居室生活的体验之感，引导人们通过真实的客房居住体验从而将情节推向高潮；最后随着故事情节的完整展现和悬念的解开，自然由高潮恢复到平静，产生对故事场所和情节的追思与联想，如图 6-28 和图 6-29 所示。

图 6-28　上海首席公馆酒店

图 6-29　首席公馆酒店会议室场景

(资料来源：上海首席公馆酒店官网，http://www.mansionchinahotel.com/)

可见，运用场所的表现与再现可以增强人们对主题酒店空间视觉的归属感和认同感，使人体验到类似“回归”、“在家”的感觉。

三、叙事情节设计

叙事情节设计是酒店主题性设计的第二个手法。它是指围绕酒店的主题内容以类似说故事的表达方式逐一展开、层层递进，通过让人们读懂每一个故事情节从而更加全面、客观地把握酒店的主题文化，增强酒店主题性设计的特征。叙事情节通常被运用在具有一定历史文化的酒店或饭店中，如天津利顺德大饭店、上海首席公馆酒店、哈尔滨龙门大厦等。

酒店的叙事情节设计应包含两个内容：叙事情节的表达和空间的叙事序列。酒店的叙事情节设计应是以上内容各部分多层次、多结构的组合。

(一)外显与内隐的叙事情节表达

“显”意为一目了然，露在外面容易看出来。外显是指需要表达的信息直接显示于对象的表面，人们在较浅的感官层次就可以直接、正面地认知，多存在于人的生理感知。“隐”意为藏在深处、隐晦，内隐是指含蓄、隐约地表达信息，具有隐喻性。具体的物所传达的信息往往只是一种意念或是抽象的记号，这种信息隐藏于对象之中，存在于人的心理感知，而抽象和归纳能力是人与别的动物的重要区别之一，人们需要通过深层次的解读意会那种委婉、深远、意犹未尽的意境。此外，人们还可以用非语言的直觉来理解信息，比如语言的符号化或是对已有的某种历史文化因素的积淀等。隐喻性正是利用符号学的观点，把设计看作一种语言。

总的来看，外显的叙事表达直白、内容表述准确，类似于文字或独白式地叙述，而内隐的叙事表达则是相对的表述，它没有限定准确的内容范围，更像是一种抽象画式的模糊表达，是对情节内容的一种不固定解读(见图 6-30)。例如上海首席公馆酒店三段历史的时空分离和总体路线的串联，构成了其主要的外显的表达方式。如在对市民的历史生活进行场景营造时则充分利用了主题道具的展示，通过展示，人们可以通过一种无声的语言和意境体会故事与人物内心活动，从而对外显的叙事情节进行补充，构成诸多附属于不同故事主线下的隐性情节；又如哈尔滨龙门大厦的贵宾楼走廊设计就没有用较多的历史图片或实物对具体的历史事件进行阐述，而是采用“少就是多”的设计理念，仅仅是在走廊两侧的旧式墙裙上用简单的文字进行总体介绍，其中穿插与文字介绍相关的图符，对叙事情节进行不同方面的引申。从表面上看，酒店并没有进行叙事，但实则是通过场景的布置，利用文字线索的引申，让人产生众多历史故事的联想，走廊实际就是采用内隐的叙事表达，为具体情节的展开作引申或铺垫，如图 6-31 所示。

图 6-30　上海首席公馆酒店外显的叙事表达

图 6-31　龙门大厦内隐叙事表达

总体来看，外显与内隐的表达之间通常寻求一种自然流畅、前后连贯的关系，这是需要体验者融合自己的情感在与道具进行接触的过程之中去体会的。

(二)空间叙事序列

酒店设计中的空间叙事序列可以分为以下四种：顺叙、倒叙、插叙和并叙。这几种叙事序列应该基于酒店的叙事情节，根据不同条件和要求结合使用，从而形成多元的空间叙事序列。

1. 顺叙

在空间叙事序列中，顺叙是最为常见的一种，指在时间、空间流动的基础上依据事件的发生、发展顺序将情节内容表现在室内的空间场所中，从而使人轻松获取连续性故事情节的一种叙事顺序。在室内空间的叙事情节设计中，顺叙的空间叙事序列通常作为一种铺垫，为之后的情节安排如转折、悬念的设置、插叙等提供情节基础。一般来说，过多的顺叙通常使人觉得平淡无奇，但倘若运用得当却能表现出叙事意境的感染力。

例如天津利顺德大饭店自 1863 年建成以来，历经清王朝、北洋军阀、国民政府、日伪政权和中华人民共和国等时期。在这百余年中，利顺德大饭店曾发生过许多影响中国近现代历史的重要事件，许多历史名人也曾下榻于此，故而饭店便按照历史时间的先后顺序分别从以上五个时期对饭店的历史事件与故事进行梳理，从而构成了整个饭店最主要的顺序的空间叙事序列，如图 6-32 所示。

2. 倒叙

倒叙与顺序正好相反，它不是以事件的发生发展顺序为故事情节的展开顺序，而是根据情节的需要先交代故事结局或某些重要情节，然后回过来再交代故事的开端和经过。在主题酒店的叙事情节设计中，合理运用倒叙的空间叙事序列可以增加故事情节的曲折性和悬念，从而避免顺叙的平铺直叙，使主题情节具有生动性和神秘感，引人入胜。同时，这种倒转的叙述形成了一种特殊的感觉形式和认知方式，突出了情节的轻重缓急。在室内空间形式一定的基础上，通过这种对情节的无形编排，可以带领人们体验跌宕起伏的叙事情节。例如利顺德大饭店虽然主要是以顺叙的空间叙事序列展开历史情节的，但对于某些需要突出的历史事件却采用了倒叙的空间叙事序列。利顺德大饭店一度曾是近现代中国政治和外交活动的重要场所，如《中国丹麦条约》、《中国荷兰条约》、《中葡天津通商条约》、《中法简明条约》等都是在此签订，新中国成立后，英国、美国、加拿大、日本等国也曾先后将各自的领事馆设在饭店内。正是基于这样一种特殊的历史意义和政治意义，饭店在位于三楼的历史长廊处首先重点叙述了第五阶段新中国成立后在外交方面所取得的一系列成果，如与多国正式建交、签订多项平等合作协议等，之后再对近现代中国在外交过程中所经历的曲折与所做的外交努力进行详细叙述，利用这样的倒叙重点突出了新中国成立后国家强大了的主题思想，如图 6-33 所示。

图 6-32　民国时期历史情节展开

图 6-33　清政府签订不平等条约情节的倒叙展示

3. 插叙

插叙是指不依时间次序插入其他情节的一种叙事方式，这里插入的可以是一件结构完整的事件，也可以是一个不完整的片段。通常来说，主题酒店的叙事情节都是在围绕一个或几个中心事件进行叙述，而在叙述中心事件的同时往往不排除穿插一些与事件相关的分支情节，构成对主体情节的有效补充。在主题酒店设计中，设计师可能会特意安排一个异质性的叙事空间插入原本系列的同质叙事空间中，故意创造一种空间体验中的变化和穿插性效果。例如上海首席公馆酒店在四层空间就对新中国的成立和新旧社会交替下的上海进行了插入叙述，而龙门大厦的贵宾楼在叙述历史事件时也插入了中苏友好同盟条约的签订以及中苏对立的历史情节。

4. 并叙

并叙强调叙事情节具有“共时性”，即削平事件时间的线性关系，把不同时间的故事情节都放到同一个平面进行叙述。在酒店的叙事情节设计中，并叙的空间叙事序列是把原本发生在不同时空的事件在另一个相同的空间中加以展现，使得多种情节之间产生复杂的对立统一关系。需要指出的是，顺叙、倒叙、插叙三种空间叙事序列主要对应的是外显的叙事情节表达，而并叙主要对应的是内隐的叙事表达，因此，相对而言并叙的特殊性就在于能够引起观者对之前情节的回顾和追忆，提供给观者一个自我理清叙事线索的平台。例如天津利顺德大饭店在近现代人物的展示介绍上就运用了并叙的方式。它的每一间客房门口都有一个铜牌，注明了曾经入住这里的每一位近现代名人的故事，如孙中山、黄兴、宋教仁、张学良、溥仪、梁启超、梅兰芳以及美国前总统胡佛等，而在饭店大堂的宣传栏上则将这些国内外不同时期的名人放在一起并结合每一位名人使用过的真实物件的图片与文字进行介绍，突出利顺德大饭店的百年历史文化(见图 6-34)。类似利顺德大饭店并叙的叙事也同样出现在上海的主题酒店的设计中，例如上海首席公馆酒店在长廊处集中展示了上海抗日保卫战、上海解放前及解放后的社会生活百态，将跨越了几十年的历史长河通过历史图片和道具展示一一呈现。

图 6-34　利顺德大饭店的并叙展示

四、主题道具展示和主题表现

(一)主题道具展示

主题道具展示是酒店主题性设计常用的手法。主题道具，尤其是互动式的主题道具以实物真实性为基础，它所构成的形象画面是真实的立体空间，是可以看到、听到、嗅到、触摸到的。与主题道具之间产生互动，可以让酒店的体验者有身临其境之感，得到其他设计手段所不能达到的真实感。主题道具的展示方式可以总结为以下三种。

1. 串联式

串联式是将不同大小的平面与立体道具经过互相串联组织而成的布局方式。它具有使参观线路明确、连贯的优点，有利于同一空间中各个主题道具按一定的故事情节线索和参观的时间先后顺序组织在一起(见图 6-35)。这种方式通常适用于规模较小的空间，尤其适用于较开敞的中小型主题酒店的展示空间中，而对于规模较大的主题酒店展示空间却不太适用，否则会显得呆板不够灵活。在上海首席公馆酒店室内的展示空间中，串联式就主要应用在楼梯走道以及休息廊道的道具设计上。

2. 并联式

并联式是指通常在有一定分隔的且具有相同或相近主题情节的空间中，为了使空间与空间之间的组合更加连贯，常常强调相邻空间中主题道具之间的相互渗透、连通和环环相扣(见图 6-36)。这样主题道具之间的联系既不感到突然又不感到平淡，同时主题道具又随着空间的相互交叉形成一定的导向性，引导和暗示人们进入下一个空间，加强了主题情节的韵律感。通过这种方式布置主题道具可使情节的首尾前后呼应，更加连贯。例如在上海首席公馆酒店的大堂处，设计师将立体的老式三角相机、留声机、电影放映机等较大件的展示实物作为空间的分隔，而将较小型的或平面化的主题道具如古董家具、壁炉、相框等紧贴于隔断四周和墙壁。通过人们在其中不断穿行，构成了情节之间的相互并联以及不同主题道具之间的呼应与对比，丰富了人们多维度的感官体验。

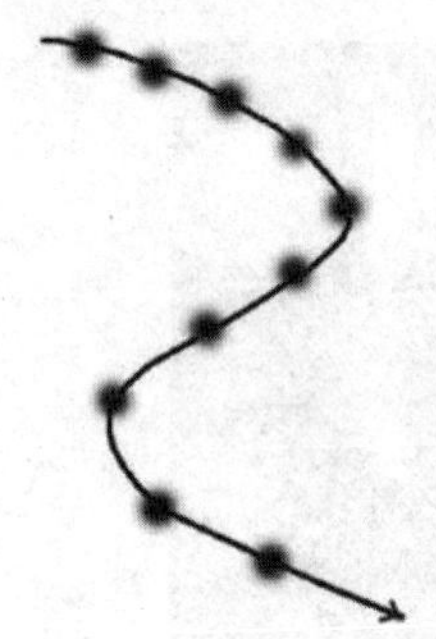

图 6-35　串联式示意

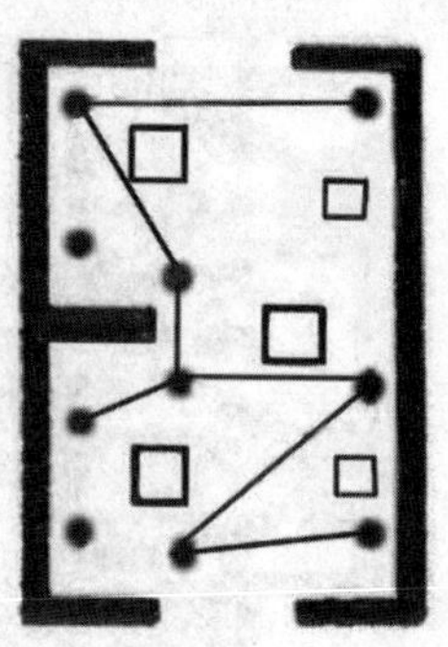

图 6-36　并联式示意

3. 穿插式

穿插式是指在具有插叙或并叙的主题情节空间中运用平面的特异构成方式，突出主题道具的视觉效果，通过空间、色彩、明暗、材质的对比和夸张强化视觉中心，体现主题酒店室内空间的地域性特色(见图 6-37)。通常穿插式可在主情节线上所穿插的次情节线或小范围的展示空间内有目的地设置。运用穿插式在视觉关系中必然会出现主与次、中心与周围、精彩与平淡、虚与实等形式现象，尤其是在大堂中穿插一些较大型或特殊的互动展示道具，可以立刻成为该区域空间的视觉中心，获得与采用并联式不同的体验感。如南京旅游职业学院的酒店博物馆就是此种典型，如图 6-38 和图 6-39 所示。

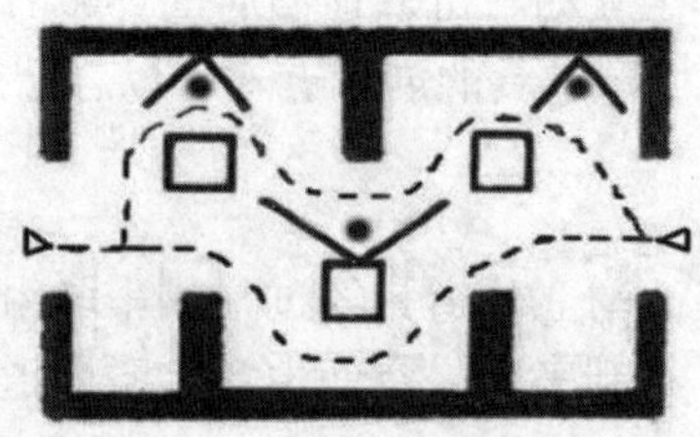

图 6-37　穿插式示意

(二)主题表现

在酒店的主题性设计中，主题的表现形式与主题内容是密切相关的。反过来说，不同的酒店由于主题内容的不同，必然也有各自不同的表现形式。而在同一个酒店的设计中，主题表现形式既可以是唯一的，也可以是多种形式的组合。

结合以上对主题道具展示方式的研究，我们可以将其与酒店主题的关系做进一步引申，把主题酒店的主题表现归纳为以下四种形式：连贯式、片段式、集中式和延伸式。

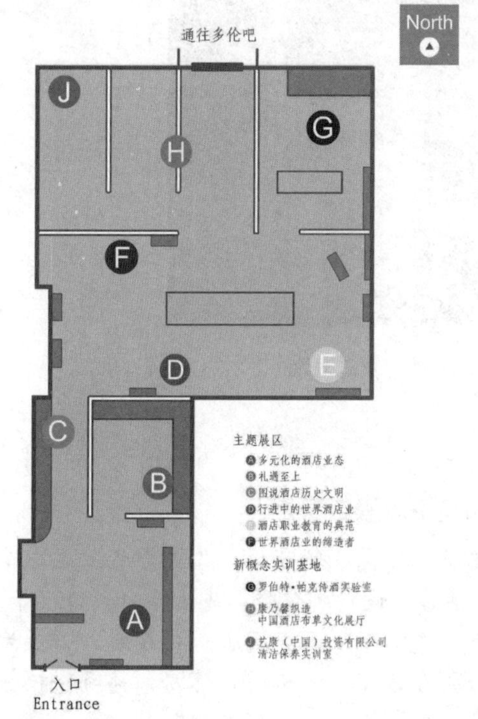

图 6-38　南京旅游职业学院酒店博物馆布局

图 6-39　酒店博物馆一角

1. 连贯式

“连贯”一词在书面表达中的意思是指：句子排列组合的规则以及加强语言联系与衔接使之更为通畅的一种方法。主题表现的“连贯”是指酒店设计的表现具有统一的主题、衔接流畅的表现顺序以及构成主题的整体印象。连贯式是主题酒店设计中最基本和宏观的表现方式，它是构成主题酒店设计的充要条件。如果没有连贯的主题表现，酒店的设计就不能形成统一的主题或者造成主题的缺失，这样也就无所谓主题酒店了。酒店的主题一旦确定，酒店设计必然需要自始至终地围绕主题进行具体表现，否则酒店主题必然缺乏整体性。例如瑞亚地中海主题酒店的设计依托主题神话的叙事性展开，它以地中海文化为核心进行表现，其主题内容与风格自始至终都完全统一。从一进门的酒店大堂、餐厅到以上各层的客房及书吧，设计的形式与风格遵循的是完全的统一连贯(见图 6-40)；URBN 上海酒店也是采用连贯式表现主题的典型，其内部的家具设计、墙壁立面的材料使用与瑞亚酒店有着异曲同工之妙。URBN 上海酒店的大堂和客房均采用典型的现代简约设计手法，内部墙面使用的材料绝大部分都是取自上海本地的可循环回收材料，在材料设计上形成连贯和统一。

连贯式的主题表现具有以下特点：直接点明主题，避免人们对于主题内容认知模糊；

增强主题表现的系统性，以期形成人们对主题内容的持续关注；引导人们对主题的内容产生思考，使主题具有叙事性的表现特征。连贯式的表现是主题酒店设计中常用的也是基本表现形式之一。

图 6-40　上海瑞亚酒店的连贯式表现

案例 6-6

上海瑞亚臻品地中海酒店

上海瑞亚臻品地中海酒店位于浦东金桥路上，周围购物商厦、各式会所林立。瑞亚是上海第一家以地中海文化为主题设计的酒店，由著名设计师裴晓军先生亲自设计，于 2008 年 5 月获得了金外滩设计最佳概念奖。瑞亚酒店是四星级商务酒店，共 6 层，一层为艾提概念餐厅(见图 6-41 和图 6-42)，二层至五层分别为 Business Station 客房、商务科技房、女士个性房以及时尚环保房，顶层为酒店会议室、主题书吧及 SPA 水疗中心。

图 6-41　上海瑞亚酒店餐厅一

图 6-42　上海瑞亚酒店餐厅二

瑞亚酒店的设计师裴晓军先生对酒店内部的细节之处给予了充分、彻底的关注。瑞亚酒店在用料的选材、建筑的造型、色彩的把握、装饰品及生活用品的用料等众多细节都体现着地中海情调。在规格不同的客房里，地中海风格的拱门、马蹄状的门窗、手工刷的粉白墙、被海风吹掠经年的粗糙灰泥墙或橘黄坯土墙让客人仿佛置身于地中海某间温馨的临海小屋。酒店大堂及客房内的家具尽量采用低彩度、线条简单且修边浑圆的木质，极大地满足了视觉享受和安全性。酒店专门为注重私密性、追求精致生活的女性提供了女士房，房内全部采用圆形无棱角设计，圆形的大床带来梦幻般的睡眠体验。酒店的灯具、艺术品全是按设计师要求专门定制，所用的画全部是画家手绘。

“瑞亚”是希腊神话中诸神的母亲，一位有着美丽长发的女神，她是地神与天神所生的天与地之精华的结晶，是掌握时光流逝与风霜的女神。 时至今日，希腊神话传说中这美丽而神秘的名字，正得到全新的演绎。瑞亚酒店从文化的本源上延续了古希腊的经典传说。而地中海本身地处欧亚非大陆之间，周围是西班牙、意大利、法国、希腊等，常年受到这些文明古国的影响，使得地中海散发出浓浓的历史人文气息。因此，地中海风情其实也包含西班牙、法国、希腊等几个种类的建筑式样。在瑞亚酒店的设计中，走廊的地面上采用大块的正方形大理石铺就，暗淡的色调感觉像是在走一条时间通道，上面嵌有牛和月亮的深褐色纹状图案。牛是西班牙的招牌，月亮又有希腊的影子，设计师通过诸如此类的细节塑造，成功地将地中海的欧洲古文明通入了具有现代先进设施的瑞亚酒店。再比如地中海的天气晴朗，日照充沛，因此，太阳在地中海风格中有着极其重要的位置，户外活动是当地人生活中必不可少的一部分。为此，酒店在大堂的一侧辟出了一条长廊，顶部采用玻璃材料，半拱形设计，充裕的采光相当于在室内搭建了一个庭院，在异地为客人营造出一股暖暖的休闲氛围。

(资料来源：瑞亚臻品酒店官网，http://www.rheahotel.com/)

2. 片段式

《现代汉语词典》中“片段”是指：整体当中的一段，零碎、不完整。酒店设计中有片段式的设计手法，故可以此相应命名。片段式是相对于连贯式而言的，它不同于连贯、完整地对主题进行表现，而是分段地表现大主题或是重点表现大主题的某个局部，是对连贯式的补充和丰富。

片段有长短之分，设计水平高的主题酒店必然会运用长短不同的片段形式加以分别表现，避免单一采用连贯式的平铺直叙，如上海首席公馆酒店主题的片段式表现以酒店历史情节的展开和道具展示为主(见图 6-43)，内部墙壁上展示的历史图片多数采用纪实的客观表现，而大堂内放置的古董不仅是对内部空间和功能的划分，也是静态的片段展示。主题装饰物的陈列是其历史和人文内容的展示，这包括实物、照片和文献资料三个部分，设计师对三者进行了一定的安排。对于实物展示，设计师采用的是“点”状的布局形式，它多分布在空间中较为重要和人流路线交汇的主要区域，如大堂休息区和楼梯过道处等；实物展示既是对酒店内部空间和功能的划分，也是静态的片段展示。照片和文献资料的展示采用的是类似“线”和“面”的布局形式。上海首席公馆酒店墙壁上展示的历史图片随着人流路线的走向而展开，数量不一地分布在楼梯过道及走廊处，这仿佛是

图 6-43　上海首席公馆酒店片段式表现

一条条长短不一的摄影胶片，构成一幅幅动态的历史片段。相比而言，文献资料的展示相对集中，主要是在走廊的橱窗里进行的展示。

片段式的表现形式能够大大丰富观者的视觉形象，从而带动观者多方面的主题体验。同时也应注意两个问题：一是采用片段式的表现需要建立在对整个主题良好把握的基础之上，往往需要同连贯式结合使用；二是采用片段式的表现需要遵循一定的布局或展示形式，所展示的内容也要有所区分，合理安排，需要考虑受众者的情感体验。倘若片面注重主题片段的表现，往往会造成主题陈列物的简单堆砌，反而会破坏主题氛围的形成。所以设计师需要对空间内的主题装饰物加以整合，在具体的表现上也应有所区别。

3. 集中式

集中式的主题表现是相对于以上两种表现方式而言的。主题的表现方式不是一成不变的，主题表现如果一味追求面面俱到，反而在某种程度上会削弱自身的主题，减弱酒店的主题带给人们的新鲜与愉悦，使人觉得平淡无奇。所以设计师既需要通过设计把主题体现在酒店内部的每一个环节之中，同时又需要在一定的环境下对主题加以整合和集中表现。

集中式的主题表现方式特点是利用酒店的主题符号或主题装饰物在某一个特定区域内最大限度地营造主题氛围，形成群体的集中体验过程。集中式的表现形式一方面重在表现，另一方面则是重在对主题的整合。一般来说，较有特色的主题酒店体量都不会很大，因为过大的体量会对主题的整合以及多样性表现造成困难。需要指出的是，不同的主题酒店需要通过不同的设计手法对主题进行整合，集中式仅仅是其中一种参考方案，根据不同环境和情况的差异性，设计师还应区别对待。

上海首席公馆酒店集中式的主题表现主要是位于一楼大堂的公共休息区、前台以及公共会议厅周边。一般来说，大堂的设计对酒店具有非常重要的意义，人们对于室内整体空间的感官体验很大程度上都来源大堂设计所营造的主题氛围(见图 6-44)。如果在这样一个重要公共区域的主题表现上不能引人入胜，使人们产生对主题先入为主的印象，那么纵使其他的部分设计得再好，给人的主题内容也只会是零碎的。上海首席公馆酒店的大堂大量并有序地放置了一系列只有在真实的旧上海才能一见的珍贵古董和文物，对迫切想了解旧上海人文历史的顾客来说是一个惊喜。人们不但可以近距离地逐一端倪、细细品味，而且对于那些小物件譬如古董钟、装饰相框等甚至可以好好把玩一番。同时老式的留声机至今仍然播放着旧上海电影中的名曲，不禁让人感叹这些古董的迷人魅力以及设计师的独具匠心。上海首席公馆酒店集中式的文物展示直接形成了群体的集中体验，使人们从视觉、听觉、触觉等方面形成全方位的主题情感体验，这也是上海首席公馆酒店设计取得成功的重要因素之一。

4. 延伸式

延伸是指对原有主题内容的拓展和补充，挖掘新的发展空间。酒店的主题不仅有现阶段的表现方式，也应有在延伸周期内的表现方式。主题酒店的设计本身是一种商品，是商品就有自己的周期，换句话说，主题的内容及其表现形式也有一定的周期。一般来说，酒店的硬件设施需要五年翻修一次，而主题也需随之延伸或更新，这就要求主题酒店的设计需要为未来短期内主题的延伸做一定程度的预留和事先准备。

图 6-44　上海首席公馆酒店集中式表现

这种主题表现方式早已有之，迪士尼主题乐园酒店就是其中的典范(见图 6-45)。在迪士尼酒店，游客一直可以看到米老鼠、唐老鸭等经典卡通形象，同时又会在最短时间看到花木兰、泰山等最新出现的主题形象内容。这样酒店就在保留经典的同时不断给主题以新的生命力，保持对不同年龄游客的吸引力。对原有主题的适当变化甚至完全舍弃而采用新的主题，是每一个主题酒店设计师需要考虑的问题。在进行酒店设计的过程中，需要对部分设计内容或形式做一定程度的预留，这表现在对现有空间的重新划分、灯光照明及电路管线的提前预留、主题装饰物是否易拆卸更换等。

图 6-45　香港迪士尼主题乐园酒店

五、符号演绎与表达

酒店主题性设计的表现与符号之间也存在密切联系。在主题酒店的设计中常采用某种形态的符号作为设计的母体，人们对主题的感知需要通过特定的符号信息来传递。舒尔茨在《西方建筑的意义》一书中也认为设计是一种有意义的符号形式。这些符号与酒店的主题是密切相关的，具有象征性、典型性和概括性的特点。符号可以分为装饰符号和意指符号，具体来说，主题性表现与符号的关系可以归纳为以下两种。

(一)利用装饰符号表现主题

酒店内部的装饰形态对主题的表达起着关键性作用，主题符号的造型常常反映室内主

题的内容和风格特征。在主题酒店的地域性设计中，主题符号的应用主要有以下两种。

(1) 直接应用装饰符号表现主题：在酒店设计中将酒店地域文化中的某部分提炼出来直接以符号的形式表现，这里的符号可以是具有既定含义的图形或实物，如上海鸿酒店大堂的主题设计就是采取了这种方式，如图 6-46 所示。

图 6-46　上海鸿酒店装饰符号

(2) 以装饰符号作为设计的基本元素表现主题：在对酒店的主题进行设计表现时，应综合考虑地域文化中的各要素，将文化元素融入设计中。例如在成都京川宾馆(见图 6-47、图 6-48)设计中，设计师大胆抽取各种象征蜀汉文化的符号，通过串联、并联的方式加以体现。

图 6-47　成都京川宾馆一

图 6-48　成都京川宾馆二

(二)利用意指符号营造主题

意指符号与装饰符号的不同之处在于：装饰符号是对主题内涵的直接赋予，通过装饰符号的应用可以将主题的整体特征尽量浓缩在一个符号之中，具有直接的视觉传达的作用；而意指符号是对主题符号的间接使用，它是采用一种对主题异化的方式，通过变形、夸张、象征的手法将主题的整体特征隐晦地表达，具有隐喻性。例如 URBN 上海酒店就运用了大量的意指符号实现了对主题的表达，如图 6-49 所示。

图 6-49　URBN 上海酒店

评估练习

1. 试论述酒店主题性设计常用的几种手法。
2. 如何理解酒店设计的地域性特点？
3. 除了本节中已论述的酒店主题内容外，大胆设想未来的主题内容还可能有哪些？

第四节　主题客房设计

教学目标

- 了解客房主题选取的方法。
- 掌握客房设计的原则。
- 理解软装饰在现代酒店设计中的地位与作用。

一、主题的选取

对主题客房进行设计，必先选取明确且具有特色的主题。主题酒店的灵魂是文化性，从这个意义上来讲，主题客房就是文化客房，即在客房产品(包含设计)层面体现并且强化主题。一方面，丰富各异的主题客房本身可以形成独立的主题特色体系，即以主题客房为经营特色，直接树立酒店的独特品牌，例如世界第一家主题酒店——1958 年诞生于美国加利福尼亚的 Madonna Inn 就是以 12 间主题客房为特色发展起来的，后来逐渐发展到 109 间，成为当时最有代表性的主题酒店。另一方面，主题客房本身也依托于酒店的宏观主题内容，与酒店的公共空间一道作为酒店主题的重要诠释部分。

主题的选择和设计，通常有以下三种方法。

1. 挖掘——挖掘主题文化

挖掘有多种方式，可以从任何一个角度进行挖掘。比如地域文化、民间文化、历史文化等，还有一种行业性的文化，比如邮电系统的酒店可以研究在邮电文化方面多做文章，铁道系统的宾馆就可以研究挖掘铁路文化。

案例 6-7

硬 石 酒 店

世界著名旅游胜地——太平洋巴厘岛上的硬石酒店(Hard Rock Hotel)是一家以摇滚乐为主题的酒店，也是亚洲出现的第一家最典型化的主题酒店。曾在 1998 年开张之初以全新的概念在市场上闪亮登场。“硬石”的英文是 Hard Rock，即节奏性很强的摇滚乐。酒店选取单一的、具有典型意义或广泛影响的音乐为主题，blues 的音乐主题刚好与之契合。属于典型的对主题文化进行的挖掘。

硬石酒店在店内的所有活动场所打出“休闲、放松和摇滚”的宣传促销口号，酒店里的核心就是硬石咖啡馆，馆内从乐队、装潢、饮品、服务员到纪念品都是“摇滚”的化身，令人心荡神摇。店内还有一个面积达 9000 平方米的露天游泳池，游泳池中间有小岛，宾客可以在小岛的躺椅上尽情享受音乐；酒店还有专门的录音工作室，客人可以现场制作各自需要的 CD 唱片。作为一家高档酒店，硬石酒店一改全球高档酒店几乎千篇一律的庄重陈规和惯例，变得活跃而充满趣味，如图 6-50 所示。

图 6-50　硬石酒店

(资料来源：硬石酒店官网，http://www.hardrockhotel.com)

2. 移植

第二种是移植文化。现在多数酒店都是在移植一种文化，在效仿人家的方式。如迪拜的亚特兰蒂斯(Atlantis)酒店(见图 6-51)正是采用了移植的方式，以理想国“亚特兰蒂斯”为灵感进行酒店设计，处处彰显着奢华。这从文化上说是一种移植，但在做法上却是一种创新。

案例 6-8

迪拜的亚特兰蒂斯(Atlantis)酒店

亚特兰提斯，是传说中的一个文明高度发达的城市，在很久之前突然沉入深海消失。最先提及亚特兰蒂斯的是希腊哲学家柏拉图(Plato)。在二千多年前，柏拉图在《对话录》中提及这一片已消失的地方后，陆续有一千多本书提及亚特兰蒂斯，但这些书多是杜撰的。1958 年，美国一位动物学家范伦坦博士在巴哈马群岛附近海床上发现奇特的地形结构。从空中往下看这些几何图形是一些正多边形、圆形、三角形，还有长达好几英里的直线。1968 年，范伦坦博士又在巴哈马群岛的北比密尼群岛附近海域发现位于海面以下 5 公尺左右，长达 540 公尺的矮墙，突出海底约 90 厘米的“比密尼石墙”。每个石块至少 16 立方英尺，顺着探测下去，竟然发现更复杂的结构，有几个港口，还有一座双翼的栈桥，俨然是一个沉没几千年的古代港口。由于巴哈马的海域是属于下沉地形，因此引起不少的猜测，是否是亚特兰蒂斯人建造的，没有其他证据辅证而仍不得而知。

迪拜亚特兰蒂斯(Atlantis)酒店，坐落于阿联酋迪拜的棕榈人工岛 Palm Jumeirah 上，占地 113 亩，有 1539 个房间，耗资 15 亿美元兴建，如同古波斯和古巴比伦建筑装潢风貌，如图 6-51 所示。酒店是柯兹纳集团此前在巴哈马群岛打造的天堂岛亚特兰蒂斯酒店(Atlantis Paradise Island)唯一的姊妹花，其建筑、装潢和服务极尽奢华，被誉为全世界最豪华的酒店，是阿拉伯半岛绿洲中胜似海市蜃楼的令人叹为观止的人间奇迹。

图 6-51 亚特兰蒂斯酒店外观

亚特兰蒂斯酒店沿着 1.4 公里长的私属细软沙质海滩而建，地处人工湖的中央，占地 4.6 公顷。建造过程中，用掉了 2250 万吨大理石，5800 万吨钢材，所用钢筋首尾相接有 5.8 万公里，种植 6 万余棵植物。酒店最令人难忘的是其巨型水族缸(见图 6-52)，包括刺鳐等多达 6.5 万尾各种海洋鱼类悠游其中，简直就是一个微缩版的海洋。而巨大的海豚馆中，数十条从南太平洋所罗门群岛海域专门花 30 小时空运过来的海豚也足以令人叹为观止。尽管这一行为招致环保主义者的严厉批评，但投资方不为所动。“我们唯一需要考虑的是我们客人的要求，”雷伯曼说，“通过专门预约，住户可以到海豚馆中与海豚一起潜泳，享受这来之不易的乐趣。”

酒店名语： 未来，这里将是名副其实的亚特兰蒂斯，永不落幕。

图 6-52　亚特兰蒂斯酒店巨型水族缸

(资料来源：亚特兰蒂斯(Atlantis)酒店官网，http://www.atlantisthepalm.com/)

3. 整合

从理论上来说，酒店的主题内容最好是单一的、整体的，但是有些酒店却认为单一主题不能完全适应自身的需要，或考虑自身的实际因素的确不适合做较大主题的设计时，酒店设计者便会考虑采用复合型的主题。

采用复合的主题具有一定的发展优势，一是投资建设的压力相对小，一些本身体量不大的酒店可以通过酒店的软装设计，把原本普通的客房包装成为主题客房，既经济又容易出效果。二是拥有多种主题房的酒店在需要的时候可以随时更换主题的内容，不断变化的主题有利于酒店不断调整自身的销售策略，进而也增加了其他酒店设计模仿的难度，从而寻求自身的差异化发展，给予曾经入住过或是没有入住过的宾客以更强烈的心理期许。

如上海鸿酒店就是属于典型的复合型主题。它的特点在于酒店内的公共和私密空间均利用场景环境的复原或营造将各自不同的表现主题赋予其中。这些空间的主题设计风格各异，且主题内容差异性极大，通过展示主题文化的丰富性与多样性，更好地吸引不同的人群，而这些多样化的小主题又构成了酒店整体的大主题——海派文化。

案例 6-9

上海鸿酒店

上海鸿酒店位于浦东新区的潍坊西路上，该区域属于陆家嘴金融商圈，也是整个上海地区最繁荣最现代的区域。鸿酒店建成于 2007 年年底，是浦东地区最新建成的 life style 主题酒店。值得注意的是鸿酒店与一般主题酒店的不同之处在于它的体量不大，整座建筑也只有三层：一层为酒店大堂，前台和餐厅(见图 6-53)则分别位于左右两侧，公共休闲区居中，二层为一般商务及豪华客房，只有第三层为主题客房。

鸿酒店整体装饰风格为现代简约式，设计别致而有新意。一楼前台为顾客设置了红色的高脚圆凳，与整个白色前台相得益彰。红白相间的圆形蛋椅极具后现代设计特征，在大堂米色大理石地面的衬托下显得十分现代和洋气。酒店中庭屏幕中显示鸿酒店的 logo，使整个大堂的设计布置得以统一。中庭屏幕前一块不大的空间被设计成为公共会客区，坐在七彩饰面的软沙发上，既能欣赏酒店中庭纵深的现代吊灯，又能透过玻璃观察整个大堂的人员流动。酒店二层和三层的房间格局基本一样，走廊设计大气、简约，每个房间门口的墙上都挂有所处房间的具体设计介绍。

图 6-53　鸿酒店餐厅

鸿酒店三层的主题客房共有 15 间，分为有窗和无窗两种房型，设有中国红、甲壳虫乐队(见图 6-54)、奥黛丽·赫本(见图 6-55)、沙漠王子、青花瓷、Hello Kitty、时光与海等风格迥异的主题房。鸿酒店的主题客房设计风格各异，主题表现手法也不尽相同。鸿酒店的设计手法可归纳为三个方面：主题限量版物品的展示、主题符号的表现以及主题风格软装饰的运用。如甲壳虫乐队主题客房内的限量版真品堪称一绝。鸿酒店将奥黛丽·赫本曾经穿戴过的演出服及配饰和约翰·列侬曾经演奏过的吉他通过种种途径收购回来，巧妙地放置到主题客房内供顾客近距离观赏。酒店方事先已经为这两件物品购买了价格不菲的保险，而顾客在入住这两间主题房之前也必须先和酒店签署贵重物品保护赔偿协议。除了这两件真品以外，这两间主题房还极尽巧妙地利用空间展示各自主题人物的照片和影集，甲壳虫乐队主题客房的音响旁还放着酒店收集到的甲壳虫乐队演奏的所有专辑，这一切的布置都能极大地把主题的真实性带给入住的顾客。

图 6-54　甲壳虫乐队主题客房

图 6-55　奥黛丽·赫本主题客房

鸿酒店主题客房设计的成功还在于它主题符号的表现。中国红(见图 6-56)、香奈儿(见图 6-57)、荷塘月色，以及摄影主题房(见图 6-58)等都是典型的代表。香奈儿主题房内紧靠大床的墙壁上错落有致地印上了象征香奈儿的正反交叠的 C 形标志符号，梳妆台以及卫生间的洗手台上都放着各式香奈儿的香水瓶以及经典包装盒；中国红主题房内到处可见中国

红风格的瓷器及带有传统吉祥符号的花格装饰；荷塘月色主题房则直接用手绘的方式把荷花、月亮、流水画在墙壁上，直接表现房间的主题。此外，主题风格的软装饰也是被鸿酒店设计所重点使用的，几乎每一间主题房内都有与其主题高度一致的软装饰设计，这体现在房间内的家具、床上用品、地毯及一些主题配饰和陈设上。比如在摄影主题房内，设计师明显是在营造一种在非洲大草原上与动物们近距离接触的景象。床单、被套都带有黑白相间的斑马纹，三角架支撑着一部老式照相机立在电视机柜的旁边，柜子侧面的地下还竖立着一个内置斑马头的 14 寸照片的相框。房间内的地毯为土黄色的棉绒材质，这样的一种黑、白、土黄色的软装饰整体色彩让进入这个空间的人都会幻想自己是一位摄影师，在非洲广袤的草原上用相机拍摄斑马。

图 6-56　中国红主题客房

图 6-57　香奈儿主题客房

图 6-58　摄影主题客房

(资料来源：上海鸿酒店网站，http://www.580yahui.com/HTView.asp?Hid=3414)

二、空间与布局

(一)类型与功能设计

1. 单人房

单人房(Single Room)是酒店中最小的客房，一般设置一张单人床，国外酒店通常在单人房中配置沙发两用床或隐壁床，以增加白天起居室的活动面积。这种客房的私密性强，近年来颇受独自旅行者的青睐，在发达国家的酒店中所占的比例逐渐提高。其中商务酒店的单床间比例更高，日本、美国的一些城市商务酒店的单床间与双床间数量之比已达 1∶1。在装饰布置及用品配备上也日趋讲究，摆脱了传统上的经济档的概念。

2. 大床间

大床间(Double Room)一般配备一张双人床，主要适合夫妇旅行者居住，单身旅行者也有选择此类房间的。有的酒店为显示其豪华程度，在单人房中设置双人床，很受商务旅行者的欢迎。

3. 双床间

双床间(Two Bed Room)又被称为标准间(Twin Room/Standard Room)，配备两张单人床。多用于安排旅游团体或会议客人。如果配备单双两便床(Hollywood Bed)，出租时更灵便。在大床间供不应求时，可将两床合为大床，作大床间出租。国外有的酒店的双床间规定以两个双人床客房的标准设计，以显示较高的规格和独特的经营方式。这种两个双人床的客房称为“Double-Double Room”，可供两个单身旅行者居住，也可供一对夫妇或一个家庭居住。

4. 普通套间

普通套间一般由两间客房组成，一间为卧室，另一间为起居室。卧室中配备一张大床，与卫生间邻近，有的起居室设有盥洗室，内有便器与洗脸盆。这种套间可用固定的分室隔墙隔离，也可用活动隔墙隔离。

普通套间的另外两种形式是双层楼套间和连接套房。双层楼套间(Duplex Room)是起居室在下，卧室在上，用楼梯连接。连接套间(Connecting Room)是指两个独立的双床间，用中间的双扇门相通时，一间布置成卧室，另一间布置成起居室，可作为套间出租。需要时，仍可作为两间独立的双床间出租。这种连接套房中间的双扇门上均需安装门锁，关上时应具有良好的隔音性能。

5. 豪华套间

豪华套间(Deluxe Suite)一般是三间以上组成的套间，除卧室、起居室外，还有一间餐室或会议室。卧室中配备大号双人床或特大号双人床。

6. 总统套间

总统套间(Presidential Suite)一般由五间以上的房间组成，有男主人房、女主人房、书房、餐室、起居室、随从房等，两个主卧室均配置国王级或王后级尺度的单人床。装饰布置极为讲究，因此价格昂贵，但出租率很低，三星级以下酒店不必设置。

7. 女子客房

早在 1974 年，美国阿尔伯克基·希尔顿酒店就开设了女子专用楼层，为单身妇女出游提供便利。中国香港一些酒店也为单身商务妇女开设有女子专用客房。女子客房(Woman Room)里的设施设备及装饰色调，都从女子的爱好与实际生活需要出发，一般配有穿衣化妆镜、成套化妆用品、卫生用品等，此外，还有适合妇女阅读的书刊。房间号码对外严格保密，外来电话不经客人同意不随意接入客房，并配有便装女保安人员，以保证妇女安全。

女子专用客房的设立使妇女感到轻松方便、无拘无束。

(二)设计的原则

1. 安全性

客房是客人暂居的主要场所和客人财物的存放处，所以客房的安全至关重要。客房的安全性主要表现在防火、治安和保持私密性等方面。

(1) 防火。据资料统计，酒店在城市公共建筑中火灾率最高，其中 40.7%的酒店发生火灾是由于客人吸烟不慎所致，其次是客房内电器设备故障引起。有条件的酒店最好使用阻燃的地毯、床罩和窗帘等。还可设置可靠的火灾早期报警系统，如烟感报警、温度报警及自动喷淋报警，一般位于客房顶棚中央。客房门背后张贴《疏散路线指南》，以备旅客紧急疏散用。

(2) 治安。酒店客房的治安重点是客房门锁，坚固安全的门锁以及严格的钥匙控制是酒店安全的一个重要保障。配备电子暗码锁及与其相配的电子磁卡钥匙，可大大提高客房的安全程度。

(3) 私密。客房一旦被旅客所租用，就是属于旅客的私人空间，应该享受安静不被打扰，具有相当的私密性，档次越高的酒店，装修材料的隔音性能应越高。

2. 经济性

客房设计应以“物尽其用”为原则，在设计上一方面应研究客房空间的综合使用及可变换使用，另一方面要提高客房内实物如家具、陈设、装修、设备、洁具等的使用效率，推敲投资、折旧、维修、更新等问题。

3. 舒适性

客房的舒适程度包括对旅客的生理和心理需求的满足，有物质功能与精神功能两个层次。经济型酒店的客房需满足客人基本的生理需求，保证客人的健康。主题酒店还应进一步从室内环境、空间、家具陈设等各方面来创造和提高舒适感。

(三)设计的新趋势

1. 设计多样化

新颖独特及更加舒适安全，已成为客房设计的大趋势。例如香港君悦酒店，客房的内凹式角形门厅，辟出了一块属于这间客房的缓冲地带，无论是访客还是服务员的清扫车都可以在这里暂时逗留而不影响走道的畅通，设计独特。设计独特的多边浴室，使得初入客房的人看不到房间的内部。在客房的小走道天花上，装有一个智能型的人体探测器，夜晚光线低暗时，客人进入房门，探测器便能自动将客房灯点亮。宽畅的角形壁橱，保险箱安放在橱柜的上部，空调回风口也设在壁橱里，透过壁橱的百叶门进行回流。

香港半岛酒店的客房里有一个里外相通的鞋柜，客人只要将鞋子放在鞋箱里，服务员就可以通过走道一侧的小门将鞋子拿去擦干净，而后不动声色地放回原处。和君悦酒店一样，设计者同样十分重视保护客人的隐私。在每一间客房设置了两道门，而且安装了闭门器。第一道门起安全和隔离作用，第二道门主要用来遮蔽卧室视线，附带的作用是加强卧室与走道之间的隔音效果。

芝加哥哥迪公司高级副总设计师迈克·马塞纳认为，客房设计的关键在于套房。现代客房的客厅应配有超大型办公桌、家用传真及家用电脑接头、多条电话线和较好的采光，房间里还应配有录像机、小吧台、可折叠沙发床等，以满足家庭成员的需求。而威斯汀酒店及度假区集团在号称“2000 年威斯汀客房”的新设计中引入一个全新的观念，即客房要因客人而异，不能千篇一律、一个标准。威斯汀还开发了一个与现在的客房控制中心不同的红外线控制中心，这种系统不需要任何附加电线，新的红外线控制系统包括了遥感功能，它能使酒店员工通过一个中心设备监视每间客房，可提高客房安全性，并缓解因打扫客房造成的冲突，使酒店员工尽可能避开房客。服务员可通过与外面相通的小密室进行酒吧储存物品的补充、换洗衣服的传送等各种客房服务。小密室可由单独的门进出，这个门只有酒店员工的保安钥匙才可打开。

2．陈设高科技化

现代科技的日益进步不断刺激着酒店业的发展，而几乎社会上最先进的科技都会率先在酒店中得到普及与应用。如 Thorn Emi 网络系统可提供 9 种语言表述的近 900 个屏幕信息，当客人办理好入住手续后，总台服务员就调节好客人需要的电视语种。服务员还可以通过特定程序使客人一走进房间就能看到电视屏幕显示的“欢迎词”。电视与电脑联网的功能还有设定叫醒时间、显示客人留言、提供大堂行李服务等，客人还可在电视上查看自己在酒店消费的账目，也可以通过电视办理结账。

酒店的防火安全设施普遍采用的是烟感器、温感器。如今 Vesda 系统采用更先进的技术，该设备可以吸取室内空气送入分析器中进行分析，能平均提前 5 分钟左右发出警报，而且这一系统还可以根据不同场合、不同环境的特殊性预先设定空气成分指标，如会议室、酒吧等，从而尽量减少报警失误的可能性。

三、设计的焦点——酒店软装饰

随着建筑装饰材料的日新月异，酒店的装饰手法也随着时代的发展而不断更新。许多曾经风靡一时的装饰材料已经被淘汰，再时髦的装饰手法也难以保证若干年后不落伍。曾几何时，众多酒店的客房设计总是呈现出“千店一面”的形象，或根本就没有设计。

主题酒店的设计在某种程度上弱化了这一趋势，但由于主题酒店自身发展的更新换代，酒店也需要对自身的主题内容进行提炼、升级或改变，因此，一种更为理性的“轻装修，重装饰”的设计思想在酒店业内被广泛关注，其中心思想是要求酒店的基础装修从简，而重点在酒店的陈设装饰上下功夫。利用“软装饰”对酒店进行设计，蔚然成为一种时尚。

图 6-59　软装饰

“软装饰”(见图 6-59)其实是一种概念，这种概念或起源于我国古代宫闱中层层叠叠的纱幔，它充分表现出东方文化的缥缈与神秘。“软装饰”是与“硬

装饰”，也就是人们所俗称的室内装潢相对立的概念，是指在室内空间装潢完毕之后，利用那些易更换、易变动位置的饰物与家具，如窗帘、沙发套、靠垫、工艺台布及装饰工艺品、装饰铁艺等，对室内的二度陈设与布置。软装饰作为可移动的装潢，更能体现主人的品位，是营造室内环境氛围的点睛之笔，它打破了传统的装潢行业界限，将工艺品、纺织品、收藏品、灯具、花艺、植物等进行重新组合，形成一个新的理念。事实上，现代意义上的“软装饰”已经不能和“硬装饰”割裂开来，人们把“硬装饰”和“软装饰”设计硬性分开，很大程度上是因为两者在施工上有前后之分，但在应用上，两者都是为了丰富概念化的空间，使空间异化，以满足家居的需求，展示人的个性。对室内空间的设计应是一体化的，应以人为本，在装修之前就应该对整体风格有一个明确的界定，至于“硬装饰”和“软装饰”，这只是空间设计中所应用的必要的元素，并无主次和先后之分。

目前酒店的软装设计已经成为一门新兴的行业，它不同于单纯的工业、建筑设计和规划，是包括酒店整体软装、室内软装设计、酒店软装配饰设计等工作内容在内的专业体系。酒店软装设计的目的是让酒店更好地满足客人的需求，从而来实现酒店经营利润的增长。

针对酒店室内设计而言，酒店软装饰可以根据酒店的主题，空间的大小、形状，酒店客人的生活习惯、兴趣爱好和酒店自身的经济状况，从整体上综合策划“软装饰”的设计方案，体现出设计的个性品位。如果酒店的主题陈旧或过时了，需要重新改变时，也不必花很多钱重新装潢或更换家具，就能使得酒店的客房呈现出不同的面貌，给人以新鲜之感。“软装饰”具有简单易行、花费少、随意性大、便于清洁等优点，因此越来越受到酒店方的青睐。

酒店的“软装饰”是对酒店宾客的修养、兴趣、爱好、审美、阅历，甚至情感世界的诠释。高质量的“软装饰”还具有保值甚至升值的功能，酒店随着主题的变化进行设计时，也可将原来客房中的装饰物品搬走，因此，酒店的主题性设计重视“软装饰”可以在精神上、物质上双重受益，如图 6-60 所示。

图 6-60　国外某酒店客房

利用酒店软装进行主题设计，需要了解“软装饰”的类别及其分别产生的效果。

酒店软装可以有多种分类方法。

(1) 按使用功能：可分为具有实用价值的装饰品和没有实用价值的装饰品。如红木家具、手工地毯、花式吊灯、艺术墙纸等即属于具有实用价值的装饰品，此种装饰品放在酒店客房之中既有作用，又具装饰效果，是大多数设计师所采用的物品。而花瓶、花艺、挂画、工艺品等就属于没有实用价值而只有纯观赏价值的装饰品，此种装饰品一般来说属于奢侈品，并非每个设计师都会选择。

(2) 按材料：可分出几十类，如电器、木制家具、植物、布艺、花艺、铁艺、木艺、陶瓷、玻璃、石制品、玉制品、骨制品、印刷品、塑料制品，等等，还有一些新型材料如玻璃钢、贝壳制品、合金属制品等，每个大类还可以分出数个小类，另外，还有数种材料组合而成的装饰品，门类众多。

(3) 按摆放方法：可分为摆件、挂件，这两个类别相对容易理解。

(4) 按收藏价值：可分为增值收藏品和非增值的装饰品，如字画、古玩。具有一定工艺技巧的装饰品属于增值收藏品，而其他则属于非增值的装饰品。

"软装饰"其实也是一种设计手法。在酒店软装设计中，最重要的是要先确定酒店空间的整体装饰风格和主题内容，而后用饰品以"点睛"的方式表达出来，不能反其道而行之。整体装饰风格是酒店大的设计基调，主题又是真正的决定性内容，就如同写作时的大纲。我们需要从整体布局，然后画龙点睛。在现代的装饰设计中，木石、水泥、瓷砖、玻璃等建筑材料和丝麻等纺织品都是相互交叉，彼此渗透，有时也是可以相互替代的。比如，对于房顶的装饰，人们往往拘泥于木制、石膏这些硬装饰材料。而事实上如果用丝织品在室内的上部空间做一个拉膜，拉出一个优美的弧线，不仅会起到异化空间的效果，还会有些许的神秘感渗出，会成为整个房间的亮点。

由于"软装饰"要涉及多种物品、多种材质，因此各种物品、材质之间的色彩、形状、多少的搭配和呼应就成为装饰的难点所在。其实，我们只要把握好"从大处着眼"的原则，注意整体搭配，尤其是大色块的协调和主导风格的统一，那么即使有一些小的局部不太理想，也无碍大局。

(1) 家具。酒店客房家具造型、尺寸首先要满足使用功能的要求，其类型、数量要与客房的类型相协调，客房家具的设计要与建筑格调取得统一，应把家具作为酒店室内环境设计的组成部分，一般应和酒店建筑同时配套设计，才能取得比较理想的室内环境效果。对客房家具总的设计要求是：功能合理、尺度适宜、造型大方、构造坚固、制作精致、清洁方便。

(2) 织物。酒店客房织物的种类包括地毯、窗帘、沙发套、靠垫、床罩、台布等。织物在室内不仅具有一定的使用价值，而且通过它们的质感对比和衬托可增加室内的艺术气氛，通过其色彩的对比来调整原有室内装饰在色彩和图案方面的不足。织物与家具的布置相结合，又起着分隔室内局部空间的作用。

地毯能起到烘托室内空间气氛和聚集组合室内陈设的构图作用，形成完美的构图中心。客房中的地毯纹样不宜太花、太杂，构图宜平稳、安静，色彩宜浓淡适度、庄重大方。

窗帘、帷幔的功能是调节光线，避免干扰，分隔空间，能增进室内生活气息和艺术气氛。酒店客房一般配两道窗帘，内层配质地较薄的纱帘，外层配质地较厚的布帘。薄质料和网扣主要用于纱帘，纱帘多为白色，也有用浅灰、浅蓝等素雅色调的。布帘多用粗质料和绒质料织物制作，织纹较明显，色彩宜稳重，窗帘的色调应与墙面协调，切忌繁杂。

床罩的作用主要是保护床上卧具的清洁，同时也起装饰作用。由于它覆盖的面积较大，其色彩一般宜清淡素雅。在过于淡朴的卧室中，也可用色彩较浓的床罩来调节，在布置时要注意与室内的台布、靠垫、窗帘等取得协调。

(3) 墙上饰物。酒店客房中的墙上饰物以中国画、油画、书法居多，有的酒店也悬挂富有当地特色的陶瓷画、民间工艺画、挂毯、挂盘等。客房内选挂中国书画，能突出传统文化特色，选挂油画最好是写实风景，也可以是静物画。

酒店“软装饰”不仅应体现在以上内容的色彩、纹样和材质的系列配套上，也要体现在文化内涵上。它不仅要求纺织品本身的每一个独立的部分与整个系列相配套，而且必须与室内的整个环境氛围相配套。比如在公共空间，窗帘、沙发、地毯要求系列化、配套化；大堂的地毯要和大堂休息间、茶座以及电梯间系列化；客房的地毯和走廊的地毯要系列化；在个人的私密空间比如客房，纺织品的这种配套化、系列化就显得更为重要了。在客房，床上用品、沙发、地毯、窗帘、睡衣、浴巾等要系列化；客房的地毯和室内窗帘、沙发、床上用品之间在色调、图案上也最好彼此呼应、系列化。越是高级的酒店，这种配套化、系列化的服务越是做得细致到位。

当然，我们还必须考虑以下几个因素。

(1) 酒店定位。任何一个酒店软装设计师在设计酒店的整体软装之初需要考虑的就是要塑造出一个什么类型的酒店，也就是要符合酒店的市场定位。酒店定位的内容包括：酒店是什么类型的，规模怎样，是豪华的还是中低档的，星级如何，它的目标客户是什么，等等。软装设计时的定位要有强烈的经济气息以及功能鲜明的环境氛围。比如旅游胜地的度假型酒店，在软装设计上主要是针对不同层次的旅游者，为其提供品质卓越的休息、餐饮和借以消除疲劳的健身康乐场所。此类酒店软装设计完全是为满足这类客人的需求而考虑的，是休闲、放松、调节压力的场所。商务酒店一般应具有良好的通信条件，具备大型会议厅和宴会厅，以满足客人签约、会议、社交、宴请等商务需要。经济型酒店基本以客房为主，没有过多的公共经营区。必备的公共区域如大堂的软装也不宜太华贵，应给人以大方、实用、美观的感觉。

(2) 酒店经营与管理。在进行酒店软装设计的时候还必须考虑经营与管理。软装设计是深入酒店经营方方面面的过程。客房、厨房、仓储、餐厅等，很多酒店功能的组成部分都应成为软装设计的重点。酒店软装设计师在某种程度上讲为管理者服务的，软装设计能为管理者提高效率，减少消耗。当今酒店软装设计和建筑需要的是不断地创新。酒店的软装设计要适合酒店的经营和管理，也一定要适应酒店的经营理念。在酒店软装设计中，经营者要向软装设计师提供一个功能表，设法使他们明白酒店的经营活动和日常工作是如何进行的。只有软装设计师透彻了解酒店的经营过程，才会为管理者设计出最富有效率、最经济实用的酒店。一个完美的酒店软装设计，其根本宗旨并不是炫耀自身的珠光宝气，也不是满足于人们的观赏和赞叹，而是用心考虑如何使其实用和实现赢利。

(3) 顾客的心理期待。顾客就是上帝。满足客人的需求无疑更是酒店软装设计需要下大功夫解决的问题。首先要仔细研究客人的喜好，他们的兴趣会引导一切。对客人兴趣的研究要深入、具体。比如他们对材质的感觉，对颜色的偏好，他们喜欢什么样的娱乐活动，这些都构成了客人的需求。客人对酒店的印象和感受是影响客人能否再次光临酒店的重要因素。在不少名声在外、效益良好的酒店里，当客人步入大堂时立刻就能感到一种温馨、放松、舒适和备受欢迎的氛围。这一点极其重要，原因在于所有人在来酒店之前，在心里都会对酒店怀有一种潜在的期待，渴望酒店能够具备温馨、安全的环境，进而渴望这个酒店能给他留下深刻的印象，最好有点惊喜，有些独特，是别的地方所没有的。这样，一次经历就会成为他未来回忆的一部分。酒店的投资人要迎合客人心理需求才会产生好的回报，而通过设计来实现这个需求是酒店软装设计者责无旁贷的任务。

考虑上述主要影响酒店软装设计的几个因素之后，优秀的酒店软装设计就具有了先决条件。软装设计时还需要通过材质、色彩和造型的组合运用，来体现酒店的特色与风格。特色与风格是区分自身和他人的重要标志，没有了风格，再费心思的设计也难以避免酒店淹没于众多的酒店之中。实现酒店的特色与风格，要在设计软装时充分考虑酒店的地域性、文化性，注重时尚与创新，融入酒店的精神取向和文化品位。如此方能成就完美的酒店软装设计。

案例 6-10

克萨格里舒那浪漫酒店

克萨格里舒那浪漫酒店(见图 6-61)坐落在最令人喜爱的一个阿尔卑斯山滑雪场的中心，其设计由海尔曼·施耐德建筑公司完成。酒店建设之初正值在苏黎世举办国家展览，因此一种对于祖国传统样式的怀念尤为突出，于是便有了这样的设计。门和窗户的木工打造以及上面的金属零件全部由本国的工匠制作完成。包括窗帘和炊具在内的每个细节都体现出同样的设计风格。当时著名的艺术家汉斯·舍尔霍恩和阿洛伊斯·卡里吉特，用木料完成了湿壁画。现在，在第二代所有者的手中，它得到了细心的保护，同时吸引了好莱坞的著名影星和欧洲的上层人士来到这里观光旅游。

图 6-61 克萨格里舒那浪漫酒店

(资料来源：YOKA 时尚网，http://www.yoka.com/club/picture/pic_14710.htm)

评估练习

1. 酒店客房的设计原则有哪些？
2. 试简述客房主题内容选取的三种方法及各自含义。
3. 酒店的软装设计除设计以外还需考虑哪些因素？

第五节　主题餐饮设计

教学目标

- 学习并掌握餐厅设计的原则。
- 理解主题摆台在主题餐厅设计中的作用。

一、主题的选取

餐饮空间的设计与布局与客房一样，同样应围绕某一主题。主题餐饮的主题选取大致可分为以下几种。

1. 以某种装饰风格为主题

利用某种具有代表或地标性的装饰风格作为餐饮空间的主题，是比较常见的做法。具体可以分为以下几类。

(1) 皇家气派。皇家气派所体现出的是一种豪华富贵。如北京贵宾楼酒店 10 层的紫金厅(见图 6-62)是仿照故宫的坤宁宫设计建造的，其木质建筑材料主要是花梨木。此厅从四周的棉垫炕座到铺地金砖，从落地黄幔到典雅宫灯，无一不透出皇家气派和中华民族悠久历史中建筑文化的风采。现代风格的筒灯被安装在井口天花中心周围的圆圈上，与井口天花和谐地融为一体，灯亮时如繁星满天，与古典宫灯一起映照四周，更显金碧辉煌。

图 6-62　北京贵宾楼酒店紫金厅

(2) 传统风格。按照中国传统，宴饮时要灯火辉煌，喜气洋洋，所以，中餐厅一般喜用强烈明亮的光色、朱红圆柱、宫灯、圆洞门等传统装饰来渲染热烈喜庆的气氛。

案例 6-11

上海唐朝大酒店七星阁中餐厅

上海唐朝大酒店的七星阁中餐厅的装饰可以自然地让就餐者体验到古代的达官显贵或文人贤士才能享受到的豪华盛宴，如图 6-63 所示。

七星阁中餐厅(见图 6-64)一共 23 个包厢，分为宫廷式和江南水乡式两种装饰风格，其中的良友金阁食府是典型的中式古典设计风格，而中式古典风格的起源可以追溯到中国的汉唐时期。良友金阁食府内部装饰采用木构架的结构体系，柱、梁、天花、斗拱、木格门窗等构件清晰可见。大门上装饰铜质的门钉、门环、角页，整体门环形式为兽面吞环。窗户棂格用正交、斜交直棂和圆棂组合成为菱花，裙板雕龙纹。室内四角均设以金黄盘龙金柱，柱体底部设有莲花座。藻井是具有神圣意义的象征，古时只能在宗教或皇家宫殿使用，而食府中的天花处采用了重复和对比的编排形式将大面积的藻井分布得错落有致。食府顶部天花的中轴线上分别设置了四个大型中心藻井，内饰立体金龙及雕花，而中心周围藻井的则以水平和竖直方向的重复排列，加强了空间纵深感。藻井又加以花鸟图案的内部点缀，扩大了室内视觉的张力。室内古式家具一应俱全，靠背椅、各式条案、坐榻、瓮等均设置于食府内的主要视点处，从而构成食府内的会客休息区域。室内木纹屏风、竹帘、博古架等用以自然分隔会客区域与就餐区域。室内匾联用硬木制作，雕琢细腻，并镶嵌珠玉、螺钿、金银；除了室内构件及家具外，色彩作为传统建筑装饰的一个组成部分，也起着十分重要的作用。歌德就曾说过："纯粹的红色能够表现出某种崇高性、尊严性和严肃性"，它"之所以被称为帝王的颜色，这与它那和谐性与尊严性是一致的"；"当黄色得到红色的加深时，就增加了活力，变得更加有力和壮观"。良友金阁食府色彩高贵艳丽，主体部分便是采用红、黄两种色系来营造整体空间的暖色氛围。立面的梁檩、斗拱、窗棂、门窗统一采用饱和的朱红色，而天花藻井及檐下的阴影部分则采用蓝绿相配的冷色。室内主要家具如靠背椅、各式条案、坐榻、瓮等则均为栗棕色，从而对室内冷暖色调的冲突加以视觉协调；食府内图案装饰的题材也较为丰富。天花藻井以锦绫纹加以装饰，而锦绫纹饰的风格则是雍容绚丽。梁檩、廊檐、窗棂则普遍采用宝相花以缠枝卷草的形式布置于各处，且形式变化丰富。从环形到组合环形、从散点式到缠枝式等极尽变化组合，从而显示出食府内富丽堂皇、雍容华贵的风格特征。而家具图案也以大漆彩绘，画以花卉图案。以上这些纯正而到位的设计细节，加上酒店对宫廷经典菜肴的主题演绎，足以调动起身处这一环境中每一位宾客的全方位完美体验。

图 6-63　七星阁中餐厅

图 6-64　七星阁中餐厅

(资料来源：上海唐朝大酒店官网，http://www.tangchaohotels.com/)

(3) 地方特色。地方风味餐厅以供应某一菜系或某一地方的菜肴为主，其装饰风格也往往反映地方特色。如北京王府酒店的粤味中餐厅——越秀厅，以透空隔扇从四面分隔餐桌空间，隔扇垂直相交处摆放植物。

(4) 乡土风格。有些酒店的中餐厅以仿建市井小店和乡村小店来显示自己独特的装饰风格，使客人用餐时也能领略乡土风情。

2. 以某种饮食文化为主题

民以食为天，中国自古重视食文化，色、香、味、形、滋、养、声、名、器、境、服、续，这十二个字是对中国饮食文化的概括。餐饮主题有两个层面的意义：第一个层面是有一个永恒的、持续的主题，就是味道，靠菜品的质量闻名，塑造品牌；第二个层面的主题就是变化性的，举办一些譬如美食节之类的活动，通过长远性和变化性主题的结合，形成酒店的餐饮特色。如成都鹤翔山庄对于主题文化的产品就挖掘得很深，其主题餐饮——长生宴(见图 6-65)，依托道家传统的养生秘籍，成为川菜宴席中的珍品。长生宴采摘青城山内的四季果蔬，迎合绿色食品消费的观念，创造出川菜的新流派。

图 6-65　长生宴

3. 以某种就餐条件为主题

此种主题选取的方式比较新颖独特，常常以某一年龄层的顾客为目标人群，通过对就餐环境及礼仪程序的有趣设计来表现某种怀旧的主题。

案例 6-12

8 号 学 苑

提起 8 号学苑，“80 后”不会陌生，“90 后”望“店”兴叹。是的，这是一家以“80 后共同怀旧”为主题的火锅连锁店。这里没有一般普通火锅店的门头和内部装饰，有的就是一间“小教室”，如图 6-66 所示。

普通人想进去用餐，那可不行，“验明正身”是吃饭的第一步。想在这里用餐，一切就都得按规矩来。首先，这家餐厅只接待 1980—1989 年出生的“同学”，“上课”(用餐)前可千万得带着身份证，如果没带，看一下大门外的几行字：非“80 后”禁止入内，就得止步了。去“上课”前必须要打电话预约，当电话另一头传来“你要预订哪节课？”这样的问话时，总会让同学们倍感亲切。8号学苑“开课”时间一般为晚上5:30～7:00，90分钟一节课，“老师”不会提前进教室，下课铃响起时也不会拖堂。早到了无功，迟到了按“规定”，可要贴着墙根先罚站5分钟再说。

图6-66　8号学苑

走进教室，便会发现课桌、板凳和黑板，教室里该有的陈设一样也不少，仔细一看，课桌上装着电磁炉。墙壁上贴满了各种奖状，还张贴着李时珍、董存瑞等画像，墙角上还高悬着大的三角尺。教室一角的老式电视机，还连接着的小霸王游戏机，看到这里总是让“80后”会心一笑。

点餐和用餐的程序也十分“80 style”，入座以后是不可以随意招呼服务员倒茶、点单的，同学们得耐心等待。踩着上课铃的节拍，夹着书本的“老师”才会大步踏入教室。“上课！”“起立！”“同学们好！”“老师好！”接下来才是点菜的程序，但这里没有菜单，而是“值日生”(服务员)发到每个座位上的随堂试卷。

一套流程走完，同学们终于可以开始享受怀旧的美餐。但有意思的是，8号学苑的“上课”时间是严格控制的，同学们可不能“开小差”误了正事。“课程”过了大半，“老师”又会表情严肃走上讲台，课快上完了，还没写作业呢。“老师”会请“同学”上讲台朗读语文书，会让“同学”完成“美术作业”，对认真完成作业的“同学”还有奖励：小时候一毛钱一袋的无花果、大大泡泡糖……拿到手的时候可不许笑，得一脸郑重地接受“老师”的嘉奖。

(资料来源：百度百科，http://baike.baidu.com/view/4866926.htm)

二、空间与布局

(一)类型与布局

(1) 常规餐厅。常规餐厅是酒店最主要的餐厅形式，宾客就座后，点菜、斟酒、倒茶、

送菜、上汤等均有服务员提供服务，气氛高雅亲切，可满足不同层次的需要。

(2) 快餐厅与自助餐厅。美式自助餐厅是服务员将各类菜肴、点心、水果、饮料等摆放在条形长桌上，由宾客自己将菜肴放入盘中用餐，最后由服务员收拾餐桌餐具。欧式自助餐厅又称快餐厅，宾客在规定的套菜中选用，由于套餐种类不多，所以出菜快，周转率高。

这类餐厅室内装修简洁明快，常用现代材料和机械制品，座椅可叠合存放，但餐厅内人流混杂，供菜柜台占用面积较多。

(3) 风味餐厅。风味餐厅的供应最富特色，餐厅气氛也按食品风味和烹调特点设计，细致幽雅，独具匠心。

(4) 娱乐餐厅。如歌舞餐厅、剧场餐厅等。人们可以边品尝食品边欣赏文娱节目，室内灯光多变，气氛热烈，多种活动交错渗透，有利于吸引客人。

(5) 露天餐厅、中庭餐厅和食街。现代酒店餐厅设计很注重室内外空间的交融。地处亚热带、热带的酒店常设露天餐厅，餐桌排列在花园中；有的餐厅设在酒店的中庭内，取消了公共活动部分的分隔，把室外活动特点纳入室内；酒店的食街则引来城市中小街小巷的菜店酒肆，菜点丰富多彩，小吃很是诱人。

餐厅既要满足在较短时间内用餐客人的需求(如快餐或自助餐)，也要满足把进餐视为高消费享乐的客人要求(如高档餐厅和宴会厅)。其室内设计反映了酒店的等级与经营特色，有的甚至成为酒店的标志。现代酒店为适应社会的多种需要，常将宴会厅设计成可多种分隔、多功能的厅堂。

餐饮部分一般布置在酒店公共活动部分中公众最易到达的部位，要考虑餐厅与厨房的紧密关系，并尽可能区分客人进餐厅流线与送菜流线，以不干扰客人进餐。其布局方式可分为以下几种。

1. 独立设置的餐饮设施

独立设置的餐饮设施，一般建在用地较大的郊区、风景区、休养地、疗养地的酒店中，这类餐饮设施的开间、进深、层高较灵活，通风采光条件良好。

2. 在裙房、主楼低层或中庭周围设置餐厅和宴会厅

这种布局以水平流线为主，横向布局与客房楼水平相接。餐厅、宴会厅围绕着各式厨房，组成大、中、小各种服务空间。餐厅之间有的是封闭的隔墙，有相当的私密性；有的全敞开或半敞开在中庭或内外庭院四周，模糊各餐厅之间的界限，有利于创造富有自然气息和充满人情味的用餐环境。如某酒店餐厅(见图 6-67)所示，石拱墙作为餐厅与送餐走道的隔墙，增强了酒店客人就餐的私密性。餐厅设计了只供服务人员可以穿行的单行线走道，且每次只能通行一人，一方面可以避免餐厅后场与餐厅服务人员的相互碰撞，增加工作效率，另一方面也提升了酒店的文化气息。

图 6-67　某餐厅入口

3. 餐厅、宴会厅在低层竖向分层布局

城市酒店常采用这种布局，各类餐厅分层重叠在门厅上方。有关厨房也分层重叠在餐厅之侧，客人到各类餐厅靠竖向交通，路线很短，厨房物品均采用垂直运输。

4. 在主楼顶层设置观光型餐厅

建于城市中心的高层酒店多建有高层观光型餐厅，这种形式的餐厅视野宽广，客人就餐时也可俯瞰周围景色，但对酒店垂直交通会带来相当大的压力，以设置自助餐厅、咖啡厅或小型餐厅为宜，不宜设大型宴会厅。

(二)设计的原则

(1) 餐厅、宴会厅应与厨房相连，以缩短送菜路线。备餐间的出入口宜隐蔽，要避开客人的视线，还应避免厨房的油烟味及噪声窜入餐厅，因此备餐间与厨房相通的门与到餐厅的门常在平面上错开位置。

(2) 家具布置要保证宾客就餐的路线和服务员上下菜的路线合理畅通。大型餐厅桌与桌、椅与椅的排列应有一定章法，若一个餐厅内有不同的餐座形式，在整体上应多而不乱。如圆桌与方桌同用，总是将圆桌设在中间，方桌沿墙排列；菱形摆法与平行摆法相混合，总是菱形摆法居中，平行摆法沿墙；车厢式与其他餐座形式在一起，总是车厢式在边檐。

(3) 为在餐厅大空间中创造亲切雅致的用餐小空间，许多餐厅、宴会厅需作二次空间限定，既可采取全封闭的实墙分隔，也可采取半空透的隔板、栅栏进行分隔，有的以天花板吊顶、灯饰作二次空间限定，有的则以抬高某部分餐饮空间，如雅座空间作二次空间限定，还有的用安装拆卸灵活方便的屏风作二次空间限定等。

(三)设计的焦点——意境的营造与主题摆台

1. 意境的营造

意境是中国特有的美学范畴。它是属于主观范畴的意与属于客观范畴的境二者结合的一种艺术境界。酒店餐饮环境的意境，从意的主观范畴来看，指的是酒店投资者、设计者及制作者情感、理想的主观创造方面。从狭义方面讲，制作者在艺术形象的塑造中所流露出来的思想感情，称之为“意”，“意”的特征是情与理的有机统一。“境”属于客观范畴，指艺术形象所反映的生活画面，“境”的特征是形和神的统一 。

(1) 立意在先。中式餐厅、宴会厅装饰设计中的“意”，是投资者、设计者以及制作者学识、修养的集中表现，是其审美素质的反映。

意境之美，美在当观览者感知意构线索后，通过回忆联想所唤起的“表象”和情感，是物外之情，意域之“景”。它不是人们通过视觉、听觉直接从审美对象上感知到的，而是“触景生情”达到“情景交融”的境界。

如上海虹桥宾馆的方舟餐厅(见图 6-68)创造的是一种大海的意境。整个餐厅由木纹骨黄色和蓝色组成主色调。餐厅地毯是骨黄色和浅咖啡色，墙面以木柱组成，形状似桅杆，并在墙上开了圆形“窗洞”，像船舱内的窗子，窗洞嵌以风景画并配有白炽灯，创造出一种从船舱内观日出日落的意境。靠墙的餐桌上方以木条饰顶，像木舟的船舱，梁上吊着仿木吊灯。而餐厅的船形吧台则把宾客的想象引到了室外，船头挂着铁锚，船身上的圆形窗透

出明亮的灯光，船底与地面之间是波浪形装饰，配以蓝色的灯光，恰似在大海中乘风破浪的一艘方舟。

(2) 适当点题。中式餐厅、宴会厅常配以匾额、对联、诗句、题咏、园名来寄托设计者的感情、意向。好的题咏，可以加深意境，起到画龙点睛的作用。

北京中苑宾馆中餐厅——“静苑”(见图 6-69)，设计者把它设计成一处独具魅力的明清园林风格的南派文人内庭院式景观。静苑的正门是个传统意义上的中国式门楼造型，黑瓦、翘檐、朱汀，额头悬有书写着“静苑”两个镏金大字的牌匾。门楼外侧近柱上垂挂着一副“晴光淑景芳草中苑，露气春林月华秋水”的对联，中苑宾馆的“中苑”二字也嵌入其中。而门内沿着青石板铺就的雨道，左侧墙壁上是造型古朴的假窗；右侧墙壁上挂着一幅巨大的唐代“韩熙载夜宴图”临摹漆画。声过甫道，一个深幽的中式“庭院”展现于眼前，整个“庭院”的布局疏朗有致，节奏鲜明。

图 6-68　方舟餐厅

图 6-69　静苑餐厅

2. 主题摆台

主题摆台是餐饮服务与管理的从业人员所必须掌握的一项技能，它是指以传统摆台为基础，运用凸显主题的饰物、餐具和色彩搭配来摆设成的台面。既能满足就餐者的需要，又能通过台面反映的主题烘托就餐气氛。因此，主题摆台带有传统摆台的共性，又呈现出自身的特点，如图 6-70 所示。

图 6-70　主题摆台——温馨圣诞夜

具体来看，主题摆台设计包括：台布及椅套的设计、餐具及杯具的选择、餐巾折花、主题插花、菜单及酒单的设计，如图 6-71 所示。

图 6-71　南京旅游职业学院主题摆台作品
(2012 年全国职业院校技能大赛中餐主题宴会设计一二三等奖)

餐桌台布的质地和色彩对渲染餐厅的整体气氛起着重要的装饰作用。餐桌台布一般是纯棉或含化纤的织物，经上浆处理后可变得挺括、防止纤维起毛并有良好的观感。一般的餐厅喜用白色台布，配上白色的餐巾叠花，显得纯洁干净，配上红色的餐巾叠花显得热闹喜气；一些西餐厅和咖啡厅喜用花格桌布，如白底绿方格桌布、白底红方格桌布。上海静安希尔顿酒店达芬奇餐厅的蓝色桌布、扇形蓝色餐巾叠花配以桌面上黄色、金黄色的插花罩烛台，让人联想到大海的宁静和艺术之魂的跳动。上海宾馆大堂酒吧以绿色暗花桌布与周围的椰影蕉姿相呼应，突出绿化的主题。天津利顺德大饭店的西餐豪华宴会厅白金汉宫一改西餐厅惯用的冷调布置，采用大红桌布、大红餐巾造型，与红底金花地毯、红垫金漆餐椅一起烘托出金碧辉煌的华宴气氛。

为突出风格，有的餐厅在同一空间中用两种不同颜色的桌布，以创造多样的色彩和灵活的格调，如烟台亚细亚大酒店的亚细亚餐厅用红、绿两种桌布，显得富有变化。有的饭店还用双层不同颜色的台布装饰桌面，如北京昆仑饭店的锦园餐厅、顶层旋转餐厅均以白桌布铺底，灰绿色、金黄色桌布为底，绛红色桌布为面，再配以青灰荷花餐巾折花，与粉墙青瓦、灰窗相映衬。同一个饭店内的三个餐厅，用三种不同颜色的桌布。

许多饭店的宴会厅和小包间为了显示豪华和隆重，常加铺打褶的台围。台围一般用棉布、绒布、丝织物做成，丝绒因质感、光泽和下垂感好，深受豪华宴会厅的欢迎。台围以红色为多，能创造喜庆气氛。中餐宴会喜用红色台围，白色桌布。福建武夷山庄慢亭宴会厅鲜红的金丝绒台围与大型壁画中的红色主色调交相辉映，渲染出喜庆、热烈、欢乐的气氛。蓝色、紫色、黄色、墨绿色的台围也被餐厅选用，以创造不同的格调，如珠海度假村酒店天海楼国宾宴会厅的大型圆桌用蓝色打褶台围，白色桌布，以喻示蓝天和大海；总统套房餐厅的台围是紫色的，以暗示住店客人的高贵。如果是中间有空的椭圆形、长方形、正方形宴会桌，须用两层台围，两层可以用同一种颜色、质料的，也可不相同。

餐巾又名口布、茶巾，目前流行的花型大致有 300 余种，常用的有 100 余种。餐巾花型依表现内容可分为：①植物形象有兰花、桃花、梅花、牡丹、荷花、鸡冠花、竹笋、仙人掌、卷心菜、寿桃等。②动物形象有孔雀、凤凰、鸽子、鸳鸯、燕子、天鹅、鸵鸟、长颈鹿、小白兔、蝴蝶、金鱼、对虾等。③实物形象有王冠、花篮、僧帽、领带等。

餐巾造型可以根据不同主题或不同的冷菜造型，选择有象征意义的花形，给酒席增添轻松欢快的气氛，给宾客以艺术美的享受。餐巾造型在宴会上主要有以下几方面的作用。

(1) 渲染气氛。餐巾造型玲珑别致，栩栩如生，点缀、美化席面，渲染宴会气氛，中餐喜用红色餐巾造型，使宴会充满喜气洋洋、和谐而热烈的气氛；西餐宴会一般用白色餐巾造型，给人纯净、洁美的感受。

(2) 展示内容。宴会上所用餐巾造型是根据宴会的内容加以选择的，所造花形与餐桌上其他摆设构成了完整的主题，展示出宴会的内容。譬如用并蒂吊兰可表示永结秦晋之好，用双凤比翼庆贺新婚之喜，用双焰红烛表示崇高的师德，等等。

(3) 标志席位。如用孔雀开屏表示主宾席位，用和平鸽表示主人席位等，既使整个席面充满和谐与美好的气氛，又便于宾客步入宴会厅后就能分清主次位置。如果将拉花与普通折花穿插使用，主要宾客用拉花，其他宾客用普通折花，则可显出主要宾客的高贵。

评估练习

1. 主题餐饮的内容主要包含哪些？
2. 设计餐厅的人流路线时应重点考虑哪些因素？
3. 试论述餐厅意境的营造与主题摆台二者之间的联系。

第七章

酒店设计的应用表现

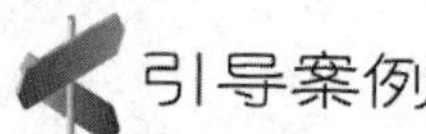

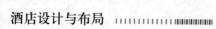

引导案例

近年来，随着计算机软件和硬件技术的迅速发展，在酒店设计的各个阶段，使用计算机绘图已成为主要手段，尤其是制图部分已经完全替代了繁重的手工绘图，效果图的多媒体表现同样也能够实现模拟真实空间的效果，用三维软件绘制的透视图可以达到摄影作品层级的逼真效果。因为高效性及高仿真性的优势，在设计领域，计算机作图几乎掩盖了手绘的重要性和表现过程。虽然计算机表现已经成为透视图表现的主流，但手绘透视表现图因有其特殊性而不能舍弃。两者之间的关系如同人体摄影与肖像绘画。作为设计创意阶段的必由之路，手工绘制仍然是设计过程中不可缺失的重要环节，因为手与脑直接沟通交换的信息量及效率，要远远超过通过设计软件传递加工的计算机，通过手绘达到对设计的推理和深化，再使用设计软件进行表现和信息传递，必然能够在方案设计的过程中取得事半功倍的效果。

在室内设计的效果表现中，室内平面图表现的内容与建筑平面图不同，建筑平面图只表现空间的分隔，而室内平面图则要表现包括家具和陈设在内的所有内容。精细的室内平面图要表现材质和色彩。立面图也有同样的要求。一套完整的酒店空间设计方案，应该包括平面图、立面图、透视图、材料样板图和设计说明。简单的项目可以只要平面图和透视图。

(资料来源：计算机绘图软件在环境艺术设计中的运用. 大观周刊，2012 年第 48 期)

辩证性思考：

1. 手绘效果图和电脑效果图的关系。
2. 手绘效果图能否被替代？

第一节 设 计 草 图

教学目标

- 认识草图的重要性。
- 掌握手绘效果图的基本方法。

一、草图的作用

对酒店设计师来说，手绘的重要性，越来越得到了大家的认同！因为手绘是酒店设计师表达情感、表达设计理念、表述方案结果的最直接和有效的“视觉语言”！作为一种工具和技巧，酒店设计草图在酒店设计过程中扮演着重要的角色。在方案深化之前，进行草图绘制有多种益处。在把大量的时间和精力投入某个方案深化之前，先把草图呈现给客户，得到大方向上的认可，避免无功而返。草图在一开始画的时候可以是随意的，构想出基本概念；然后考虑元素和布局；在方向被确定之后，画出更详尽的草图对概念进行推敲和深化。草图在设计过程中用途很多，下面列出 5 种类型的用法。

(一)抓住灵感

通过画草图可以快速记住想法和生成概念。不经意的一个想法，随即用草图进行记录，就像写歌的记录曲调，写诗的记录美言，可抓住转瞬即逝的方案，得到多种酒店空间设计备选方案。这也是设计中非常必要的一步。在打开电脑进行制作之前，在纸上画一画能够节省很多时间。虽然在电脑上也可以画草图，但在纸上描绘头脑中的想法却更加及时和快捷。

(二)迅速完成布局

画草图可以迅速把想法建构为酒店空间。在酒店设计和空间规划中，通过草图绘制可以快速进行空间布局和根据反馈动态不断调整。设计师可以将想法概括性地归纳，用手绘的线条进行速写表现，当然也可以画得更加详细，只要草图足够表现出下一步深化过程中需要继续探讨的元素，这对设计师的手绘功底是有很高要求的。

(三)与客户沟通的环节

向客户汇报方案不是一蹴而就的，首要的就是汇报设计草图，这会节约大量的设计时间，项目越复杂，就要越早向客户确认，得到客户对进程的认可。如果你打算集中精力完善构想，那么在推进之前，最好确保客户认可你的构想。把草图拿给客户看是设计过程中常用的做法。

(四)探索方案

草图记录了设计过程中的点滴思考，就像写日记一样，是思绪的记录。草图可以用来记录设计日志和探索兴趣点，当然也需要对日志进行整理和归纳。在酒店设计活动中，草图也是发现多种选择的手段，往往最优的方案不是首先想到的方案，而是在不断的思考中慢慢提炼出来的。

(五)提炼方案

设计过程的后续阶段必然要提炼深化。得到认可的设计项目，其整体概念和方向一般是合理可行的，但其中某个局部或功能也许存在矛盾或缺乏深入思考。通常这种情形下，会由新一轮的头脑风暴，并通过草图绘画来修正和完善。当然，也有设计师会直接用电脑进行调整，那么就进入了电脑流程。

二、草图的绘制方法

草图绘制所运用的工具范围很广，包括铅笔、钢笔、马克笔、毛笔等。

草图语言是线，运用线的不同形态、不同排列来组织成一幅幅生动的、有节奏的、充满灵气的快速表现图。草图能锻炼设计师敏锐观察事物、塑造形体和准确表达事物的能力。它能够快速记录设计师头脑中灵感的火花。而设计的灵感部分又是依赖于平常绘制草图所积累的丰富知识。草图更是设计的前期表现，有助于设计师在其基础上深入分析和思考，推敲设计，作出更完美的方案。同时，草图画以其快速、多样的特点，丰富了设计师的语言，提高了设计师的想象力与创造力。

(一)线的运用

草图以线条为最基本的表现形式，如同声音是音乐的语言，线是草图的语言。不同的线条具有不同的个性，这些不同的个性让线有着无限的表现力。线有粗细、曲直、长短变化。线条的组合对画面进行分割，从而形成变化丰富的画面，使画面具有很强的生命力。

1. 表现形体

线的边界性使得可以通过线的组合描绘具象的外形。事物都有其存在的不同形态，要想准确表现空间关系与物体，就应该把握好形体，也就是所谓“画得像”。没有像的形作为依托，再优美的线条、色彩组织也无法准确传达设计意图。设计师应该通过观察和想象正确反映形的大小、比例、特征以及形与形之间的空间关系，如图 7-1 所示。

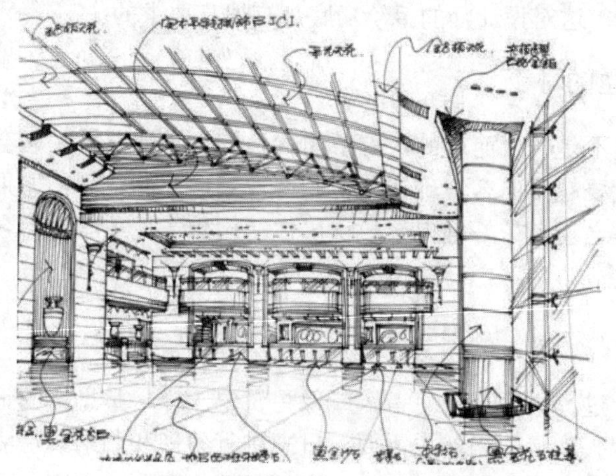

图 7-1　酒店大堂的线条表现

2. 表现空间

草图可通过线的组织来表现空间感，使空间感更加明确，层次更加丰富。如一般用粗实线表现近景，细线、虚线表现中景。远景用线宜疏，近景用线宜密，疏密线条在画面上形成黑白灰的关系，使画面更生动。

3. 表现材质

线可以通过其组合和方向的变化来表现物体的材料和质感。软的材质用曲线等表示；硬的或平滑的物体用刚挺的细直线来体现；粗糙的材质应该用虚线及笔的侧锋来表示；木纹可以通过对纹理的刻画来表现……表现手法多种多样，可通过学习速写和线描的方法来领悟线在表现中的质感变化。

(二)画面的组织

1. 对比协调

效果图的表现同其他绘画一样，画面须有主次之分。所谓“虚实相生”即是重点刻画主要对象，对其他事物以及周围环境作弱化的处理以衬托主体物，使画面富有层次感。如画面每一部分都细致刻画，面面俱到，画面就会显得平庸呆板，缺乏生机。视觉中心的呈现往往是通过对画面进行主观的艺术处理来突出某一区域，如虚实对比、构图诱导、重点刻画，从而将观者的注意力引向主体，形成强烈的聚焦感。画面主体的选择要根据草图所解决和探讨的设计问题展开，可以是某个局部结构的造型分析，可以是针对环境的陈设选择分析，可以出于突出特定材质的需要，如图 7-2 所示。

图 7-2　酒店客房手绘图

2. 构图比例

纸面是二维空间，绘画就是在平面二维空间的纸上描绘有三维感觉的室内空间。这就要在限定的纸幅上进行视角和空间布局的构图分配，有关空间的视角选定和空间形式划分便尤为重要。它是在有限范围内找到对空间最佳表现的过程和方法，使画面有明确的空间感和秩序感，通过材料的铺贴和装置的布局在空间中形成节奏感。

3. 黑白关系

黑白属于无彩色，其搭配也因为中性的特点具有永恒性。无论是中国传统绘画还是西方版画、素描，都是以黑、白以及其明度变化的深浅不同的灰色，形成变化，构成层次丰富的画面。草图尤其应精心经营黑与白的关系，可依据光影日照和灯光的照射作用来展现黑白或不同材质本身的深浅固有色来安排。如向光面亮，背阴面暗；羊毛是白色的，煤炭是黑色的……这些通过黑白灰的变化都可以表现其质感的变化。使画面在构图中形成黑白节奏，黑中有白、白中有黑、黑黑白白、相互依存、相互渗透，从而具有秩序美，让画面在黑与白的流转间形成韵律和节奏。

4. 点、线、面的组合

点、线、面是构成艺术中最基本的元素。点、线、面犹如文章中的字、词、句，在画面中尤为重要。酒店空间的丰富性就在于点、线、面的交织，点让面更加具有跳动性和通透感，线让面更加具有流动性和方向感，点的线性排列也具有流动感和秩序性，线的排列构成也具有面的感觉和秩序性。点、线、面的存在是相对的，而非绝对的。它没有大小、形态的界定，只有形与形之间的内在联系与对比关系。如小的面积相对于大的面积即为点，大的面积相对于小的面积又为面，如图 7-3 所示，线亦如此，如图 7-4 所示，如汽车是体块，但相对于大厦则是点，台灯相对于酒店空间也是点。对于它们的分析在于比较之中。点、线、面的对比与联系是丰富画面的重要手段，也是设计师在创作中必须考虑的。

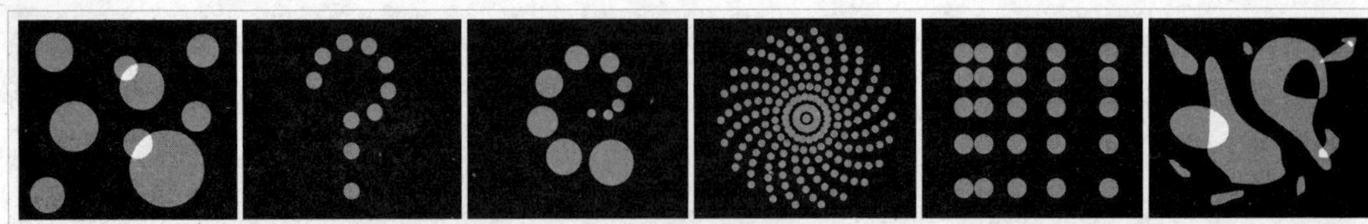

图 7-3 点的组合

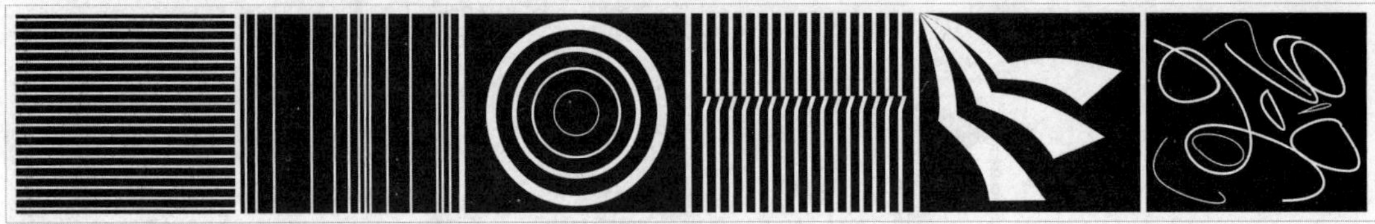

图 7-4 线的组合

评估练习

1. 草图绘制如何做到画面的丰富性？
2. 什么是画面的对比？

第二节 设 计 制 图

教学目标

- 了解室内设计制图的规范。
- 了解室内设计制图的内容。

一、室内设计制图概述

(一)室内设计制图的定义

室内设计图是室内设计人员用来表达设计思想、传达设计意图的技术文件，是室内装饰施工的依据。室内设计制图就是根据正确的制图理论及方法，按照国家统一的室内制图规范将室内空间六个面上的设计情况在二维图面上表现出来。包括室内平面图、室内顶棚平面图、室内立面图、室内细部节点详图等。建设部颁布的《房屋建筑制图统一标准》 (GBT50001—2001)和《建筑制图标准》(GBT 50104—2001)是室内设计手工制图和电脑制图的依据。

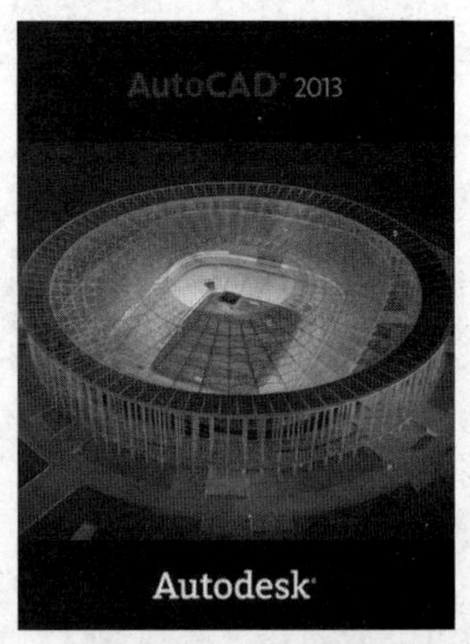

图 7-5 AutoCAD 软件

(二)室内设计制图的方式

室内设计制图有手工制图和电脑制图两种方式。手工制图又分为徒手绘制和工具绘制两种方式。手工制图是设计师必须掌握的技能，也是学习 AutoCAD 软件(见图 7-5)

或其他电脑制图软件的基础。在电脑制图软件普及的当今时代，徒手绘画更是体现设计师职业技能素养和设计能力的重点。在电脑制图软件未开发和普及之前，手工绘图是传统的制图方式，其虽然可以绘制全部的图纸文件，但是需要花费大量的精力和时间。电脑制图是操作绘图软件在电脑上画出所需图形，并形成相应的图形文件。通过网络或打印机将图形文件传递和输出，形成具体项目的图纸。电脑制图多用于施工图设计阶段。目前手工制图在实际项目制作中已不采用，只是作为学习制图的基础教学内容而存在。

(三)室内设计制图的内容

室内设计制图的程序跟室内设计的程序是相对应的。室内设计一般分为方案设计阶段和施工图设计阶段。方案设计阶段形成方案图(有的书籍将该阶段细分为构思分析阶段和方案图阶段)，施工图设计阶段形成施工图。方案图包括平面图(见图 7-6)、顶棚图、立面图、剖面图及透视图等，通常要进行色彩表现，主要用于向业主或招标单位进行方案展示和汇报，所以其重点在于形象地表现设计构思。施工图包括平面图(见图 7-7)、顶棚图、立面图、剖面图、节点构造详图及透视图，它是施工的主要依据，因此需要详细、准确地标示出室内布置，各部分的形状、大小、材料、构造作法及相互关系等各项内容。

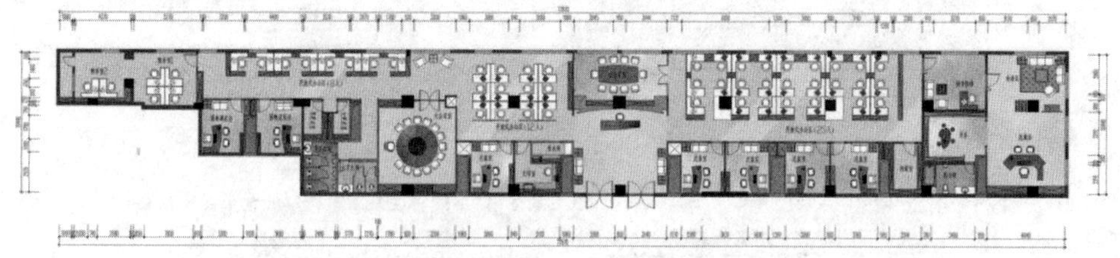

图 7-6　室内设计方案平面图

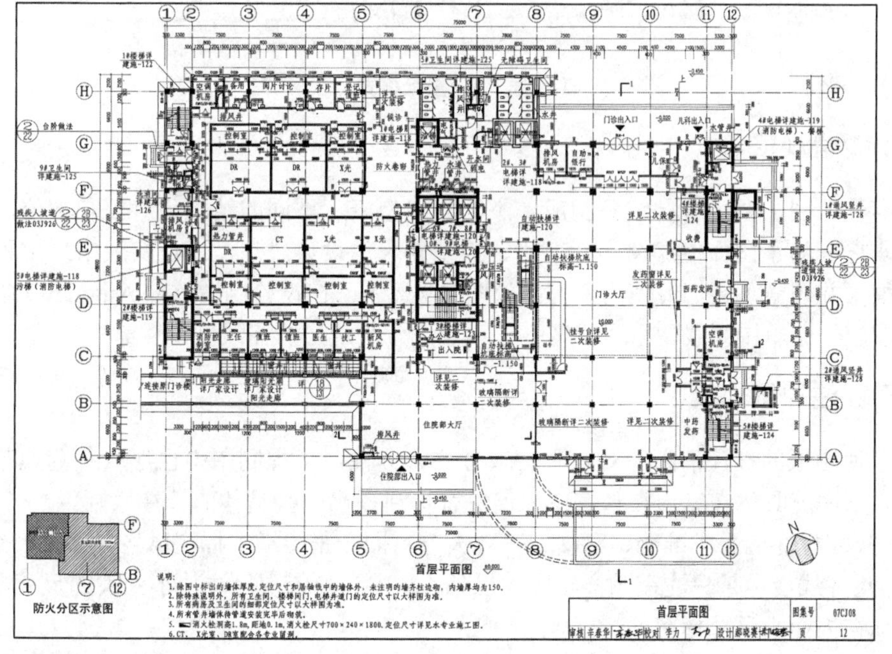

图 7-7　施工平面图

二、室内设计制图的要求和规范

(一)图纸格式

图纸格式包括图幅、图标及会签栏，如图 7-8 所示。图幅即图面的大小。根据国家规范及国际标准纸张的规定，按图面的长和宽的大小确定图幅的等级。室内设计常用的图幅有 A0、A1、A2、A3 及 A4 几种。图标即图纸的图标栏，它包括设计单位名称、工程名称、签字区、图名区及图号区等内容。如今很多设计单位采用自己内部特定的图标格式，但是仍必须包括这几项内容。会签栏是为各工种负责人审核后签名用的表格，是一种责任制的要求，包括专业、姓名、日期等内容，具体内容根据需要设置。

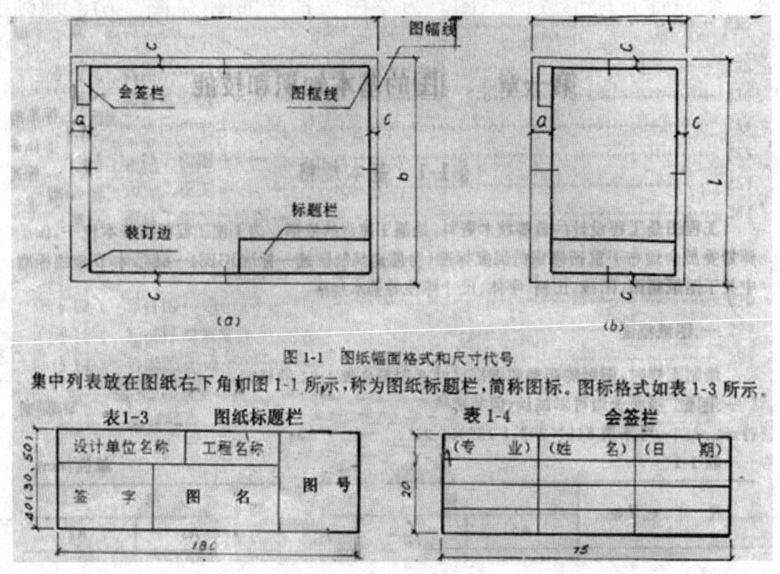

图 1-1　图纸幅面格式和尺寸代号

集中列表放在图纸右下角如图 1-1 所示，称为图纸标题栏，简称图标。图标格式如表 1-3 所示。

表1-3　图纸标题栏

设计单位名称	工程名称	图　号
签　字	图　名	

（高 40(30,50)，长 180）

表 1-4　会签栏

(专　业)	(姓　名)	(日　期)

（高 20，长 75）

图 7-8　图纸格式

(二)线型规格

室内设计图主要由各种线条构成，不同的线型表示不同的结构、对象和部位，代表着不同的实体。为了图面能够清晰、准确、美观地表达设计思想，工程实践中采用了一套常用的线型，并规定了它们的使用范围，如图 7-9 所示。在设计制图软件 AutoCAD 中，可以通过“图层”菜单中“线型”、“线宽”选项的设置来选定所需线型。

(三)标注原则

为了使图纸的标注清晰美观，具有较强的可读性，工程制图中也形成一套规范化的标注程式。下面就具体在室内设计图中如何进行标注提出一些具体的标注原则。

(1) 尺寸标注应力求准确、清晰、美观大方。同一张图纸中标注风格应保持一致。

(2) 尺寸线应尽量标注在图样轮廓线以外，从内到外依次标注从小到大的尺寸，不能将大尺寸标在内而小尺寸标在外。

(3) 最内一道尺寸线与图样轮廓线之间的距离不应小于 10mm，两道尺寸线之间的距离一般为 7～10mm。

主要线型				
名　称		线型示例	线宽	一般用途
实线	粗		b	螺栓、钢筋线，结构平面布置图中单线结构构件线及钢、木支撑线
	中		0.5b	结构平面图中及详图中剖到或可见墙身轮廓线、钢木构件轮廓线
	细		0.25b	钢筋混凝土构件的轮廓线、尺寸线，基础平面图中的基础轮廓线
虚线	粗		b	不可见的钢筋、螺栓线，结构平面布置图中不可见的钢、木支撑线及单线结构构件线
	中		0.5b	结构平面图中不可见的墙身轮廓线及钢、木构件轮廓线
	细		0.25b	基础平面图中管沟轮廓线，不可见的钢筋混凝土构件轮廓线
点画线	粗		b	垂直支撑、柱间支撑线
	细		0.25b	中心线、对称线、定位轴线
双点画线	粗		b	预应力钢筋线
折断线			0.25b	断开界线
波浪线			0.25b	断开界线

图 7-9　部分线型

(4) 尺寸界线朝向图样的端头距图样轮廓的距离应不小于 2mm，不宜直接与其相连。

(5) 在图线拥挤的地方，应合理安排尺寸线的位置，但不宜与图线、文字及符号相交，可以考虑将轮廓线用作尺寸界线，但不能作为尺寸线。

(6) 对于连续相同的尺寸，可以采用“均分”或“(EQ)”字样代替。

如图 7-10 所示为标注格式。

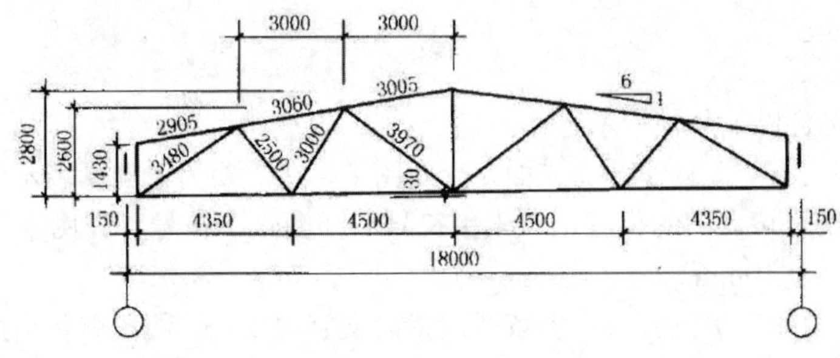

图 7-10　标注格式

(四)说明文字

在一幅完整的图纸中，用图线方式表现得不充分和无法用图线表示的地方，则需要进行文字说明，例如材料名称、构配件名称、构造做法、统计表及图名等。文字说明是图纸内容的重要组成部分。制图规范对文字标注中的字体字号搭配等方面作了一些具体规定，如图 7-11 所示。

(1) 一般原则：字体端正、排列整齐、清晰准确、美观大方、避免过于个性化的文字标注。

(2) 字体的一般标注推荐采用仿宋体，标题可用楷体、隶书、黑体等。

(3) 字的大小、标注的文字高度要适中。同一类型的文字采用同一大小的字。较大的字用于较概括性的说明内容，较小的字用于较细致的说明内容。

(4) 字体及大小的搭配注意体现层次感。

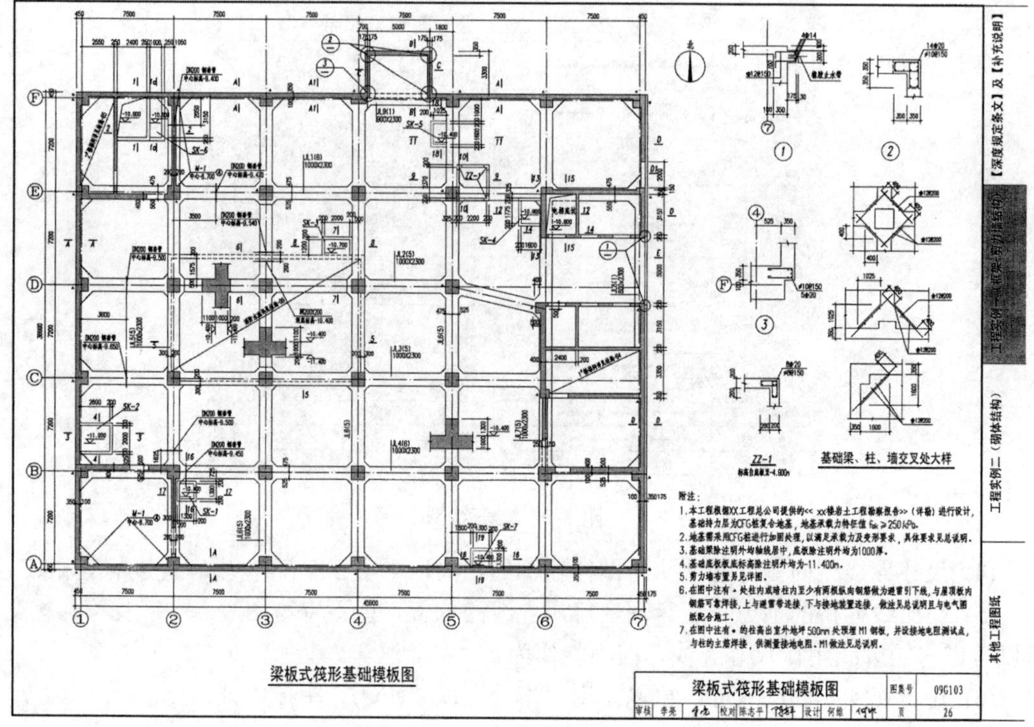

图 7-11 图纸文字说明案例

(五)指示符号

图纸中通常包含以下几种指示符号。

(1) 详图索引符号。室内平面、立面、剖面图中，在需要另设详图表示的部位，标注一个索引符号，以表明该详图的位置，该索引符号即详图索引符号。详图索引符号采用细实线绘制，圆圈直径为 10mm。

(2) 引出线。由图样引出一条或多条线段指向文字说明，该线段就是引出线。引出线与水平方向的夹角一般采用 0°、30°、45°、60°、90° 几种。

(3) 内视符号。在房屋建筑中，一个特定的室内空间领域总用竖向分隔(隔断或墙体)来界定。因此，根据具体情况就有可能绘制一个或多个立面图来表达隔断、墙体及家具、构配件的设计情况。内视符号标注在平面图中，包含视点位置、方向和编号三个信息，建立了平面图和室内立面图之间的联系。

(六)材料符号

室内设计制图中经常应用材料符号来表示材料，在无法用图例表示的地方也可采用文字说明。为了便于设计师或施工单位识图，设计过程中将常用的材料符号程式化表示，如图 7-12 所示。

(七)绘图比例

下面列出常用的几种绘图比例，设计师应根据实际情况灵活使用。

(1) 平面图：1∶50、1∶100 等。

(2) 立面图：1∶20、1∶30、1∶50、1∶100 等。

(3) 顶棚图：1∶50、1∶100 等。

(4) 构造详图：1∶1、1∶2、1∶5、1∶10、1∶20 等。

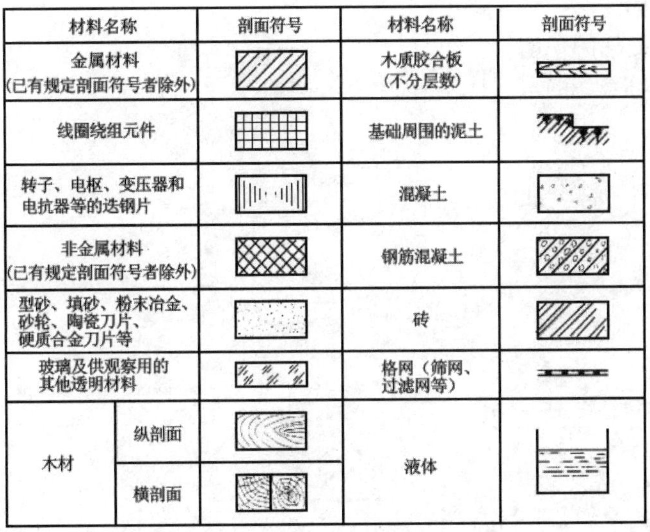

材料名称		剖面符号	材料名称	剖面符号
金属材料（已有规定剖面符号者除外）			木质胶合板（不分层数）	
线圈绕组元件			基础周围的泥土	
转子、电枢、变压器和电抗器等的迭钢片			混凝土	
非金属材料（已有规定剖面符号者除外）			钢筋混凝土	
型砂、填砂、粉末冶金、砂轮、陶瓷刀片、硬质合金刀片等			砖	
玻璃及供观察用的其他透明材料			格网（筛网、过滤网等）	
木材	纵剖面		液体	
	横剖面			

图 7-12　部分材料符号

三、室内设计制图的内容

一套完整的室内设计图一般包括平面图、顶棚图、立面图、构造详图和透视图。下面简述各种图纸的概念及内容。

(一)室内平面图

室内平面图是以平行于地面的切面形成的正投影图。室内平面图(见图 7-13)中应表达的内容有以下几项。

(1) 墙体、隔断、门窗、各空间大小及布局、家具陈设、人流交通路线、室内绿化等，若不单独绘制地面材料平面图，则应该在平面图中表示地面材料。

(2) 标注各房间尺寸、家具陈设尺寸及布局尺寸，对于复杂的公共建筑，则应标注轴线编号。

(3) 注明地面材料名称及规格。

(4) 注明房间名称、家具名称。

(5) 注明室内地坪标高。

(6) 注明详图索引符号、图例及立面内视符号。

(7) 注明图名和比例。

(8) 若需要辅助文字说明的平面图，要注明文字说明、统计表格等。

(二)室内顶棚图

室内顶棚图是根据顶棚在其下方假想的水平镜面上的正投影绘制而成的镜像投影图。室内顶棚图(见图 7-14)中应表达的内容有以下几项。

(1) 顶棚的造型及材料说明。
(2) 顶棚灯具和电器的图例、名称规格等说明。
(3) 顶棚造型尺寸标注、灯具、电器的安装位置标注。
(4) 顶棚标高标注。
(5) 顶棚细部做法的说明。
(6) 详图索引符号、图名、比例等。

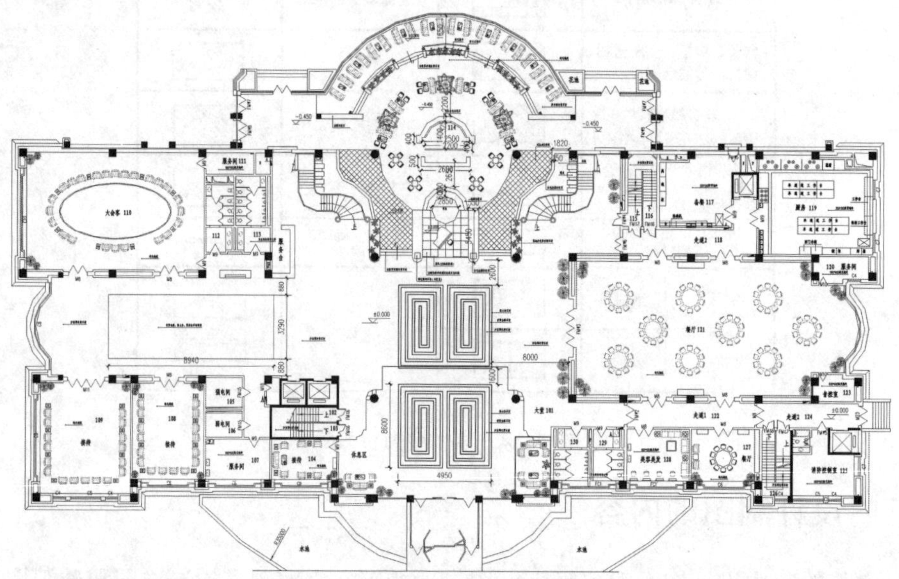

图 7-13　室内平面图

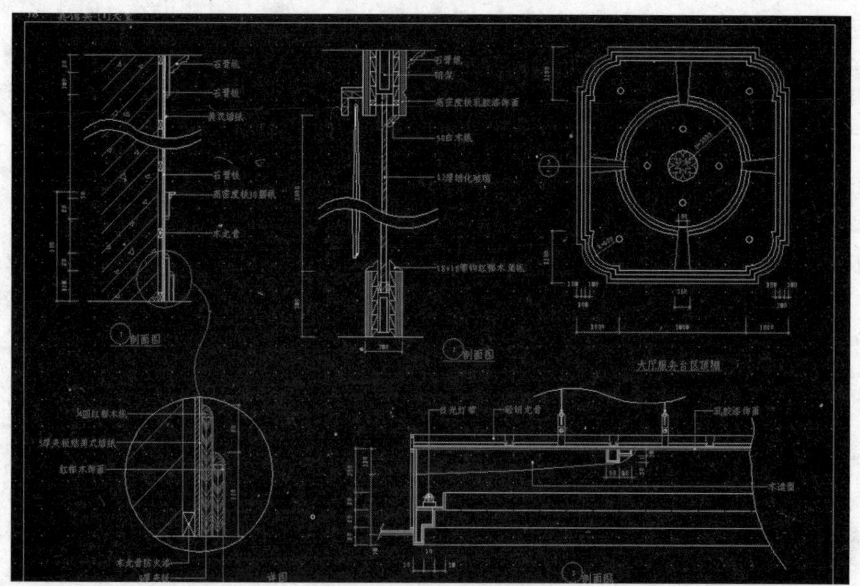

图 7-14　室内顶棚图

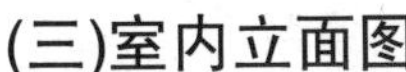

(三)室内立面图

以平行于室内墙面的切面将前面部分切去后，剩余部分的正投影图即室内立面图。室内立面图(见图 7-15)的主要内容有以下几项。

(1) 墙面造型、材质及家具陈设在立面上的正投影图。

(2) 门窗立面及其他装饰元素立面。

(3) 立面各组成部分尺寸、地坪吊顶标高。

(4) 材料名称及细部做法说明。

(5) 详图索引符号、图名、比例等。

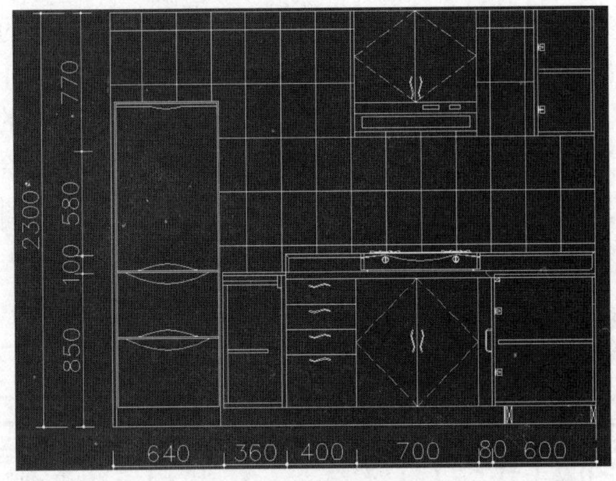

图 7-15　室内立面图

(四)构造详图

为了反映设计内容和细部做法，多以剖面图的方式表达局部剖开后的情况，这就是构造详图。构造详图(见图 7-16)所表达的内容有以下几项。

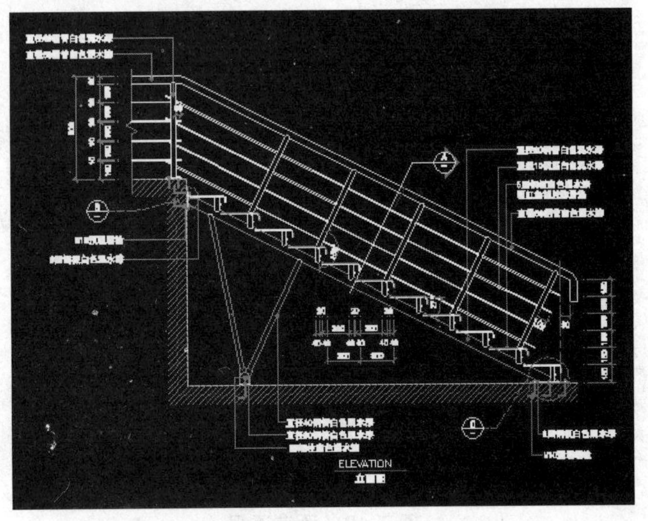

图 7-16　构造详图

(1) 以剖面图的绘制方法绘制出各材料断面、构配件断面及其相互关系。
(2) 用细线表示出剖视方向上看到的部位轮廓及相互关系。
(3) 标出材料断面图例。
(4) 用指引线标出构造层次的材料名称及做法。
(5) 标出其他构造做法。
(6) 标注各部分尺寸。
(7) 标注详图编号和比例。

(五)透视图

透视图是根据透视原理在平面上绘制出能够反映三维空间效果的图形，它与人眼的视觉空间感受相似。室内设计透视的传统分类有一点透视(见图 7-17)、两点(成角)透视(见图 7-18)、散点透视(平行透视)、鸟瞰图(见图 7-19)四种。当然，现在的科学观点是透视就是透视，不应分为一点或散点，散点就不是透视了。透视图可以手工绘制，也可以应用三维软件绘制。它能直观表达设计思想和效果，故也称作效果图或表现图，是一个完整的设计方案不可缺少的部分。

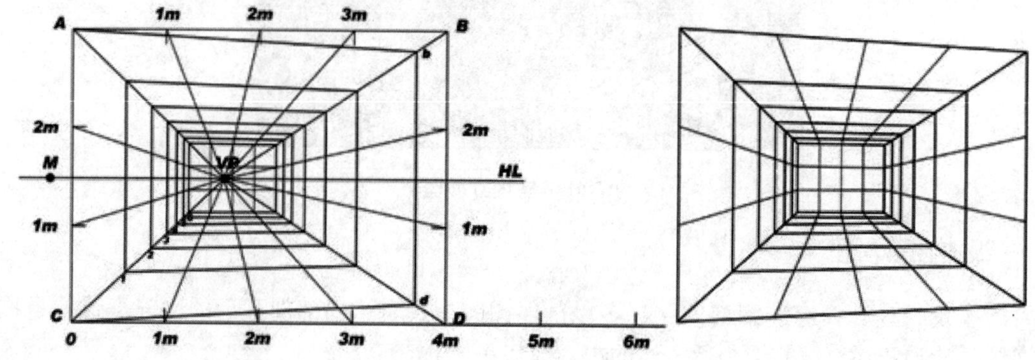

图 7-17　一点透视

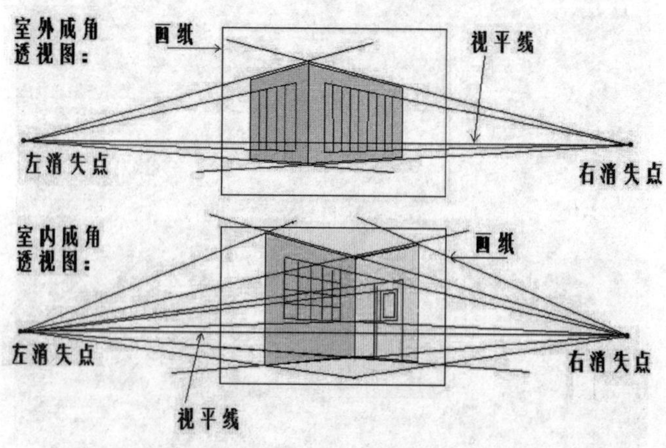

图 7-18　两点透视

图 7-19　鸟瞰图

评估练习

1. 设计制图为什么要体现规范性和程式性?
2. 一点透视与两点透视有何异同?

第三节　手绘效果图

教学目标

- 认识手绘效果图的基本工具。
- 掌握手绘效果图的基本方法。

一、手绘效果图的工具

手绘效果图所使用的工具如下。

(1) 绘图铅笔是最常用的绘画工具，在手绘过程中，绘图铅笔占据了一个重要角色。我们在练习和设计表现中常用的是 2B 型号的普通铅笔。普通铅笔一般分为从 6H～6B 十三种型号：HB 型为中性；H～6H 型号为“硬性”铅笔；B～6B 型号称为“软性”铅笔。铅笔杆上 B、H 标记是用来表示铅笔芯的粗细、软硬和颜色深浅；各种铅笔 B、H 的数值不同，B 越多笔芯越粗、越软、颜色越深，H 越多笔芯越细、越硬、颜色越浅。

(2) 除铅笔之外，绘图笔主要还包括针管笔(见图 7-20)、勾线笔、签字笔等黑色碳素类笔。这类笔的差别在于笔头的粗细，常见型号为 0.1～1.0。我们在实际练习和设计表现中通常选择 0.1、0.3、0.5 型号的一次性(油性)勾线绘图笔。

图 7-20　针管笔

(3) 在黑白渲染、水彩表现以及透明水色表现中，我们还要用到毛笔类的工具，常用的有“大白云”、“中白云”、“小白云”、“叶筋”、“小红毛”，以及排刷、板刷。水粉笔和油画笔也可

用于手绘表现。

(4) 彩色铅笔在手绘表现中起了很重要的作用。无论是对概念方案、草图绘制还是成品效果图，它都不失为一种操作简便且效果突出的优秀画具。我们可以选购从18～48色之间的任意类型和品牌的彩色铅笔，其中也包括“水溶性”的彩色铅笔。

(5) 马克笔是各类专业手绘表现中最常用的工具之一，其种类主要分为油性和水性两种。在练习阶段我们一般选择价格相对便宜的水性马克笔。水性马克笔有丰富的颜色分类，还可以单支选购。购买时，根据个人情况最好储备20种以上，并以灰色调为首选，不要选择过多艳丽的颜色。马克笔如图7-21所示。

(6) 除上述几种常用手绘工具外，有时由于实际情况需要，还有可能用到其他种类的笔。如炭笔、炭条与炭精棒、色粉笔、水彩笔等。这些笔只是偶尔被用在一些特殊手绘表现上，本书不进行详细讲授，读者可以根据个人兴趣爱好选购这些特殊的工具进行尝试性表现。

(7) 一般在非正规的手绘表现中，我们最常用的纸是A4和A3大小的普通复印纸。这种纸的质地适合铅笔和绘图笔等大多数工具，价格又比较便宜，最适合在练习阶段使用。

(8) 拷贝纸是一种非常薄的半透明纸张，通常被设计师用来绘制和修改方案。拷贝纸对各种笔的反应都很明确，绘制草稿清晰并有利于反复修改和调整，还可以反复折叠，对设计创作过程也具有参考、比较、记录和保存的重要意义。

(9) 硫酸纸是传统的专用绘图纸，用于画稿与方案的修改和调整。与拷贝纸相比，硫酸纸比较正规，因为它比较厚而且平整，不易损坏。但是由于表面质地过于光滑，对铅笔笔触不太敏感，所以最好使用绘图笔。在手绘学习过程中，硫酸纸是作“拓图”练习最理想的纸张。

(10) 绘图纸是一种质地较厚的绘图专用纸，表面比较光滑平整，也是设计工作中常用的纸张类型。在手绘表现中，我们可以用它来替代素描纸进行黑白画、彩色铅笔以及马克笔等形式的表现。

(11) 水彩纸是水彩绘画的专用纸。在手绘表现中，由于它的厚度和粗糙的质地具备了良好的吸水性能，所以它不仅适合水彩表现，也同样适合黑白渲染、透明水色表现以及马克笔表现。在选购时应特别注意不要与“水粉纸”相混淆。

(12) 彩色喷墨打印纸正反两面颜色不同，它的基本特性是吸墨速度快、墨滴不扩散，保存性好；画面有一定耐水性、耐光性，在室内或室外都有一定的保存性及牢度；不易划伤、无静电，有一定滑度、耐弯曲、耐折伸。彩色喷墨打印纸的表面质地非常光滑，能够体现比较鲜亮的着色效果，所以比较适合透明水色的表现。不同品牌的纸各有优劣，在选购时要根据个人习惯进行选择。

(13) 水彩是手绘表现中最有代表性也是最常见的一种颜料。我们在绘画时应该购置一盒至少18色的水彩颜料(见图7-22)。

透明水色是一种特殊的浓缩颜料，也常被应用于手绘表现中。目前美术用品商店都可以买到这种颜料，有大、小两种形式的品牌包装，色彩数量为12色。

(14) 杂项。尺规、刀、修正液、橡皮、调色盘、盛水工具、面板、小毛巾等都被归为杂项。虽然手绘应以徒手形式为根本，但在训练和表现中也时常需要一些尺规的辅助，以使画面中的透视以及形体更加准确，在实际表现中尺规辅助有时也可以在一定程度上提高工作效率。常用的工具有直尺(60cm)、丁字尺(60cm)、三角板、曲线板(或蛇尺)、圆规(或圆模板)等。不要忘记室内设计师最重要的贴身工具是比例尺，橡皮也是必备的工具。但我们用的不是素描绘画中的“可塑橡皮”，而是普通的白橡皮，因为橡皮的使用也有其独特的技法。调色盘的最佳选择是瓷制纯白色的无纹样餐盘，并按大、小号各准备几个。小盆或小塑料桶等盛水工具用来涮笔。小毛巾用作擦笔，也可以用其他吸水性好的棉布代替，涮笔后在布上抹一抹，以吸除笔头多余的水分。

图 7-21　马克笔

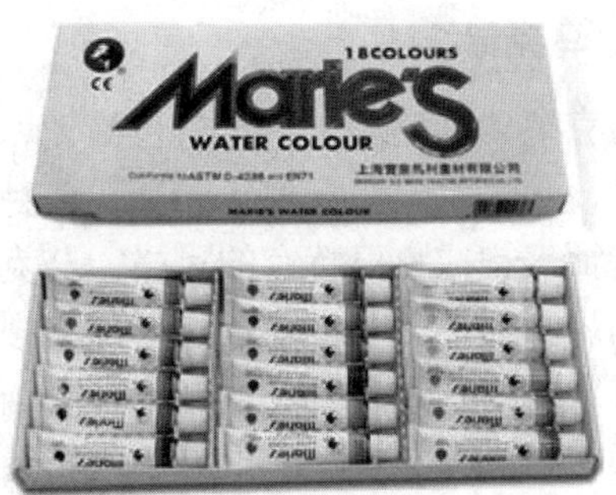

图 7-22　水彩颜料

二、手绘效果图的技法

室内设计表现技法种类很多，应根据客观条件和个人的能力及习惯选择合适的表现技法。下面分别介绍几种常用的技法。

1. 铅笔技法

铅笔在绘画中是最常用最普遍的一种工具，在室内表现图中，我们要学会根据对象的形状、质地等特征有规律地组织、排列线条，学会利用其他辅助工具画出理想的效果。表现图的用笔不要过多地反复修改，必须做到胸有成竹、意在笔先，并对各个物体的用笔方向、明暗深浅事先有一个基本计划。在作图过程中，明暗对比是从浅到深逐步加深的，但步骤也不宜过多，两三遍即可，有的地方能一次到位最好。

铅笔画如图 7-23 所示。

图 7-23　铅笔画

一般选用 4B 左右的铅笔来作图，尽量少用橡皮擦。铅笔线条分徒手线和工具线两类。徒手线生动，用力微妙，可表现复杂、柔软的物体；工具线规则、单纯，宜于表现大块面和平整、光滑的物体。涂色时为了保持用笔的力度感、轻快性，又不破坏图形的轮廓，可利用直尺、曲线尺和大拇指进行遮挡，必要时可刻出纸样进行遮挡。图纸上已画过的软铅笔的铅粉容易被擦去，故须保护，须学会利用小手指撑住画面来画线，或者利用纸片遮挡已画过的画面。水溶性彩色铅笔可发挥溶水的特点，用水涂色能取得浸润感，也可用手指或纸擦抹出柔和的效果。

2. 马克笔技法

马克笔以其色彩丰富、着色简便、风格豪放和绘图快捷，受到世界范围内设计师的普遍喜爱。马克笔笔头分扁头和圆头两种，扁头正面与侧面上色宽窄不一，运笔时可发挥其形状特征，构成自己特有的风格。马克笔上色后不易修改，一般应先浅后深，上色时不用将色铺满画面，有重点地进行局部刻画，画面会显得更为轻快、生动。马克笔的同色叠加会显得更深，多次叠加则无明显效果，且容易弄脏颜色。马克笔的运笔排线与铅笔画一样，也分徒手和工具两类，应根据不同场景与物体形态、质地、表现风格来选用。水性马克笔修改时可用毛笔蘸水洗淡，油性马克笔则可用笔或棉球头蘸甲苯洗去或洗淡。马克笔笔法、趣味令人喜爱，利用油画笔和水粉笔蘸上水彩颜料，利用靠尺运笔，也能获得马克笔的某些趣味。

马克笔画如图 7-24 所示。

图 7-24　马克笔画

3. 钢笔画技法

钢笔是画线的理想工具，能发挥各种形状的笔尖的特点，利用线的排列与组织来塑造形体的明暗，追求虚实变化的空间效果，也可针对不同质地采用相应的线型组织，以区别刚、柔、粗、细。还可按照空间界面转折和形象结构关系来组织各个方向与疏密的变化，以达到画面表现上的层次感、空间感、质感、量感，以及形式上的节奏感和韵律感。

钢笔画如图 7-25 所示。

4. 水彩画技法

水彩渲染是效果图绘画中常用的一种技法，水彩表现要求底稿图形准确、清晰，讲究纸和笔上含水量的多少，即画面色彩的浓淡、空间的虚实、笔触的趣味都有赖于对水分的把握。上色程序一般是由浅到深，由远及近，亮部与高光区要预先留出。大面积的地方涂色时颜料调配宜多不宜少，色相总趋势要基本准确，反差过大的颜色多次重复容易变脏。

水彩渲染常用退晕、叠加与平涂三种技法。退晕法要倾斜画板，首笔平涂后趁湿在下方用水或加色使之产生渐变(变浅或变深)，形成渐弱和渐强的效果。退晕过程多环形运笔，遇到积水、积色须将笔挤干再逐渐吸去。叠加法则是把画板平置，分好明暗光影界面，用同一浓淡的色平涂，留浅画深，干透再画，逐层叠加，可取得同一色彩不同层面变化的效果。平涂法须画板略有斜度，水平运笔和垂直运笔，趁湿衔接笔触，可取得均匀整洁的效果。目前室内表现图中钢笔淡彩的效果图较为普遍，它是将水彩技法与钢笔技法相结合，发挥各自优点，颇具简捷、明快、生动的艺术效果。

图 7-25　钢笔画

水彩画如图 7-26 所示。

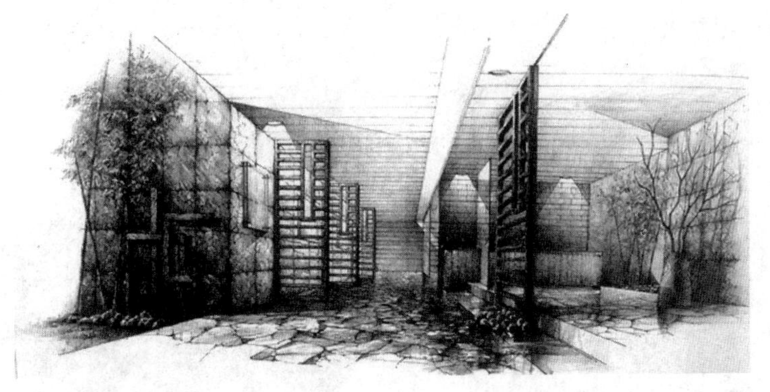

图 7-26　水彩画

5. 水粉画技法

水粉画是各类效果图表现技法中运用最为普遍的一种。其表现技法大致分干、湿两种画法，或者干湿两种画法相结合使用。

湿画法是指图纸上先涂清水后着色，或者指调和颜料时用水较多，适用于表现大面积的底色(如墙面或地面等)或表现颜色之间的衔接、浸润的地方。湿画时须注意底色容易泛起

的现象，容易产生粉、脏、灰的效果。如果出现这种现象，最好将不满意的颜色用笔蘸水洗去，干后重画，重画的颜色应稍厚，有一定的覆盖性。干画法并非不用水，只是水分较少、颜色较厚而已。其特点是画面笔触清晰肯定，色泽饱和、明快，形象描绘具体深入。但如果处理不当，笔触过于凌乱，也会破坏画面的空间和整体感。水粉颜色具有较好的覆盖力，易于修改，不过对于玫瑰红或紫罗兰为底色的部分不易覆盖，所以，应将其清洗干净重新上色，否则其红紫味的底色总是要泛上来的。水粉颜色的深浅存在着干湿变化较大的现象，一般情况下，深和鲜的颜色干透后会感觉浅和灰一些。在进行局部修改和画面调整时，可用清水将局部四周润湿，再作比较调整。在室内表现图实践中往往是干湿、厚薄综合运用。从有利于修改调整、有利于深入表现的绘图程序来看，宁薄勿厚是可取的。具体来讲，大面积宜薄，局部可厚，远景宜薄，前景可厚，准备使用鸭嘴笔压线的地方宜薄，局部亮度、艳度高的地方可厚。从上色的顺序看，宜先画薄再加厚。

水粉画如图 7-27 所示。

6. 色粉笔画技法

色粉笔画使用方便、色彩淡雅、对比柔和、情调温馨，对于卧室、客厅、书房等的表现以及室内墙面明暗的退晕和局部灯光的处理均能发挥其优势。色粉笔色彩也较为丰富，不足之处是不够明快且缺少深色，可配合木炭铅笔或马克笔作画，若是以深灰色色纸为基调，更能显现出粉彩的魅力。

色粉笔画作图的程序是先用木炭铅笔或马克笔在色纸上画出室内设计的素描效果图，明暗、体积均须充分，暗部深色一定画够，宁可过之，不可不及。素描关系完成后先在受光面着色，类似彩色铅笔，可作局部遮挡，一次上色粉不宜过厚，对大面积变化可用手指或布头抹匀，精细部位则最好使用尖状的纸擦笔擦抹，这样既可处理好色彩的退晕变化，又能增强色粉在纸上的附着力。画面大效果出来后只需在暗部提一点反光即可。画面不要将粉色上得太多、太宽，要善于利用色纸的底色。因而事先应按设计内容、气氛选好基调合适的色纸。画完成后最好用固定液喷罩画面，以便于保存。

色粉笔画如图 7-28 所示。

图 7-27　水粉画

图 7-28　色粉笔画

7. 喷笔画技法

喷笔技法是通过气泵(见图 7-29)的压力将笔内的颜色喷射到画面上，其存在形态主要是排除被遮盖纸张区域的形状。喷绘制作的过程是喷与绘相结合，对于一些物体的细部和花草、人物的表现是借助其他画笔来描绘的。画面效果细腻、明暗过渡柔和、色彩变化微妙且逼真。喷绘的操作是“熟能生巧”的过程，要完成一幅高质量的喷绘作品，不仅需要对喷绘工具的合理使用，而且是喷绘技巧的体现。

喷绘技法常表现的地方为大面积色彩的均匀变化；表现曲面、球体明暗的自然过渡；表现光滑的地面及其倒影；表现玻璃、金属、皮革的质感；对灯和光的感觉表现等。喷绘画面的程序要先浅后深，留浅喷深，先喷大面、后绘细节；色彩处理力求单纯，在统一中找出变化，不宜在变化中求统一；多注重画面大色块的对比与调和，少注意单体的冷暖变化；强调中央主体内容的明暗对比，削弱周围空间界面及配景的黑白反差。物体转折处的高光和灯光处理要放在最后阶段进行。高光不要一律白色，应与物体固有的色相和在空间里的远近以及与光源的距离相适合。喷光感效果时，不要见灯就点，只点几处重点光源，远处灯光不点为好。喷笔使用的专用颜料务必搅匀，以免堵笔，喷出的颜料在纸上呈半透明状。铅笔底稿要求线条轮廓准确清晰，不要有废线。喷笔画的修改必须谨慎，大面积修改最好洗去重喷(一般说来，洗过的地方也会留下痕迹，故重新喷色的地方最好将颜料调稠一点，一遍干透后再喷第二遍)或者可不洗，直接在原形上用笔改色，改后再用喷笔喷相邻的色彩。

喷笔画如图 7-30 所示。

图 7-29　喷笔工具

图 7-30　喷笔画

三、手绘效果图元素的表现

室内表现图中涉及各种装饰材料和家具陈设等，它们在效果图的构成中处于十分重要的位置，直接影响效果图的真实性与艺术性，在绘画中应将材质的手绘表现作为重点进行准确、细致、深入地刻画，从而体现不同材质的特质。

(一)砖石的表现

抛光石材质地坚硬，表面光滑，色彩沉着、稳重，纹理自然变化呈龟裂状或发散流散状，深浅不规律交错，有的还是点状花纹，如图 7-31 所示。

图 7-31 砖石的表现

涂刷红砖底色不可太匀，必须有意保留斜射光影笔触，用鸭嘴笔按顺序排列画出砖缝深色阴影线，然后在缝线下方和侧方画受光亮线，最后可在砖面上散布一些凹点，表示泥土制品的粗糙感。

卵石墙以黑灰色为主，再配以其他色彩的灰色，强调卵石砌入墙体后椭圆形的立体感。高光、反光及阴影的刻画必不可少，光影线应随卵石凸出而起伏。

条石墙外形较为方整，略显残缺，石质粗糙而带有凿痕，色彩分青灰、红灰、黄灰等色，石缝不必太整齐，可用狼毫描笔颤抖勾画。

砌石片墙以自然石片堆砌，砌灰不露，石片之间缝隙尤为明显，宽窄不等，石片端头参差尖锐。根据以上特点，上色时用笔应粗犷，不规则，以显自然情趣。

五彩石片墙比自然石片稍为规则，大多经加工选形后砌筑，形状、大小、长短、横竖组合，错落有致。上色时，注意色彩要有所变化。石片之间分凸凹勾缝两类，凸缝影子在缝灰之下，凹缝影子在缝灰之上。利用花岗石(大理石)的边角废料贴石片墙的表现方法与五彩石片墙基本相似。

釉面砖墙是一种机械化生产的装饰材料，尺寸、色彩均比较规范，表现时须注意整体色彩的单纯，墙面可用整齐的笔触画出光影效果，用鸭嘴笔表现凹缝较为得当，近景刻画可拉出高光亮线。

(二)木材的表现

室内装饰中木材使用最为普遍，其加工容易，纹理自然而细腻，与油漆结合可产生不同深浅、不同光泽的色彩效果。

效果图中不同木纹的刻画(见图 7-32)要注意特征性。

(1) 树结状是以一个树结开头，沿树结作螺旋放射状线条，线条从头至尾不间断。

(2) 平板状是线条曲折变而流畅，排列疏密变化节奏感强，在适当的地方作抖线描绘。木材的颜色因染色、油漆可发生异变，根据多数情况可大致归纳为偏黑褐，如核桃木、紫檀木，偏枣红如红木，偏黄褐如樟木、柚木，偏乳白如橡木、银杏木等。

(3) 木企口板墙(均用马克笔加淡水彩绘成)的绘制中，轮廓线靠直尺画出，画木板底色也可利用直尺留出部分高光，用棕色马克笔画出木纹，并对部分木板叠加上色加重颜色，打破单调感，最后画出各板线下边的深影，以加强立体感，再用直尺拉出由实渐虚的光影线，把横向的板条连贯起来增强整体性。

(4) 原木板墙的绘制中，使用徒手勾画轮廓线，并略有起伏，上底色时注意半曲面体的受、背光的明暗深浅点缀树结，加重明暗交界线和木条下的阴影线，并衬出反光，强调木头前端的弧形木纹，随原木曲面起伏拉出光影线。原木板墙所展现的效果具有原生态情趣，刻画用笔要粗犷、大方，走向潇洒。

图 7-32　木纹的表现

(三)金属(不锈钢、铜、铝)的表现

金属的表现(见图 7-33)要了解以下几个要点。

图 7-33　金属的表现

(1) 普通不锈钢表面反光和反映色彩较明显，仅在受光面与反射面之间的区域略显本色(各类中性灰色)，抛光金属几乎全部反映环境色彩。为了显示本身形体的存在，作图时可适当地、概念性地表现金属自身的基本色相(如灰白、金黄)以及形体的明暗。

(2) 金属材料的基本加工件形体为平板、球体、圆管与方管等几何形，表面变化微妙，受光面明暗的强弱反差极大，并具有闪烁变幻的动感，绘画中用笔不可太死，退晕渐变的笔触和枯笔的快擦能产生金属效果，须特别注意形体转折处、明暗交界处和高光部位的夸张处理，如图 7-33 所示。

(3) 金属材质硬实，为了表现其硬度，最好借助靠尺拉出利落的笔触(如使用喷笔)，也可利用垫高靠尺稳定握笔手势，对曲面、球面形状的用笔也要求果断、流畅。

(4) 抛光金属柱体上的灯光反映及环境物体在柱体上的影像变形有其自身的特点，平时

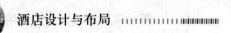

要加强观察与分析，找出上、下、左、右景物的变形规律。

(四)玻璃与镜面的表现

玻璃与镜面都属于同一基本材质，只是镜面加了水银涂层后呈照影效果。表面特征则有透明与不透明的差别，对光的反映也都十分敏感和平整光滑。室内效果图中的玻璃与镜面的表现用笔比较接近，主要差别是对光与影的描绘上。

(五)皮革制品的表现

室内大量的沙发、椅垫、靠背为皮革制品，面质紧密、柔软、有光泽，表现时根据不同的造型、松紧程度运用笔触，如图 7-34 所示。

图 7-34 皮革的表现

(六)餐桌与地毯的表现

(1) 餐桌分方、圆两种形状，一般都要铺设桌布，桌布的表现着力在转折皱纹。方桌桌布褶皱多集中于四角，呈放射状斜向下垂，圆桌桌布的槽皱沿圆周边缘分散，自然下垂。

(2) 地毯质地大多松软，有一定厚度感，对凸凹的花纹和边缘的绒毛可用短促、颤抖的点状笔触表现。地毯分满铺与局部铺设两种。满铺作为整体的地面衬托着所有家具、陈设，在画面上起着十分重要的背景作用。刻画重点是顶光照射的亮部与家具下面落影的对比。局部铺设是指在室内地面的空间划分中，起地域限定作用或者专门设置于沙发中间、茶几之下和过道之上的地毯。两种铺设表现的重点是各类地毯的质地和图案，图案的刻画不必太细，但图形的透视变化一定要求准确，否则会由此而影响整幅画面的空间与稳定。

(七)窗帘的表现

窗帘在酒店室内装饰中是不可缺少的组成部分，它常处在画幅的显眼位置，对居室的格调、情趣起着十分重要的作用。

(1) 荷叶边式帘因其边缘褶皱有如荷叶而得名，上边横条表现的要点是布料收褶的起伏形状，帘幕斜垂及腰束处要交代清楚。水彩表现按退晕渐变效果留出高光，逐步加深暗部，最后画阴影衬出反光，加重下部颜色以表现光照强弱的变化。

(2) 帘幔式帘是将各段布的两端缩紧，形成一连串的中间下垂半圆形状。作画步骤是先用浅色铺出上浅下深的基调，随后用中明度颜色画半圆形状的不受光面，再用较深的颜色画明暗转折和影子，随即反光显现。最后调整上下明暗变化，对布幔上部突出的半圆形受光面用白色提出高光，增强顶光照射的感觉。

(3) 悬挂式帘是一种灵活性强、制作简便的布帘装饰。横杆中间结束，两头上搭并使尖角下垂，轻松自然，着色程序类似水彩，先浅后深，整体刻画一气呵成，可靠住直尺用彩铅笔画出褶皱的拱曲效果。

(4) 用水粉表现下垂式帘幕是室内表现最为普遍的一种形式，在窗帘盒内设导轨，悬挂的帘幕自然下垂，面料多为有分量的丝、麻织品。用水粉表现的步骤是：首先铺出上明下暗的帘幕基调，再利用靠尺竖向画出帘幕上的褶皱，趁第一道中间色未干时接着画第二道暗部里的阴影和圆筒状槽皱上的阴暗交界线，然后在受光面上提高光，并画出随帘幕褶皱起伏的灯光影子，最后画压在帘幕上的窗帘盒的边缘亮线即可。如果要在帘幕上刻画花纹时，便可在已画好的帘幕上随褶皱起伏描绘图案，图案不必完整，色度须随转折而变化明暗。

(5) 用马克笔表现下垂式布帘画法是先用马克笔或钢笔勾画形象，用浅色画半受光面和暗面，留出高光，再用深色画槽皱的影子和重点的明暗交界线。用笔须果断，不要拘泥于微细之处。白色纱帘在居室中显得华贵高雅，且不影响光的进入，可给室外景物增添一层朦胧的诗意。其画法是：在按实景完成的画面上先画几笔竖向的深灰色(纱帘的暗影)，然后不均匀地、间隔性地用白色拉竖条笔触，颜色可干一点，出现一些枯笔味的飞白，对后景似遮非遮，最后对有花饰的地方和首尾之处加以刻画，体现白纱的形体。

(八)灯具及光影的表现

几乎所有室内表现图都离不开灯与光的刻画。灯具的样式及其表现效果的好坏直接影响整个室内设计的格调、档次。特别是吊灯、顶灯，往往都是处于画面特别显眼的地方，舞厅、卡拉 OK 厅的各色光束是创造环境氛围必不可少的条件。卧室或书房里的局部光源更能体现小环境的温馨。灯光的表现主要借助于明暗对比，重点灯光的背景可有意处理得更深一些。灯具本身刻画不必过于精细，大多处于背光，要利用自身的暗来衬托光的亮度。光与影相辅相成，影的形态要随空间界面的折转而折转，影的形象要与物体外形相吻合。一般情况下，顶光的影子直落，侧光的影子斜落，舞厅里多组射光的影子向四周扩散，斜而长，呈放射状。发光源的光感处理除了靠较深的背景衬托外，还可借助喷笔的特殊功效进行点喷(用牙刷进行局部喷弹也有近似效果)，还可在光源处厚点白色并向四方画十字形发射线。

(九)室内绿植的表现

为了使室内焕发生机，摆脱过多的人工性，将室外生长的绿叶植物与花草引入室内已是室内设计普遍采用的方法。设计上它们是主体的点缀和陪衬，在画面构图上起着平衡画面空间重力的作用。比如在酒店客房画面近处的一个沙发靠背旁，或在一根感觉过分夸张

的大堂柱子边，伸出一些叶子或婀娜多姿的凤尾竹，既增添了室内的自然情趣，又起到了压角、收头、松动画面的效果。由于植物构成较为零碎，形态变化也难掌握，虽然是配景，但常居于画面前端，因此用笔处理欠妥会破坏整幅画的效果。所以，植物的表现要采用半角或一边，避免全貌的展示手段。

(十)室内陈设小品的表现

室内陈设小品主要是指墙上的饰物，如书画、壁挂、时钟，案头摆设的花瓶、古董、鱼缸、水杯等，这些物品能够体现设计的情趣，在营造室内环境氛围方面起到画龙点睛的作用。其表现在具体处理上应简单明了，着笔不多又能体现其质感和韵味，要在静物写生基本功练习的基础上，强调概括表现的能力。

(十一)人物速写

酒店室内表现图需要点缀人物以显示室内环境的规模、功能与气氛，比如宴会厅的设计表现图，画面中央往往比较空旷，加上与会的宾客后气氛立刻活跃，并增强了画面构图中心的分量。又如酒店设计中的大堂入口处，内外绘制上几个进出的人(进多出少)，两边的人又都朝入口走来，会使酒店业者看了产生一种满足感。然而，人物的出现只是一种点缀，不可画得过多，以免遮蔽了设计的主体造型。一般在中、远景地方画上一些与场景相适应的人物，讲究比例的准确，不必刻画面部和服装细节。如果近景需要画人时，要有利于画面构图，虽然可以刻画面部，但不必有过分的表情，服饰及色彩也不必过分鲜艳，以免喧宾夺主。要想画好人物，必须对人体的结构、动态与比例作进一步的了解，如图 7-35 所示。

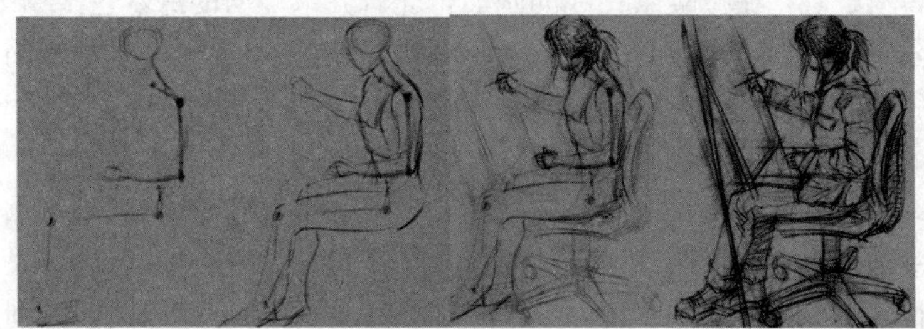

图 7-35　人物写生

(1) 头部有骨骼和肌肉，头部是形似圆球体和立方体之间的复合体，可用一个较长的六面体来概括。“三庭五眼”是一般人面部的比例，也就是从发际线到眉弓再到鼻子底部最后到下巴的距离是三等分的，两眼之间的距离是一个眼的宽度，眼外侧到耳外侧是一个眼的距离。

(2) 头部的外形特征各不相同，有的方一些有的圆一些，有的长一些有的短一些，传统的画里用甲、由、申、田、目、国、用、风八个字形来概括。面部的表情很丰富，是人的情绪与心理活动在面部的体现，一般概括为喜、怒、哀、乐四种。但人的表情变化往往是十分微妙的，需要我们细心地观察和体会。

(3) 人体由骨骼和肌肉构成，骨骼起到支撑人体的支架作用，肌肉通过筋腱把骨骼和各部位连接起来并产生运动，对人体外形有很大的影响。人体可分为头部、胸部、臀部和四肢几个部分。人体的比例通常以头的长度为标准来确定全身的高度，成年男女一般身高是七个半头高，小孩体形的特点是头大、下肢短、上身略长。

(4) 人物动态速写首先是熟悉和了解人体的解剖结构、运动规律，其次是了解人的不同形象特征、心态变化，这样才能抓住人物动态的典型瞬间，选择入画的最佳角度，把握住生动的姿态。利用动势的主线和支线来观察、分析人体的动态，主线是躯干和下肢的动势，支线是上肢的变化，注意重心的位置。用实线和虚线表现衣着和人体关系。衣着贴体的部位用实线，不贴体的部位用虚线。实线表现人体结构和动势特征，要画准；画虚线可根据动势给予夸张。要抓住典型瞬间，用理解和记忆加以完善。

(十二)透视角度的选择

透视角度是给观者提供科学的观赏视点，让观者直观感受到设计最美的一面。室内表现图画面的透视角度要根据室内设计的内容和要求以及空间形态的特征进行选择。一个适合的角度既能突出重点，清楚地表达设计构思，又能在艺术构图方面避免单调。从不同的角度观看同一空间的布置，会产生完全不同的效果。因此，在正式绘制之前，应多选择几个角度或视点，勾画数幅小草稿，从中选择最佳视角画成正式图。

(十三)光与影

物体在光的照射下会产生阴影，室内表现图的立体感、空间感均离不开对阴影的刻画。阴影的形状都具备物体自身的基本形态特征，同时又与地面环境保持一致。在透视作图时必须综合考虑光、物、影这三者之间的联系。

(1) 人工光是指人造的光源，如灯光、烛光、火炬等，其光投射于物体，产生向外辐射状光线。自然光是指自然界的光源如太阳等，人们感受不到它的发散传播，而只能感觉到它是一种平行光线。

(2) 阴影的透视绘画方法同于基本物体的透视绘制。在比较重要、精细的表现图中，对阴影形状的要求也是严格的，须认真按作图步骤进行，在快速表现的效果图中也是如此。一般是凭借对透视法则的熟悉和感觉上的基本准确进行作图，有时为了某些表面效果的需要，在不违背真实原则的基础上更好地突出重点场景，有意识地适度扩延或者收缩阴影的面积、增强或者削弱阴影的明暗对比程度也是可以的。当然，要能准确地把握住这一点，必须对各种光源条件、物体投影的规律有所了解，要在长期的生活与绘图实践中观察、分析、总结、记忆各种光源、各种形态和各种环境条件下的光影变化，以便能快速准确地画出理想的光影效果。

四、手绘效果图的作图程序

(一)水粉、水彩表现图的作图程序

水粉、水彩表现图的作用程序如下。

(1) 将绘图纸张裱糊在画板上，按照透视原理描画上铅笔稿或者通过复印纸拷贝底稿。

(2) 用大号排刷迅速刷出画面的基本色调，可用平涂法、退晕渐变法表现光影的渐变和色彩的虚实。其中的偶然笔触效果也可巧用，以体现某些物体的肌理效果和地面倒影的感觉。

(3) 整体基调刷完成后即可区分室内天花、地面及三个墙面的关系，以色彩的冷暖及明暗来体现室内的空间与景深。基本原则是地面明度应比天花暗，需要虚化的墙面比需要强调的暗。

(4) 整体氛围营造结束后，开始绘制室内物体的阴影及暗部。这部分颜色较深但又不可过死，要注意反光及环境色的表现。

(5) 重点刻画受光的立面。物体明暗的变化受多种光的照射而有所区别，强调与画面基调的对比与协调的处理。完成主体内容的表现后再进行各种小型的陈设及绿地乃至人物的点缀，这些景物对创造理想的环境气氛十分重要，也是活跃画面色彩、调整画面均衡的一种手段。

(6) 整理画面。可用白色亮线强调凸形的转折，用较深的类似色线修整过于粗糙的地方，这种规矩线多用鸭嘴笔(也可用靠尺)、彩铅笔或针管笔绘制。灯光及光晕的效果可用较干的颜色作枯笔画，也可借助喷、弹等手段获得。

水粉、水彩效果图如图 7-36 所示。

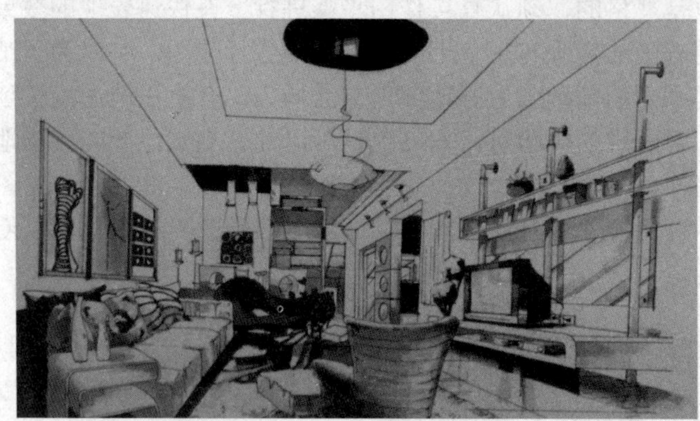

图 7-36　水粉、水彩效果图

(二)室内设计表现图的作图程序

室内设计表现图的作图程序如下。

(1) 要求具备一定的手绘基础(素描、色彩基础的训练)。

(2) 按一定的透视原理，勾勒出室内结构和物体形状图(注意用线的长直短曲，工具线、徒手线并用)。

(3) 用淡彩、彩色铅笔或马克笔等分别上色，以上可以结合或单独使用；颜色的覆盖性决定了上色应先画浅色再画深色；上色应侧重点刻画主体，可以有纸面留白，使画面更具有虚实感。

(4) 调整深化画面。

评估练习

1. 效果图和纯绘画有何区别？
2. 浅析手绘效果图不同技法的表现力差异。

第四节　电脑效果图

教学目标

- 了解电脑效果图制作的程序。
- 掌握电脑效果图制作的技巧。

一、导入 CAD 平面图

在效果图制作中，经常会先导入 CAD 平面图(见图 7-37)，再根据导入的平面图的准确尺寸在三维软件中建立造型。DWG 格式是标准的 AutoCAD 绘图格式。选择菜单栏中的“文件”→“导入”命令，弹出文件选择框，选择 DWG 格式的文件后，会弹出“AutoCAD DWG/DXF 输入选项”对话框，然后单击“确定”按钮就可以打开了。

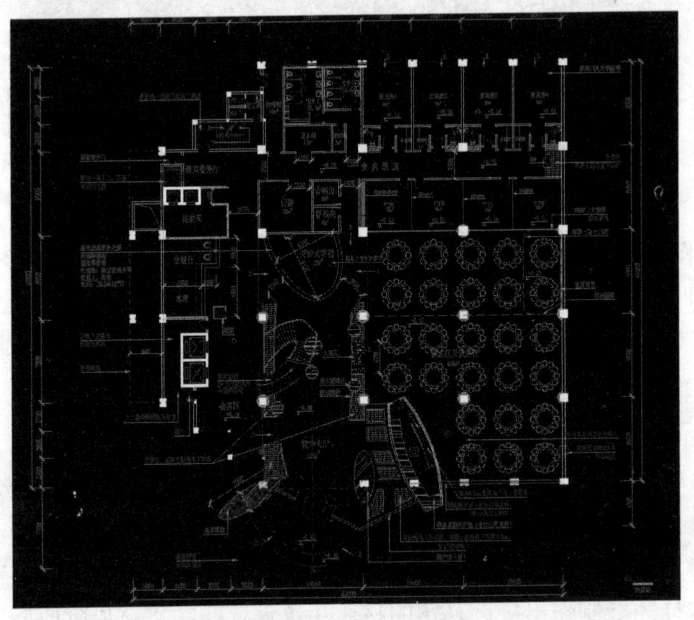

图 7-37　CAD 平面图

二、建立三维造型

建模是建筑效果图制作过程的第一步，也是后续设计工作的基础。在建模阶段应当遵循以下几点原则。

(1) 外形轮廓准确。模型外形的准确是决定一张效果图合格与否的最基本条件，如果没有正确的比例结构关系。没有准确的模型造型，就不可能有正确的酒店室内造型效果，这也会影响后面的施工阶段。在设计中，有很多用来精确建模的辅助工具，例如单位设置、捕捉、对齐等。在实际制作过程中，应灵活运用这些工具，以达到精准建模的目的。

(2) 分清细节层次。建模的过程中，在实现结构塑造的前提下，应尽量对形体进行有效地概括，减少造型点、线、面的数量。这样会有效减小文件存储的大小，而且会加快渲染出图的速度，提高工作效率，这是在建模阶段需要着重考虑并养成工作习惯的问题。

(3) 模型建造的方法灵活多样，条条大路通罗马，每一个室内模型都有很多种构建的方法，灵活运用 3ds Max 软件提供的多种建模方法，巧妙地制作室内场景各种元素的造型，是制作高水平室内效果图的首要要求。建模时要选择一种既准确又快捷的方法来完成建模，还要考虑在以后的深化或调整阶段该模型是否便于修改，如图 7-38 所示。

图 7-38　三维模型

(4) 兼顾贴图坐标。贴图坐标是调整造型表面纹理贴图的主要操作命令，一般情况下，原始物体都有自身的贴图坐标，但通过对造型进行优化、修改等操作，造型结构发生了变化，其默认的贴图坐标也会错位，此时就应该重新为此物体创建新的贴图坐标。

三、制作并配置材质

当空间建模完成后，就要赋予三维空间中不同模型相应的材质，如图 7-39 所示。材质是某种材料本身所固有的颜色、纹理、反光度、粗糙度和透明度等属性的统称。要想制作出真实感强的材质，首先要认知现实生活中各种材料的视觉效果，而且还要理解不同材质的物理属性，这样才能制作出接近真实的材质和纹理。在制作材质阶段应当遵循以下几点原则。

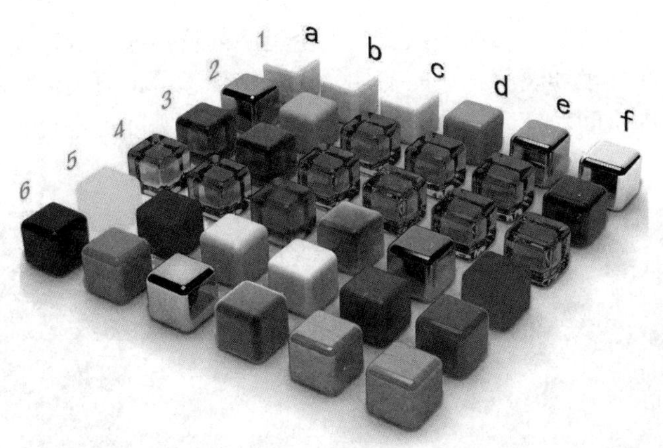

图 7-39　材质

(1) 纹理正确。在三维软件操作中，常常通过给物体一张带纹理的贴图来创造出模型的材质效果，依靠材质的表面纹理来体现诸如木材或皮毛的效果，因此，正确的纹理特征即可表现正确的材质。

(2) 明暗方式要适当。不同质感的材质对光线的反射程度不同，针对不同的材质应当选用适当的明暗处理。例如，高光塑料与抛光金属的反光就有很大不同，塑料的高光较强但范围很小，镜面反射不明晰；金属的高光很强，而且高光区与阴影之间的对比很强烈，镜面反射也很强，能够在表面形成清晰的环境影响。

(3) 真实材质的表现不是仅靠纹理和反射高光才能实现的，还需要材质其他属性的配合，例如透明度、自发光、高光度、光泽度等，设计师应当观察生活，运用体会来完成真实材质的再现。

(4) 降低复杂程度。并非材质的制作过程越复杂，材质效果越真实，其实材质的制作具有很多技巧和经验，所谓“简洁不简单”也是如此。因此，在制作材质的过程中，不要一味追求材质制作方法的复杂性，方法只是手段，不是目的，要根据设计师的视觉体验，灵活调配材质。另外，可以将靠近相机镜头的材质制作得细腻一些，而远离镜头的地方则可以制作得粗糙一些，这样可以减轻计算机在出图阶段的负担，也可产生材质的虚实效果，更增强了场景的层次。

四、设置场景中的光照效果

光塑造了环境。光线的强弱、色彩，以及光的投射方式都可能影响空间对心灵的感染力。在酒店室内效果图制作中，效果图体现的真实感取决于材质和物体真实细节的制作，而灯光在效果图细部的刻画中起着至关重要的作用，材质的感觉需要通过照明来体现，物体的形状及空间的层次也要靠灯光与其所产生的阴影来表现。3ds Max 提供了丰富的照明工具，设计师可以用其提供的各种照明去模拟现实生活中的光照效果，如图 7-40 所示。

通常，普通效果图由于其照明需要日光来实现，因此光照层次感较单一，而高端酒店室内效果图就不同了，其光源非常丰富，光照效果不仅与光的强弱有关，而且与不同光源的布置有关。场景中物体的形状、颜色不仅取决于自身的形体及材质的固有色，也取决于灯光，因此在调整灯光时需要不断调整灯光参数，使光线能够准确反映物体本来的材质和

结构。在此基础上，照明的布局和参数要和整个空间的特质相协调，使灯光和空间设计的艺术要求相契合。在建模和调整材质的初期，为了实现预览，可灵活地布置临时的相机与灯光，以便照亮室内空间，在完成建模和材质设定后，则需要根据设计设置准确的相机和灯光参数。

图 7-40　灯光

五、渲染出图与后期合成

使用 3ds Max 软件制作效果图，在制作过程中进行渲染查看和调整效果，灯光、材质、模型完成后，对调整结果进行渲染完成最终效果图。最终出图的渲染阶段，其耗费的时间较长。测试阶段要有针对性地进行渲染，在最终渲染出图过程之前，还要调整渲染参数和图像大小，输出文件应设定为存储 Alpha 通道格式，使得出图便于进行后期处理。酒店设计效果出图后，需要使用图像处理软件进行后期处理，一般情况下，效果图的处理需在图像中添加一些烘托气氛的元素，如盆景、花木、人物和挂画等(见图 7-41)，还需要对场景的冷暖、色调及明暗进行处理，以修正渲染出现的色彩和明度问题，增强画面的感染力。在调整场景的色调及明暗时，应尽量模拟真实环境的灯光及色彩，使画面给人身临其境的感觉。但酒店室内效果图毕竟不是纪实照片，配景和元素的添加都是为了气氛的烘托，都应突出具体酒店空间的主体内容，而不可喧宾夺主，如图 7-42 所示。

图 7-41　合成素材

图 7-42　完成的效果图

评估练习

1. 试述三维软件在效果图制作中的作用。
2. 试述平面软件在效果图制作中的作用。

参 考 文 献

[1]陈士旺，仇学琴，干雪芳. 饭店装饰艺术[M]. 北京：旅游教育出版社，2001.

[2]田学哲. 建筑初步[M]. 北京：中国建筑工业出版社，1999.

[3]魏小安，赵准旺. 主题酒店[M]. 广州：广东旅游出版社，2005.

[4][德]乔 • 费舍尔. 现代酒店设计[M]. 高思怡译. 沈阳：辽宁科学出版社，2008.

[5][西]LOFT 出版公司. 宾馆设计与宾馆设计师[M]. 张琳等译. 大连：大连理工大学出版社，2002.

[6][英]奥托 • 李瓦尔特. 新宾馆设计[M]. 沈阳：辽宁科学技术出版社，2003.

[7]王奕. 宾馆与宾馆设计[M]. 北京：中国水利水电出版社，2006.

[8]杨邦胜. 酒店设计[M]. 广州：广东经济出版社，2006.

[9] [英]霍华德 • 沃森. 酒店设计革命[M]. 李德新等译. 北京：高等教育出版社，2007.

[10][德]丹尼尔. 地中海酒店设计[M]. 曹新然，李小林译 . 沈阳：辽宁科学技术出版社，2008.

[11]王琼. 酒店设计方法与手稿[M]. 沈阳：辽宁科学出版社，2007.

[12]张智强. 酒店，家的感觉——住进世界 38 家设计型酒店[M]. 北京：清华大学出版社，2006.

[13]王仁兴. 中国旅馆史话[M]. 北京：中国旅游出版社，1984.

[14]廖淑勤. 酒店空间[M]. 北京：中国计划出版社，贝思出版有限公司，1998.

[15]日本建筑家协会. 城市旅馆建筑[M]. 北京：中国建筑工业出版社，1999.

[16]陈晋略. 酒店/Hotels[M]. 沈阳：辽宁科学技术出版社，2002.

[17]吴良镛. 广义建筑学[M]. 北京：中国建筑工业出版社，1989.

[18]赵健. 地域性与当代性(关于今日设计教育方向的思考)[M]. 北京：中国建筑工业出版社，2010.

[19]王育林. 地域性建筑[M]. 天津：天津大学出版社，2008.

[20]王一丹. 主题酒店创意设计实录[M]. 成都：四川大学出版社，2009.

[21][德]佩凡 • 戈豪特. 主题酒店[M]. 沈阳：辽宁科学技术出版社，2005.

[22][美]罗伯特 • 麦基. 故事：材质、结构、风格和银幕剧作的原理. [M]. 北京：中国电影出版社，2001.

[23]王受之. 世界现代建筑史[M]. 北京：中国建筑工业出版社，2004.

[24] [挪]诺伯格 • 舒尔兹. 存在 • 空间 • 建筑[M]. 北京：中国建筑工业出版社，1990.

[25]陈筱，张梅. 旅游心理学[M]. 武汉：武汉大学出版社，2003.

[26] [美]约翰 • 派尔. 世界室内设计史[M]. 刘先觉译. 北京：中国建筑工业出版社，2007.

[27]薛健. 酒店旅馆设计[M]. 南京：江苏科学技术出版社，2006.

[28]刑瑜，王玉宏. 酒店环境设计[M]. 合肥：安徽美术出版社，2007.

[29][美]鲁 • 阿恩海姆. 艺术与视知觉[M]. 成都：四川人民出版社，1998.

[30]瓦尔特 • A.鲁茨，理查德 • H.潘纳. 酒店设计——发展与规划[M]. 田子葳，谭建华译. 沈阳：辽宁科学技术出版社，2002.

[31][法]让 • 菲力普 • 郎科罗. 色彩设计在法国[M]. 上海：上海人民出版社，1999.

[32]李杰. 主题宾馆的规划设计——以京川宾馆为例[J]. 科协论坛(下半月)，2008.

[33]尹洪，程辉. “陶瓷艺术”主题宾馆设计研究[J]. 美术大观，2008.

[34]秦浩，孟清超. 主题宾馆的定位研究[J]. 商讯商业经济文荟，2004.

[35]黎花. 主题宾馆产品的设计原则[J]. 饭店现代化，2004.

[36]胡亮. 上海主题酒店地域性室内设计探要[J]. 南京艺术学院硕士学位论文，2010.
[37]彭雪蓉. 基于顾客体验的主题宾馆产品研究[J]. 浙江大学硕士学位论文，2006.
[38]曾莉. 南京博物馆展示设计的地域性研究[D]. 南京艺术学院硕士学位论文，2009
[39]刘韫. 中国主题酒店的创建和管理——以成都京川宾馆为例[J]. 四川大学硕士学位论文，2005.
[40]谢剑洪. 旅馆建筑设计[D]. 清华大学硕士学位论文，1998.
[41]李慧敏. 历史环境中的新建筑设计研究[D]. 天津大学建筑学院硕士学位论文，2007.
[42]吴亮. 度假酒店室内空间的地域性特色塑造[D]. 南京林业大学硕士学位论文，2008.
[43] 李欢. 主题酒店公共空间设计研究[D]. 西南交通大学硕士学位论文，2007.
[44]杨春燕. 上海酒店业研究分析报告[N]. 东方证券研究所，2008.
[45]王晖. 主题宾馆体验环境设计策略[N]. 中国旅游报，2006.
[46]中国宾馆行业协会. 中国宾馆宾馆业研究咨询报告[N]. 2007.